W. Laeis, Einführung in die Werkstoffkunde der Kunststoffe

Werner Laeis

Einführung in die Werkstoffkunde der Kunststoffe

Eine Darstellung des physikalisch-
technologischen Verhaltens der Kunststoffe
anhand der üblichen Prüfmethoden
und Kenngrößen

Mit 121 Bildern und 15 Tabellen

Carl Hanser Verlag München 1972

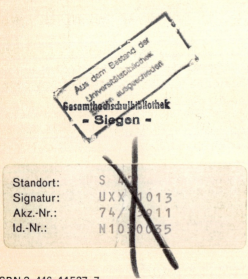

ISBN 3-446-11527-7
Alle Rechte vorbehalten
© 1972 Carl Hanser Verlag, München
Satz: Fotosatz Tutte, Salzweg-Passau
Druck: Buch- und Offsetdruckerei Georg Wagner, Nördlingen
Printed in Germany

Vorwort

Es gibt viele und gute Bücher über Kunststoffe, aber meist berichten sie nur beiläufig über physikalische Kenngrößen und Prüfmethoden. Andererseits gibt es Spezialwerke, welche eingehend die Prüfmethoden darstellen, aber sie wenden sich nur an ausgesprochene Fachleute. Indes wird kaum ein Prospekt über Kunststoffprodukte gedruckt, der keine physikalischen Kenndaten enthält, also auch die Kenntnis der entsprechenden Prüfmethoden voraussetzt. Ein Buch, das Kenngrößen und Prüfmethoden und überhaupt das physikalisch-technologische Verhalten in der Sprache des Praktikers darstellt und – ohne auf Einzelheiten einzugehen – auch die Auswirkungen in der Praxis erläutert, gab es bisher nicht. Hier nun wird der Versuch gemacht, diese Lücke auszufüllen.

Ein an wissenschaftliche Exaktheit gewohnter Physiker mag gegenüber einer solchen Absicht Bedenken haben. Die Gefahr, bei der notwendigen Kürzung und Vereinfachung nicht allen physikalischen Tatsachen voll gerecht zu werden, ist nicht von der Hand zu weisen; dagegen steht die Hoffnung, einem größeren Kreis von Menschen, die keine Physiker sind, aber doch ein Interesse an diesen Zusammenhängen haben, eine brauchbare Anschauungsgrundlage zu vermitteln. Es ließ sich aus eben diesem Grund nicht vermeiden, gelegentlich auch Dinge zu streifen, die an sich zur allgemeinen Physik gehören.

Der Verfasser und seine Mitarbeiter haben sich bemüht, den „goldenen Mittelweg" zu gehen, d.h. auf der einen Seite nicht zu „wissenschaftlich", auf der anderen nicht zu „populär" sich auszudrücken. Diejenigen Abschnitte, die dem wissenschaftlich Interessierten als weiterführende Hinweise dienen können, aber zur Erfassung der Zusammenhänge nicht unbedingt nötig sind, erscheinen im Kleindruck. Ebenso sind die Abschnitte, welche im Interesse mancher Leser eingehender die physikalischen Grundlagen darstellen, kleingedruckt.

Was die beigefügten Kurven und Schaubilder betrifft, so sind sie weniger auf Exaktheit als vielmehr auf die anschauliche Darstellung des jeweils typischen Verhaltens angelegt. Aus ihnen konkrete Werte für die Praxis ablesen zu können, wäre somit eine übertriebene Erwartung, und das umso mehr, als auf eine eingehende Behandlung der einzelnen Kunststoffe bewußt verzichtet wurde. Eine allgemeine Kenntnis der Kunststoffe wird zwar vorausgesetzt, aber es geht hier nicht um bestimmte Produkte, sondern um das physikalisch-technologische Verhalten einer ganzen Stoffgruppe. Denn nur von dort kann das Verständnis für die Bedeutung von Zahlenwerten und Kurven kommen, wie sie für die einzelnen Produkte ermittelt werden.

Da vielfach die Kenngrößen der Metalle bekannter sind als die der Kunststoffe, da zudem die Kunststoffe sehr oft mit den Metallen verglichen werden, da schließlich viele Prüfmethoden, welche die Kunststoff-Industrie anwendet, ursprünglich in der Metall-Industrie entwickelt worden sind, lag es nahe, im Anschluß an die Schilderung des spezifischen Verhaltens der Kunststoffe jeweils auf die wesentlichen Unterschiede zu den metallischen Werkstoffen hinzuweisen.

Wer sich in den hier angesprochenen Themenkreis weiter einarbeiten will, der sei auf die zahlreichen Veröffentlichungen in Fachzeitschriften und Fachbüchern, vor allem auch auf die einschlägigen Normblätter hingewiesen.

Die wichtigsten Prüfmethoden bzw. Normen sind – soweit es sinnvoll erschien – den einzelnen Kapiteln vorangestellt, aber alle deutschen, geschweige denn ausländischen Normen anzuführen war nicht möglich und entspräche auch nicht dem Sinn dieses Buches.

Es sind also nicht sämtliche „Kunststoff-Normen" angeführt, wohl aber zusätzlich andere Normen, sofern sie für die Anwendung der Kunststoffe von Bedeutung sind. Die Bezeichnungen der Normen sind teilweise abgekürzt.

Die angesprochenen Normen sind listenmäßig nach Nummern geordnet im Anhang aufgeführt. Das ebenfalls im Anhang befindliche Literaturverzeichnis ist keineswegs erschöpfend sondern als unverbindliche Orientierungshilfe gedacht.

Um die verschiedenen Maßeinheiten auf gemeinsamer, internationaler Basis zu korrdinieren und festzulegen, wurden für Deutschland (BRD) zum Teil neue Maßeinheiten gesetzlich eingeführt. Obwohl sie seit Juli 1970 in Kraft sind, haben sie sich noch keineswegs allgemein durchgesetzt. Da die alten, bisher gebräuchlichen Maßeinheiten bis 1977 auch noch zulässig sind, wurden sie in diesem Buch weitgehend beibehalten; man hätte sonst die neuen Einheiten jeweils erläutern müssen.

Der Verfasser dankt an dieser Stelle den Kollegen, die durch vielseitigen Rat und verständnisvolle Kritik die Arbeit gefördert haben, vor allem seinen engeren Mitarbeitern Herrn Dr. H. Doffin, Herrn Dipl. Phys. E. Barth und Herrn Dr. Hj. Saechtling. Ohne die Unterstützung von Herrn Dr. Doffin wäre das Buch nie zustandegekommen. Ein kurzes Wort des Dankes sei auch all denen gesagt, welche bei der Beschaffung des Bildmaterials behilflich waren – und sei es auch nur dadurch, daß sie die Verwendung von Zeichnungen und Kurven gestattet haben, die an anderer Stelle bereits veröffentlicht worden sind.

Köln im März 1972 W. Laeis

Inhaltsverzeichnis

Vorwort 5

1. **Einführung** 11
2. **Der Aufbau der Kunststoffe** 13
   2.1. Grundelemente der Kunststoffe 13
   2.2. Entstehung der Molekülketten 14
   2.3. Polyblends und Mischpolymere 18
   2.4. Taktisch und a-taktisch gebaute Moleküle 19
   2.5. Statistische Molekulargewichtsverteilung 20
   2.6. Lineare, verzweigte und vernetzte Strukturen 21
   2.7. Orientierung der Molekülketten 24
      2.7.1. Orientierung infolge Verarbeitung 24
      2.7.2. Orientierung infolge Verstreckung 28
      2.7.3. Orientierung infolge Veranlagung 28
   2.8. Zuschlag- und Hilfs-Stoffe für Kunststoffe 29
      2.8.1. Verstärkende Mittel 29
      2.8.2. Weichmacher 31
      2.8.3. Sonstige Zusätze 32
3. **Rohstoff- und Verarbeitungs-Kenngrößen** 33
   3.1. Was sind Rohstoff- und Verarbeitungs-Kenngrößen? ... 33
   3.2. Molekulargewicht und Polymerisationsgrad 34
   3.3. Das Fließverhalten von Kunststoff-Lösungen und -Schmelzen 37
      3.3.1. Die Fließgesetze für Polymere 37
      3.3.2. Viskositätszahl und K-Wert 40
      3.3.3. Fließmessungen an Formmassen 41
      3.3.3.1. Schmelz-Index 41
      3.3.3.2. Hochdruck-Kapillar-Viskosimeter 42
      3.3.3.3. Der „Spiraltest" 45
      3.3.3.4. Fließverhalten von Duroplasten 46
      3.3.4. Die praktische Bedeutung von Fließmessungen ... 48
   3.4. Memory-Effekt und eingefrorene Spannungen 49
   3.5. Schwindung und Nachschwindung 50
   3.6. Schüttdichte, Stopfdichte, Füllfaktor 53
4. **Grundsätzliche Voraussetzungen der Kunststoff-Prüfung** . 54
   4.1. Kunststoff-Normen 54
   4.2. Vergleichbarkeit in- und ausländischer Normenwerte . 55
   4.3. Mindestanforderungen 55
   4.4. Gebrauchsprüfungen, Gütesicherungsverfahren, Gütezeichen 56
   4.5. Probekörper – ihre Gestalt, Herstellung und Vorbehandlung 57
   4.6. Vorgeschichte des Materials 58
   4.7. Sinn und Grenzen von Normen und Prüfverfahren 59

5. Dichte und Wichte – Maße und Maßtoleranzen ... 61
5.1. Dichte und Wichte ... 61
5.2. Maße und Maßtoleranzen ... 63

6. Mechanische Kenngrößen ... 67
6.1. Biegefestigkeit, Schlagzähigkeit, Kerbschlagzähigkeit ... 67
6.1.1. Biegefestigkeit ... 67
6.1.2. Schlagzähigkeit ... 69
6.1.3. Kerbschlagzähigkeit ... 72
6.1.4. Struktureinflüsse auf die Schlagzähigkeit ... 73
6.2. Zugfestigkeit ... 74
6.2.1. Bestimmung und Begriff der Zugfestigkeit ... 74
6.2.2. Das Spannungs-Dehnungs-Diagramm ... 76
6.2.3. Schlagzugversuch ... 82
6.2.4. Einreiß- und Weiterreißversuche an Folien und Schaumstoffen ... 82
6.3. Elastizitätsmodul und Schubmodul ... 84
6.3.1. Elastizitätsmodul ... 84
6.3.2. Schubmodul ... 87
6.4. Unterschiede bei den Festigkeiten von Kunststoffen und Metallen ... 92
6.5. Langzeitverhalten ... 93
6.5.1. Der Zweck von Langzeitprüfungen ... 93
6.5.2. Grundsätzliche Arten des Formänderungsverhaltens ... 94
6.5.2.1. Reinelastische Formänderung ... 94
6.5.2.2. Viskoelastische Formänderung ... 94
6.5.2.3. Viskose Formänderung (Fließen) ... 96
6.5.2.4. Überlagerung der verschiedenen Formänderungsarten in der Praxis ... 96
6.5.3. Statische Langzeit-Prüfungen ... 99
6.5.3.1. Zwei verschiedene Prüfungsarten ... 99
6.5.3.2. Zeit-Verformungs-Diagramm und Dehngrenzkurven ... 100
6.5.3.3. Spezielle Prüfung von Rohren ... 103
6.5.3.4. Zeitraffende Möglichkeiten ... 106
6.5.4. Dynamische Langzeit-Prüfungen ... 108
6.5.4.1. Wechselnde Beanspruchungen, Wöhlerkurven ... 108
6.5.4.2. Dauerschwingfestigkeit ... 110
6.5.4.3. Dauerknickversuch bei Folien ... 113
6.6. Härteprüfungen ... 114
6.6.1. Mohs-Härte-Skala ... 115
6.6.2. Druckfestigkeit ... 115
6.6.3. Spaltlast ... 116
6.6.4. Deformationshärte, Stauchhärte, Druckverformungsrest ... 117
6.6.5. Eindruck-Härten ... 118
6.6.5.1. Härteprüfungen bei Metallen ... 118
6.6.5.2. Kugeleindruckhärte bei harten Kunststoffen ... 119
6.6.5.3. Shore-Härte bei weichen Kunststoffen ... 121
6.6.5.4. Eindruckverhalten von Fußbodenbelägen ... 123
6.6.6. Oberflächenhärte, Abrieb, Reibwert ... 123

Inhaltsverzeichnis

7.	**Thermisches Verhalten**	128
7.1.	Abhängigkeit der mechanischen Eigenschaften von der Temperatur	128
7.2.	Zustands- und Übergangsbereiche	131
	7.2.1. Amorphe Thermoplaste	133
	7.2.2. Kristalline Thermoplaste	135
	7.2.3. Elastomere und Thermoelaste	136
	7.2.4. Duroplaste	138
	7.2.5. Temperaturabhängigkeit von Schubmodul und Dämpfung	139
	7.2.6. Abgrenzung der Zustandsbereiche polymerer Stoffe	141
7.3.	Formbeständigkeit in der Wärme	143
	7.3.1. Begriffsbestimmung	143
	7.3.2. Martens-Verfahren	144
	7.3.3. „Heat Distortion Temperature"	145
	7.3.4. Vicat-Verfahren	146
7.4.	Dauertemperaturverhalten	147
7.5.	Beständigkeit der mechanischen Werte bei Wärmealterung	147
7.6.	Brandverhalten der Kunststoffe	151
7.7.	Thermische Kenngrößen	156
	7.7.1. Spezifische Wärme	157
	7.7.2. Wärmedehnzahl-Ausdehnungskoeffizient	157
	7.7.3. Wärmeleitfähigkeit	159
7.8.	Kältebeständigkeit	168
8.	**Elektrische Eigenschaften**	170
8.1.	Elektrizitätsleitung in Kunststoffen	170
8.2.	Elektrische Kenngrößen	172
	8.2.1. Isolationswiderstand	172
	8.2.1.1. Durchgangswiderstand	172
	8.2.1.2. Oberflächenwiderstand	176
	8.2.1.3. Widerstand zwischen Stöpseln	176
	8.2.1.4. Die elektrostatische Aufladung – Konsequenz eines hohen Isolationswiderstandes	176
	8.2.2. Durchschlagfestigkeit	178
	8.2.3. Kriechstromfestigkeit	180
	8.2.4. Dielektrizitätskonstante und Verlustfaktor	182
	8.2.4.1. Polare und unpolare Stoffe	182
	8.2.4.2. Dielektrizitätskonstante (DK)	183
	8.2.4.3. Der dielektrische Verlustfaktor	184
	8.2.4.4. Schweißfaktor	186
	8.2.4.5. Praktische Auswirkung des dielektrischen Verhaltens der Kunststoffe	186
8.3.	Beeinflussung elektrischer Leitungen durch Kunststoff-Isolierungen	188
9.	**Optische Eigenschaften**	189
9.1.	Lichtdurchlässigkeit, Reflexion, Absorption, Brechung	189
9.2.	Polarisationsoptik	191
	9.2.1. Grundlagen	191

Inhaltsverzeichnis

    9.2.2. Das Polariskop 191
    9.2.3. Deutung der Phänomene bei Spritzgußteilen 191
    9.2.4. Doppelbrechung isotroper Kunststoffe bei elastischer Beanspruchung 193
9.3. Vergrößerungsoptische bzw. mikroskopische Untersuchungen 195
9.4. Infrarot-Spektroskopie... 195

10. Akustisches Verhalten der Kunststoffe............................ 198
10.1. Kunststoffe in der Akustik 198
10.2. Physikalische Grundlagen und Meßgrößen............................. 198
10.3. Schalldämmung und Schalldämpfung 200
    10.3.1. Ein grundsätzlicher Unterschied 200
    10.3.2. Bauakustik... 200
    10.3.3. Bauphysikalische Schallschutzmaße 203
10.4. Akustische Prüfungen zum Feststellen dynamischer Kenngrößen 206
10.5. Zerstörungsfreie Materialprüfung 206
10.6. Ultraschallschweißen 207

11. Chemisches Verhalten der Kunststoffe............................. 208
11.1. Diffusion und Permeation 208
11.2. Wasseraufnahme von Kunststoffen 211
11.3. Chemische Beständigkeit von Kunststoffen 212
11.4. Spannungseinflüsse auf die Beständigkeit 218
11.5. Chemische Wirkungen energiereicher Strahlen 219

12. Biologisches Verhalten der Kunststoffe............................ 222
12.1. Kunststoffe in der Medizin 222
12.2. Kunststoffe und Lebensmittel 222
12.3. Kunststoffe und Kleinlebewesen 223

**13. Sonstige Umwelteinflüsse:
Lichtechtheit, Wetterbeständigkeit, Alterungsbeständigkeit** 225
13.1. Verschiedene Begriffe, Ursachen und Wirkungen 225
13.2. Lichtbeständigkeit und Wetterbeständigkeit......................... 227
    13.2.1. Veränderungen des Kunststoffes............................. 227
    13.2.2. Lichtstabilisatoren... 227
13.3. Licht- und Wetterbeständigkeits-Prüfungen 228
    13.3.1. Labor-Prüfungen 228
    13.3.2. Freie Bewitterung 231
    13.3.3. Tropenfestigkeit 232
13.4. Alterung und Lebensdauer von Kunststofferzeugnissen 234

14. Schlußwort 236

Literaturverzeichnis 238
Stichwortverzeichnis 242
DIN-Normen, ASTM-Normen 247
Maße und Tabellen: Größenordnung der Zahlen, Umrechnungstabellen, Die elektromagnetische Wellenfamilie, Jahre und Stunden, Griechisches Alphabet 252

1. Einführung

Man hört und spricht so oft vom „Kunststoff" schlechthin und bedenkt dabei gar nicht, daß es sich tatsächlich um eine große Gruppe von Werkstoffen handelt, die viele Typen mit sehr unterschiedlichen Eigenschaften umfaßt. Selbst dem Fachmann wird es bei der stürmischen Entwicklung der Kunststoffe immer schwerer, ihre Vielfalt zu überschauen und in irgendeinem Bedarfsfall den geeigneten Kunststoff mit Sicherheit zu benennen. Um wieviel mehr wird diese Vielfalt dem Nichtfachmann zum Labyrinth, durch das er sich ohne den berühmten roten Faden nicht hindurchfindet!
Will man sich Rechenschaft darüber ablegen, welcher Kunststoff für einen bestimmten Einsatz wirklich geeignet ist, so ist das Nächstliegende, die Eigenschaften der in Frage kommenden Kunststoffe an Hand der Werte, wie sie von der Industrie in Tabellen und Prospekten angegeben werden, zu studieren und zu vergleichen.
Zur Ermittlung dieser Werte sind nicht nur in Deutschland, sondern auch in vielen anderen Ländern zahlreiche Prüfmethoden entwickelt und größtenteils in Normen festgelegt worden. Sie lehnen sich teilweise an bewährte Prüfverfahren für metallische und andere Werkstoffe an; teilweise sind sie auf die besonderen Eigenschaften oder Anwendungsarten der Kunststoffe abgestimmt. In jedem Falle sollen sie gewisse Aussagen über das Verhalten der Kunststoffe zulassen und Vergleiche mit anderen Werkstoffen ermöglichen. Es sollte demnach nichts einfacher sein, als aus den Werte-Tabellen der Firmenprospekte verbindliche Hinweise über Möglichkeiten und Grenzen der Anwendung eines Werkstoffes zu entnehmen. Das ist leider nur selten in vollem Umfang möglich. Die Gründe dafür sind sehr verschiedener Art. Da ist 1.) die mangelnde Kenntnis der Prüfmethoden zu nennen. Wer nicht weiß, wie die Kenndaten zustandekommen, kann auch schwerlich ihre Bedeutung erfassen. – Dazu kommt 2.) die objektive Schwierigkeit, die in den statistischen Schwankungen in den Strukturen und Zusammensetzungen der Rohstoffe liegt. – Vor allem aber ist 3.) festzustellen, daß die verschiedenen Parameter wie z. B. Temperatur, Zeitdauer der Belastungen, Feuchtigkeit – überhaupt das ganze Milieu und selbst die Werkstückgestalt auf das Verhalten der Kunststoffe im praktischen Gebrauch einen viel größeren Einfluß haben, als man es von anderen Werkstoffen her gewohnt ist und erwartet. Alle diese Parameter durch die Prüfbedingungen zu erfassen, ist kaum möglich; ja, man kann sie nicht einmal immer hinreichend konstant halten, aber – um es nochmal zu betonen – das liegt nicht an den Prüfmethoden und schon gar nicht an den Kenndaten, es liegt eben in der Natur der Sache.
Trotzdem oder auch gerade deshalb geht eine Werkstoffkunde der Kunststoffe am besten von den Prüfmethoden aus, wie sie sich zur Fixierung der physikalischen Eigenschaften im Laufe der Zeit eingeführt haben. Fast von selbst ergibt sich dann die Einteilung nach den mechanischen, thermischen, elektrischen, optischen und akustischen Eigenschaften. Über das chemische Verhalten der Kunststoffe muß ebenso wie über die Wirkung von Umwelteinflüssen gesprochen werden. In allen Fällen ist das technologische Verhalten der Kunststoffe herauszustellen, weil gerade die Umstände, die bei der Entstehung und Verarbeitung der Kunststoffe eine Rolle spielen, das Gefüge und damit die Eigenschaften des fertigen Produktes entscheidend beeinflussen. Da sich nur von hier aus die Kunststoffe als Werkstoffe verstehen lassen, muß überhaupt damit begonnen werden, die Strukturen der Kunststoffe und die Kenngrößen ihrer Verarbeitung darzustellen.

Für die wichtigsten Kunststoffe haben sich Abkürzungen eingeführt, die in der DIN 7728 festgelegt wurden, aber auch international benutzt werden. In der Tabelle 1 sind sie in der gleichen Reihenfolge aufgeführt, wie sie auch in der DIN 7728 erscheinen. (Über DIN-Normen und überhaupt über Kunststoffnormen wird im Abschnitt 4.1. S. 54 noch eingehend gesprochen werden.)

Tabelle 1 Kurzzeichen der wichtigsten Kunststoffe laut DIN 7728

Kurzzeichen	Erklärung:	Kurzzeichen	Erklärung:
ABS	Acrylnitril-Butadien-Styrol-Copolymere	PMMA	Polymethylmethacrylat
AMMA	Acrylnitril-Methylmethacrylat-Copolymere	POM	Polyoxymethylen; Polyformaldehyd (Polyacetal)
CA	Celluloseacetat	PP	Polypropylen
CAB	Celluloseacetobutyrat	PS	Polystyrol
CAP	Celluloseacetopropionat	PTFE	Polytetrafluoräthylen
CF	Kresolformaldehyd	PUR	Polyurethan
CMC	Carboxymethylcellulose	PVAC	Polyvinylacetat
CN	Cellulosenitrat	PVAL	Polyvinylalkohol
CP	Cellulosepropionat	PVB	Polyvinylbutyral
CS	Kasein	PVC	Polyvinylchlorid
EC	Äthylcellulose	PVCA	Vinylchlorid-Vinylacetat-Copolymere
EP	Epoxid	PVDC	Polyvinylidenchlorid
MF	Melaminformaldehyd	PVF	Polyvinylfluorid
PA	Polyamid	PVFM	Polyvinylformal
PC	Polycarbonat	SAN	Styrol-Acrylnitril-Copolymere
PCTFE	Polychlortrifluoräthylen	SB	Styrol-Butadien-Copolymere
PDAP	Polydiallylphthalat	SI	Silikon
PE	Polyäthylen	SMS	Styrol-α-Methylstyrol-Copolymere
PETP	Polyäthylenterephthalat		
PF	Phenolformaldehyd	UF	Harnstoffformaldehyd
PIB	Polyisobutylen	UP	Ungesättigte Polyester

In der Praxis haben sich neben den erwähnten Kurzzeichen noch einige andere eingeführt, die zu einer weiteren Differenzierung dienen sollen:

LDPE	Low Density Polyäthylen = Polyäthylen niederer Dichte
HDPE	High Density Polyäthylen = Polyäthylen hoher Dichte
E-PVC	Emulsions-PVC
S-PVC	Suspensions-PVC
ASA	Acrylester-Styrol-Acrylnitril-Copolymer
EPS	Expandierbares Polystyrol
EVA	Äthylen-Vinylacetat-Copolymer
GFK	Glasfaserverstärkte Kunststoffe (allgemein)
GUP	Glasfaserverstärkte ungesättigte Polyesterharze

2. Der Aufbau der Kunststoffe

Kunststoffe sind von der chemischen Industrie synthetisch hergestellte makromolekulare Werkstoffe. Makromoleküle bestehen aus einer außerordentlich großen Zahl (makros, griechisch = groß) in bestimmter Zuordnung chemisch miteinander verknüpfter Atome. Der allgemeine Werkstoffcharakter der Kunststoffe wird entscheidend durch deren makromolekularen Feinbau bestimmt; die Besonderheiten der einzelnen Kunststoffe liegen in den Variationen ihrer chemischen Struktur begründet und in ihrer Verarbeitung mit Füllstoffen und verstärkenden Mitteln. Kunststoff-Makromoleküle sind – genau wie die der natürlichen „organischen" Werkstoffe, die ja auch das Vorbild für die synthetischen Chemiewerkstoffe waren – „polymere" Kohlenstoffverbindungen.
Nachstehend werden die wichtigsten Faktoren kurz dargestellt, die beim Aufbau der Kunststoffe beteiligt sind:

2.1. Grundelemente der Kunststoffe

Der erste Faktor betrifft die Elemente, aus denen die Kunststoffe bestehen, und welche zunächst die Grundmoleküle, die sogenannten „Monomere" (monos = einzeln; meros = = Teil), bilden (Bild 1). Ausgangsstoffe für Kunststoffe sind Kohlenstoffverbindungen mit kleinen Molekülen, an denen außer Kohlenstoff (C) nur wenige andere Elemente beteiligt sind, vor allem Wasserstoff (H), weiter Sauerstoff (O), Stickstoff (N) und Chlor (Cl), gelegentlich Fluor (F) und Schwefel (S). Der wichtigste Baustein ist der Kohlenstoff. Ohne Kohlenstoff kein Kunststoff! Und das ist insofern überraschend, als der Anteil von

Tabelle 2 *Anteil der chemischen Elemente an der Erdkruste – Wasser, Luft und belebte Natur sind eingeschlossen (nach Saechtling).*

Chemische Elemente		Anteil in %
Sauerstoff		47
Silicium		27
Aluminium		8
Calcium + Magnesium		5,5
Eisen		5
Natrium + Kalium		5
Wasserstoff		0,9
Titan		0,5
Kohlenstoff		0,2
Chlor + Fluor		0,008
Schwefel		0,05
Nickel, Kupfer, Zink, Zinn Blei, Chrom	zusammen	0,05
Stickstoff		0,02
Edelmetalle	zusammen	0,00001

Kohlenstoff in der gesamten Erdkruste und der umgebenden Atmosphäre nur etwa 0,2 % beträgt (s. Tabelle 2). Die Chemie der Kunststoffe ist somit die Chemie des Kohlenstoffes, zu der auch alle biochemischen Verbindungen gehören, wie sie im pflanzlichen, tierischen und menschlichen Körper auftreten.

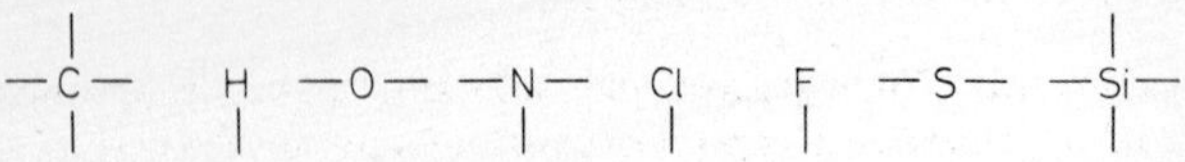

$$-\overset{|}{\underset{|}{C}}- \quad H \quad -O- \quad -\overset{|}{N}- \quad Cl \quad F \quad -\overset{|}{S}- \quad -\overset{|}{\underset{|}{Si}}-$$

Bild 1 Kurzzeichen der am Aufbau von Kunststoffen beteiligten Elemente mit ihren Valenzen

2.2 Entstehung der Molekülketten

Der zweite Faktor bezieht sich auf die Art, wie die einzelnen Grundmoleküle sich zu großen „polymeren" (poly = viel) Molekülen – dem eigentlichen Kunststoff – zusammenfinden. Auch hier spielt der Kohlenstoff die entscheidende Rolle. Das vierwertige Kohlenstoffatom hat im besonderen Maße die Fähigkeit, sich mit anderen Kohlenstoffatomen vielfältig zu verbinden, unmittelbar (Bild 2) oder im Wechsel mit anderen Elementen wie z. B. Sauerstoff und Stickstoff. Wenn jedes Monomer-Molekül zwei bindungsfähige Stellen besitzt, führt die chemische Verkettung vieler solcher Moleküle zwangsläufig zu ketten- oder fadenförmigen Makromolekülen, deren Länge tausendmal und noch größer als ihr Durchmesser sein kann. Treten in einzelnen oder allen Ausgangsprodukten für Kunststoffsynthesen mehr als zwei bindungsfähige Stellen in Erscheinung, so werden die Verhältnisse komplizierter. An einzelnen zusätzlich aktiven Stellen kommt es zu Kettenverzweigungen, aus allgemein an mehr als zwei Stellen reaktionsfähigen Produkten entstehen vernetzte Makromoleküle. – Ähnlich wie Kohlenstoff verhält sich Silicium, das der Grundstoff der besonderen Kunststoffgruppe der Silicone ist.

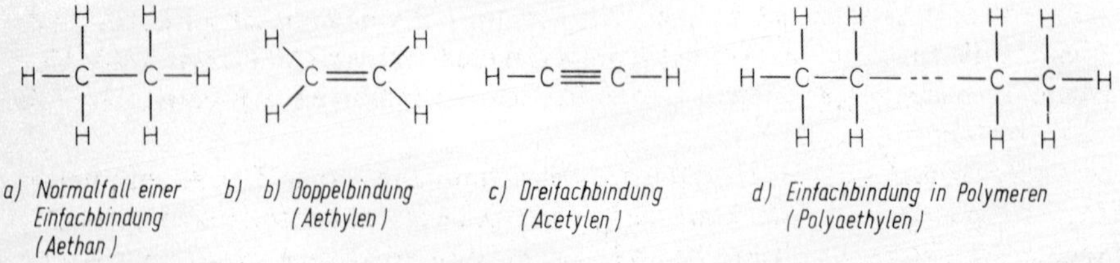

a) Normalfall einer Einfachbindung (Aethan)
b) Doppelbindung (Aethylen)
c) Dreifachbindung (Acetylen)
d) Einfachbindung in Polymeren (Polyaethylen)

Bild 2 Mögliche Bindungen der Kohlenstoffatome
  a) Normalfall einer Einfachbindung (Aethan)
  b) Doppelbindung (Aethylen)
  c) Dreifachbindung (Acetylen)
  d) Einfachbindung in Polymeren (Polyaethylen)

Zunächst sollen die verhältnismäßig einfach gebauten, durch Monomeren-Verkettung entstehenden Fadenmoleküle näher betrachtet werden. Mehr noch als die Anzahl der Kohlenstoffatome im Molekül interessiert die Anzahl der Monomeren-Grundmoleküle, die man als Polymerisationsgrad bezeichnet. In Tabelle 3 sind einige der bekanntesten Kunststoffe dieser Art aufgeführt mit Angabe des Polymerisationsgrades.

2.2. Entstehung der Molekülketten

(Wer sich für die Chemie der Kunststoff-Erzeugung interessiert, sei auf das Buch von Becke „Leichtfaßliche Einführung in die Chemie der Kunststoffe" hingewiesen.)

Tabelle 3 Zusammenstellung des Polymerisationsgrades und des mittleren Molekulargewichtes bekannter Thermoplaste

Alle Werte sind nur ungefähr angegeben und umfassen die üblichen Qualitäten; für eine bestimmte Qualität lassen sich enger umgrenzte Werte angeben. (Erläuterung zum Molekulargewicht s. S. 34.)

		Polymerisationsgrad n	mittl. Molekulargewicht
Polyäthylen	niederer Dichte	1 000 bis 15 000	32 000 bis 1 500 000
Polyäthylen	hoher Dichte	1 500 bis 90 000	50 000 bis 3 000 000
Polypropylen		7 500 bis 18 800	300 000 bis 750 000
Polystyrol		1 500 bis 2 500	150 000 bis 250 000
Polyvinylchlorid		1 000 bis 2 500	60 000 bis 150 000
Acetalharz		1 000 bis 1 300	35 000 bis 60 000
Acrylharz		20 000 bis 30 000	ca. 2 Mill. bis 3 Mill.
Polytetrafluoräthylen		ca. 10 000	ca. 500 000

Die vier Valenzen des Kohlenstoffatoms erstrecken sich tetraedrisch in den Raum (Bild 3a). Gehen zwei C-Atome eine einfache Bindung ein, so ist zwar der Abstand von einem C-Atom zum nächsten genau fixiert und bleibt auch immer gleich groß – nämlich 1,54 Å –, wohl aber ist jedes C-Atom um die Valenzachse frei drehbar. (Ein Å = Ångström ist die kleinste Längeneinheit, mit der z. B. die Wellenlänge der Röntgenstrahlen gemessen wird, und entspricht 10^{-10} m, d.h. ein zehnmillionstel Millimeter.)
Aus diesem Tetraederwinkel einerseits und der gegenseitigen Drehbarkeit andererseits folgt unmittelbar, daß die Kohlenstoffatome nicht wie die Perlen auf einer Schnur aneinandergereiht sein können; sie müssen vielmehr eine Art räumlicher Zickzack-Linie bilden (Bild 3), die zudem mehr oder weniger verknäuelt und verschlauft sein wird. Und viele solcher verknäuelter und verschlaufter Ketten durchdringen sich gegenseitig wie Fasern eines dichten Filzes.
Wenn besonders komplizierte Seitengruppen oder voluminöse Atome bzw. Atomgruppen (z.B. Ringe) vorhanden sind, dann kann die Drehbarkeit der Kohlenstoffatome und damit die Beweglichkeit der ganzen Kette behindert sein. Man erhält eine „versteifte" Kette, was in den Eigenschaften des betreffenden Kunststoffes erkennbar wird. Weil diese Behinderung von der räumlichen Anordnung der Atome herrührt, spricht man von einer „sterischen Hinderung" (stereo = Raum).
Will man sich über den chemischen Aufbau der einzelnen Stoffe orientieren, so sind Strukturformeln ein recht brauchbares Mittel (Bild 4). Man muß sich aber klar darüber sein, daß die idealisierte zeichnerische Darstellung der Struktur in einer Ebene keine hinreichende Vorstellung vom räumlichen Bau der Moleküle geben kann.

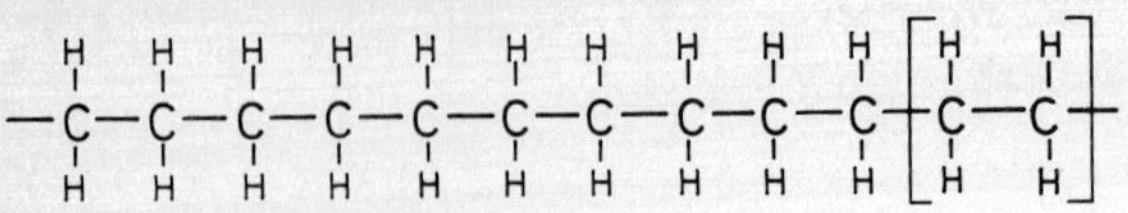

Polyaethylen (PE)

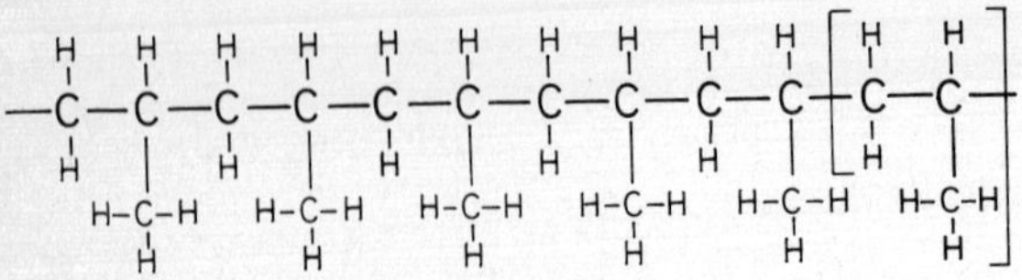

Polypropylen (PP)

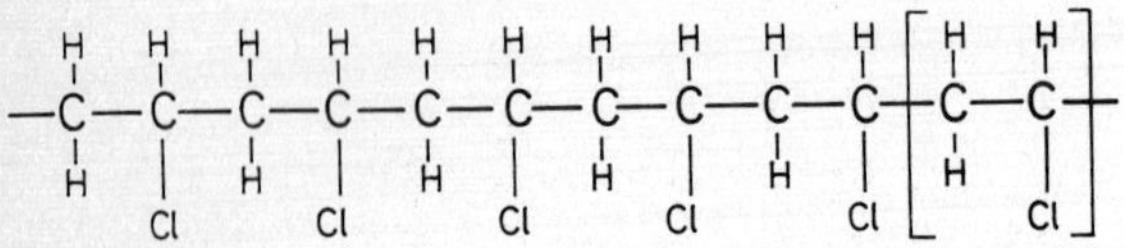

Polyvinylchlorid (PVC)

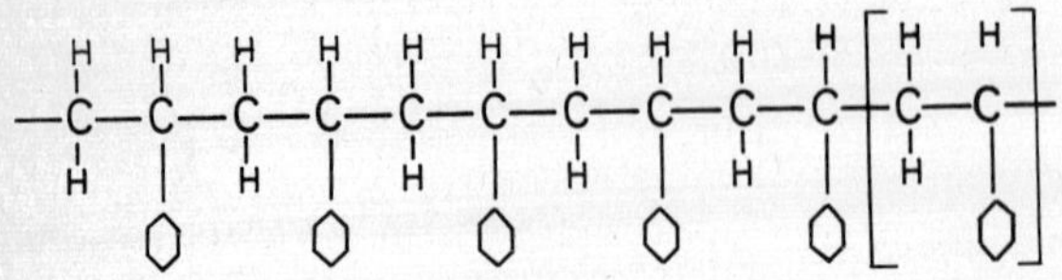

Polystyrol (PS)

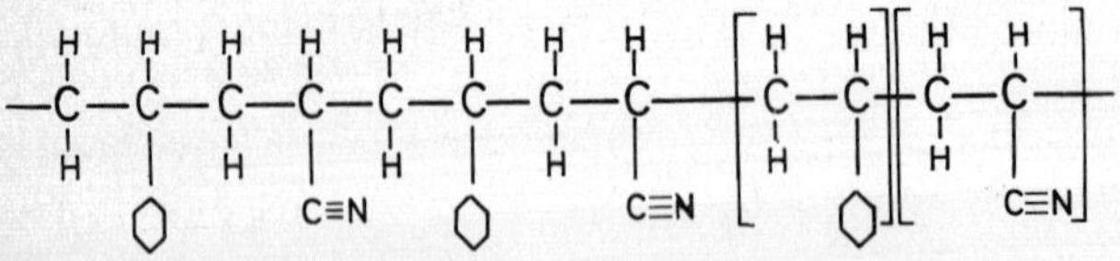

Polystyrol-Acrylnitril-
Mischpolymerisat (SAN)

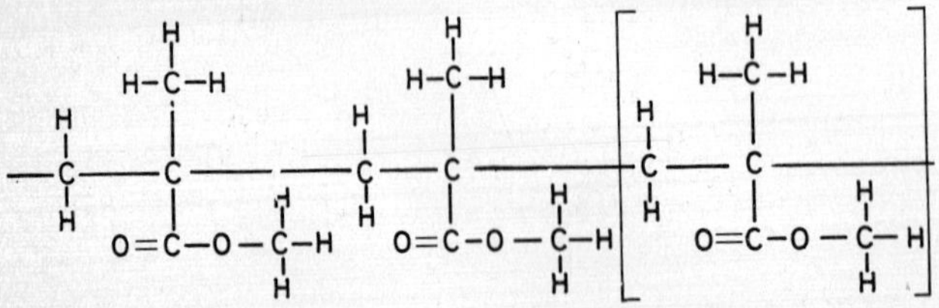

Polymethacrylsäure-
Methylester (PMMA)
(Methacrylat)

Mischpolymerisat aus
Acrylnitril und Methacrylat
(AMMA)

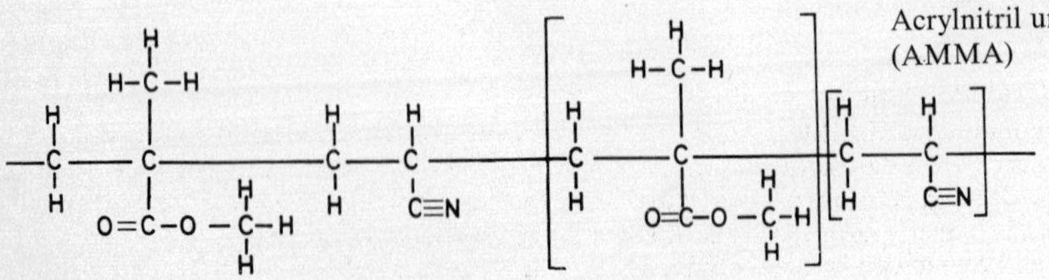

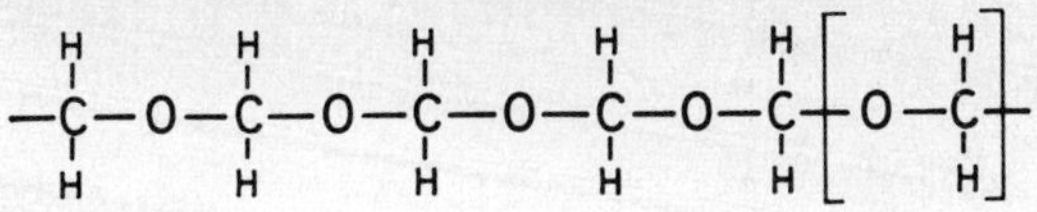

2.2. Entstehung der Molekülketten

Polyactalharz (POM)
(Polyoxymethylen)

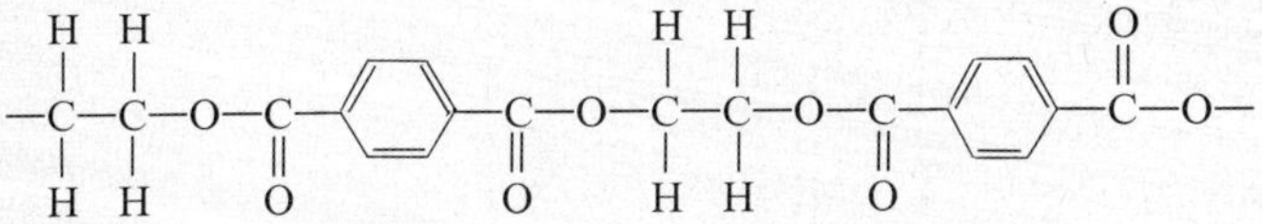

linearer (gesättigter)
Polyester (PETP)

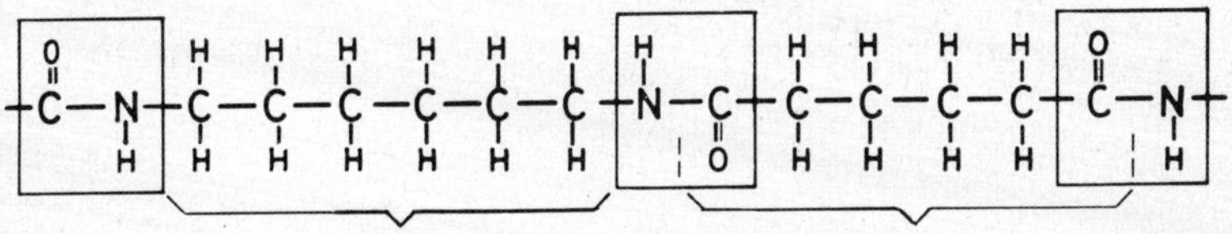

6 Kohlenstoffatome + 6 Kohlenstoffatome
folgen in regelmäßigem Wechsel (6/6).

Polyamid A (Nylon 6/6) (PA)

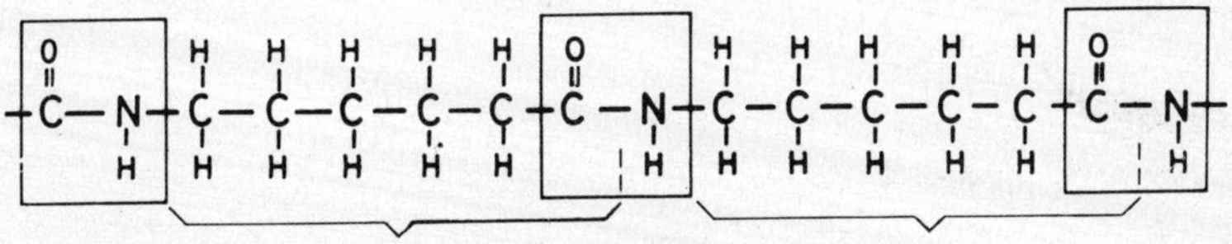

Es folgen regelmäßig 6 Kohlenstoffatome

Polyamid B (Nylon 6)

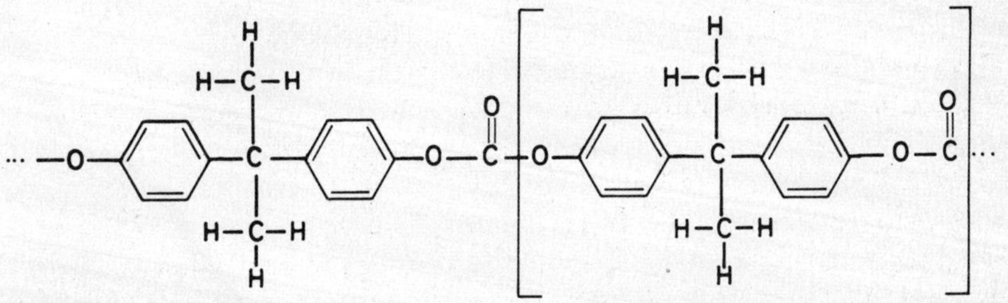

Polycarbonat (PC)

Bild 4 Strukturformeln einiger wichtiger Thermoplaste
Die monomeren Molekülgruppen sind der besseren Übersicht wegen in Klammern gesetzt. Vielfach werden die Formeln auch in der Form abgekürzt, daß nur das monomere Molekül geschrieben, in Klammern gesetzt und mit dem Index n versehen wird: n ist stellvertretend für den Polymerisationsgrad, also die Anzahl der monomeren Moleküle im Kettenmolekül. Bei den Polyamiden ist die verbindende Amidgruppe CONH besonders gekennzeichnet.

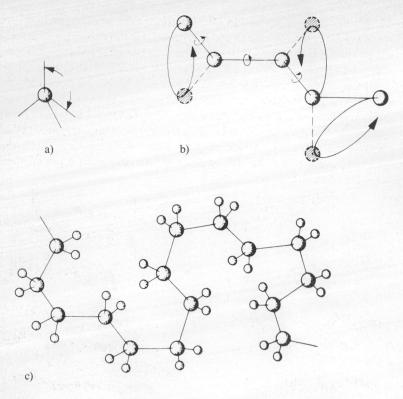

Bild 3 a) Räumliche Stellung der Valenzen des Kohlenstoffatoms
b) Drehbarkeit der Kohlenstoffatome um ihre Valenz-Achsen
c) Vereinfachte Darstellung einer Molekülkette (Polyäthylen)

2.3. Polyblends und Mischpolymere

Bei einer Reihe von Kunststoffen sind nicht ausschließlich gleichartige Grundmoleküle sondern mehrere Grundmoleküle verschiedenartiger Zusammensetzung miteinander verbunden. Wenn diese verschiedenen Grundmoleküle in – mehr oder weniger – regelmäßigem Wechsel, jedenfalls aber chemisch gebunden in gemeinsamer Kette auftreten, so ist das ein echtes Mischpolymer; auch Copolymer genannt. Sind die andersartigen Grundmoleküle lediglich als Seitenketten an die einheitlichen Hauptketten gewissermaßen „angepfropft", so spricht man in solchen Sonderfällen auch von „Pfropfpolymeren". Grundsätzlich von Misch- und Pfropfpolymeren zu unterscheiden sind reguläre Mischungen von zwei oder mehreren verschiedenen Kunststoffen einheitlichen Aufbaus. Hierfür hat man die Bezeichnung Polyblends oder Compounds.
Hierzu je ein Beispiel:
Das normale *Poly*styrol (PS) hat eine aus gleichartigen Grundmolekülen aufgebaute Kette (Homopolymer [Bild 5a]). Es ist bekannt dafür, daß es steif und hart, aber schlagempfindlich ist. Baut man in die Polystyrolkette Acrylnitril mit ein, so entsteht Poly*a*cryl-

2.4. Taktisch und a-taktisch gebaute Moleküle

*n*itri*l*styrol (SAN), ein Mischpolymer (Bild 5b), das sich durch eine geringere Sprödigkeit, bessere Wärmefestigkeit und eine geringere Lösungsmittelempfindlichkeit auszeichnet. Die sogenannten schlagfesten Polystyrolsorten jedoch sind ursprünglich nur Mischungen (Bild 5d) von normalem Polystyrol mit kautschukähnlichen Polymeren, entwder *B*utadien-*S*tyrol-Copolymer oder Butadien-Propfpolymer (BS). Die hochschlagfesten ABS-Sorten (*A*crylnitril-*B*utadien-*S*tyrol) sind Mischungen von einem Copolymer des Typs SAN und einer kautschukähnlichen Sorte vom Typ Acrylnitril-Butadien. Im überwiegenden Maße sind heute die guten ABS-Typen regelrechte Pfropfpolymere (Bild 5c), bei denen Styrol-Acrylnitril-Moleküle auf Polybutadien aufgepfropft sind. – An diesen Beispielen soll gezeigt werden, daß die verschiedenen Komponenten die Eigenschaften des Endproduktes wesentlich beeinflussen.

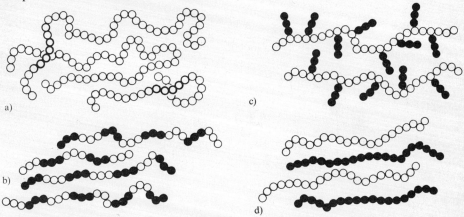

Bild 5 Schematische Darstellung des Molekülaufbaus von Thermoplasten
Die Kreise versinnbildlichen einheitliche Atome oder Atomgruppen; helle und dunkle Kreise stehen für zwei verschiedene Gruppen.
a) Polymereinheitlich (Homopolymer)
b) Mischpolymer (Copolymer)
c) Pfropfpolymer
d) Mischung (Compound) zweier Polymere oder Polyblend

2.4. Taktisch und a-taktisch gebaute Moleküle

Man hat sich daran gewöhnt, bei Strukturformeln von Mischpolymeren oder Ketten mit Seitengruppen ein ganz regelmäßiges Bild zu zeichnen. Dabei ist aber gar nicht gesagt, daß die so schön dargestellte Regelmäßigkeit auch immer vorhanden ist. Räumlich sind die Seitengruppen oft ungeordnet, nämlich ohne taktweise Wiederholung bestimmter Anordnungen – also „*a-taktisch*" – um die Hauptkette gelagert. Sind Seitengruppen (z. B. CH_3) oder seitlich angebrachte Atome (z. B. Cl) in ganz regelmäßigem Wechsel nach ein und derselben Seite der Kette angeordnet, so nennt man diese Art der Bindung *isotaktisch*. Stehen sie in gleichmäßigen Abständen, jedoch abwechselnd nach der einen und anderen Seite der Kette – was man sich aber auch wiederum räumlich vorzustellen hat –, so nennt man diese Art der Bindung *syndio-taktisch*. Da sich solche Verbindungen bei gleicher Zusammensetzung nur durch verschiedene räumliche Anordnung einzelner Atome und Atomgruppen unterscheiden, spricht man von sterischen oder stereospezifischen Konfigurationen und von sterischer Isomerie. Daß Unterschiede im Ordnungsgrad des Molekülbaus zu besonderen Eigenschaften des betreffenden Kunststoffes führen, ist einleuchtend (Bild 6).

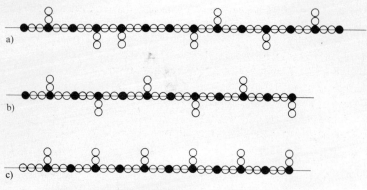

Bild 6   „Sterische Konfigurationen"
  a) ataktisch = unregelmäßig
  b) syndiotaktisch = alternierend regelmäßig
  c) isotaktisch = einseitig regelmäßig

2.5.   Statistische Molekulargewichtsverteilung

Kunststoff-Moleküle sind jedoch selten so regelmäßig gebaut. Sie sind nicht einmal in ihrer Kettenlänge einheitlich. Man hat es immer mit einem Gemisch verschieden langer Molekülketten zu tun, also mit Molekülen von verschiedenem Gewicht. Die Zusammensetzung des Gemisches aus langen (= schweren) und kurzen (= leichten) Ketten findet ihren Niederschlag in der sogenannten Molekulargewichtsverteilung. Sie ist ein weiteres Moment, das die Eigenschaften eines Kunststoffes bestimmt (Bild 7). Allgemein kann man davon ausgehen, daß kurze Molekülketten und „monomere Reste" leichter einem Angriff – gleichgültig welcher Art – unterliegen als die langen, die „auspolymerisierten" Ketten (vgl. auch Abschnitt 3.2. S.34).

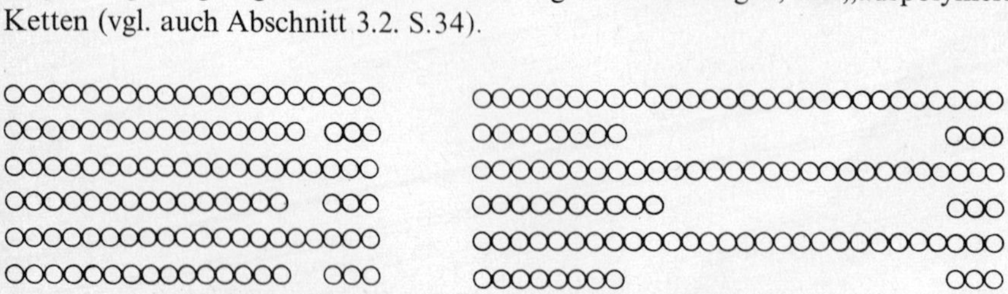

Bild 7   Schematische Darstellung von zwei verschiedenen Molekülgemischen, die aber aus im Mittel gleich langen Molekülen bestehen. Die kleinen Gebilde sollen die monomeren Reste charakterisieren.

2.6. Lineare, verzweigte und vernetzte Strukturen

Beim Aufbau von Makromolekülen können, wie bereits erwähnt, je nach Ausgangsprodukten und Herstellungsbedingungen linear verkettete Fadenmoleküle, verzweigte Fadenmoleküle, weit oder eng vernetzte Makromoleküle entstehen. Das Verhalten der Kunststoffe in Abhängigkeit von der Temperatur wird weitgehend durch die unterschiedliche Struktur ihrer Makromoleküle bestimmt, diese bildet die Grundlage der Einteilung der Kunststoffe in die Hauptgruppen der

> *Thermoplaste (oder Plastomere)*
> mit linearen oder verzweigten Fadenmolekülen,
> *Elastomere*
> mit lose vernetzten Fadenmolekülen,
> *Duroplaste (oder Duromere)*
> mit eng vernetzten Fadenmolekülen.

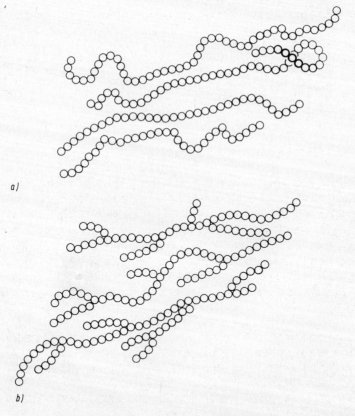

Bild 8 Schematische Darstellung des Molekülaufbaus von Thermoplasten
   a) lineare unverzweigte Molekülketten
   b) verzweigte Molekülketten
   (Die Molekülketten sind in Wirklichkeit viel stärker verknäuelt und verschlauft)

Das Verhalten der Übergangsgruppe der „Thermoelaste" gleicht bei Raumtemperatur dem der Duroplaste, bei höherer Temperatur dem der Elastomeren. – Diese Einteilung ist in DIN 7724 festgelegt.

Die *Thermoplaste* sind dadurch gekennzeichnet, daß sie aus lauter einzelnen, linearen (Bild 8a) oder ab und zu verzweigten (Bild 8b) Molekülketten aufgebaut sind, die mehr oder weniger gestreckt oder geknäuelt neben- und durcheinander liegen. Je nachdem es sich um vorzugsweise lineare oder verzweigte Molekülketten handelt, sind auch Unterschiede im Verhalten der Kunststoffe festzustellen, was man besonders bei Polyäthylen gut demonstrieren kann: Lineares, d.h. unverzweigtes Polyäthylen ist relativ steif und hart und besitzt eine vergleichsweise hohe Dichte. Verzweigtes Polyäthylen ist dagegen wesentlich biegsamer und weicher. Infolge der zahlreichen Verzweigungen können sich die Molekülketten nicht so dicht aneinanderlegen, und es besitzt daher auch eine relativ geringe Dichte.

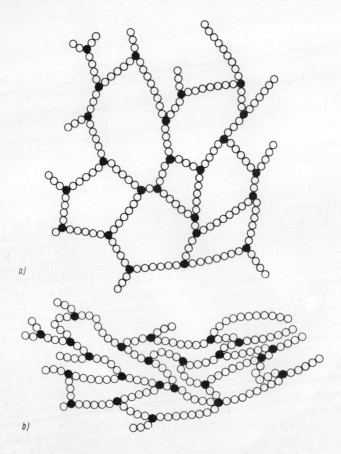

Bild 9   Schematische Darstellung des Molekülaufbaus von Elastomeren. Das weitmaschige Raumnetzmolekül (a) ist noch beweglich und läßt sich strecken (b) Die dunklen Kreise stellen die Vernetzungspunkte dar.

2.6. Lineare, verzweigte und vernetzte Strukturen

Verzweigtes PE niedriger Dichte (in der englischen Fachliteratur mit LDPE = Low Density Polyethylen abgekürzt) wird im „Hochdruck"-Verfahren hergestellt. Zu linearem Polyäthylen hoher Dichte (englisch HDPE = High Density Polyethylen) führt u. a. das Ziegler'sche „Niederdruck"-Verfahren.

Ob linear oder verzweigt, allen diesen aus kettenförmigen Molekülen aufgebauten Thermoplasten ist gemeinsam, daß sich bei zunehmender Temperatur die neben- und durcheinanderliegenden Ketten infolge der thermischen Bewegung der Kettenglieder allmählich voneinander lösen und aneinander abgleiten können: die Stoffe werden immer weicher und gelangen bei ausreichender Temperatur schließlich zum zähplastischen Fließen. Bei Rückgang der Temperatur kehrt sich dieser Vorgang um: Die Molekülketten legen sich wieder dicht aneinander, das Material erstarrt und wird wieder hart. Dieser Vorgang ist reversibel (= umkehrbar), d.h. theoretisch kann man Thermoplaste durch Erwärmen beliebig oft erweichen bzw. „verflüssigen" und durch Abkühlen verfestigen. In der Praxis ist diesem Vorgang allerdings dadurch eine Grenze gesetzt, daß jede Beanspruchung mit höheren Temperaturen eine thermische Schädigung einzelner Moleküle, nämlich einen Kettenabbau hervorruft, der schließlich zur Zerstörung des Kunststoffes führt.

Ganz anders werden die Verhältnisse, wenn es sich nicht mehr um lineare oder verzweigte Molekülketten handelt, sondern beim Aufbau des Kunststoffes ein molekulares räumliches Netzwerk sich bildet. Solange ein sehr weitmaschiges Netz mit nur wenigen Verknüpfungspunkten entsteht, ist das ganze Gebilde noch relativ gut beweglich, und deshalb erweichen diese Stoffe bei zunehmender Temperatur auch noch bis zu einem gewissen Grade (Bild 9). Da die Molekülketten aber nicht mehr vollkommen frei, sondern in einzelnen Punkten miteinander verknüpft sind, können sie sich auch bei höherer Temperatur nicht mehr vollkommen voneinander lösen und aneinander vorbeigleiten: solche Stoffe lassen sich nicht mehr „verflüssigen", sie sind nicht mehr thermoplastisch. Ihr wesentliches Kennzeichen ist, daß sie *bei allen Gebrauchstemperaturen*, d. h. von 0 °C oder tiefer bis zur Zersetzungstemperatur praktisch gleichbleibend (d. h. mit kaum veränderten E- oder G-Modul) gummielastisch sind. Man nennt sie daher *Elastomere*. Charakteristisch für diese Stoffgruppe sind viele Gummisorten. (Weitere Einzelheiten in Abschnitt 7.2.3. S. 136.)

Der Vollständigkeit halber sei erwähnt, daß Stoffe aus linearen und verzweigten Molekülketten (d. h. eigentliche Thermoplaste) nicht mehr thermoplastisch fließbar erweichen, sondern bei höherer Temperatur nur gummielastisch werden, wenn die Molekülketten sehr lang und damit stark ineinander verfilzt sind. Zu diesen Stoffen zählt z. B. das hochmolekulare Acrylharz und sehr hochmolekulares Polyäthylen.

Wird der Vernetzungsgrad der Molekülketten stärker, so erhält man ein immer engmaschigeres Netzwerk, das in sich immer steifer und unbeweglicher wird (Bild 10). Solche Stoffe nennt man *Duroplaste* oder – da sie ja nicht mehr plastisch verformbar sind – richtiger: *Duromere*. Sie sind in ihrem gesamten Gebrauchstemperaturbereich glasig hart und lassen sich auch bei höheren Temperaturen kaum mehr erweichen.

Den Vorgang der räumlichen Vernetzung der Duroplaste nennt man deshalb auch „Aushärtung". Bei ausgehärteten Duroplasten besteht im Grenzfall der ganze Körper aus einem einzigen Makromolekül. Die Aushärtung eines duroplastischen Kunststoffes läßt sich nicht wieder rückgängig machen: sie ist irreversibel.

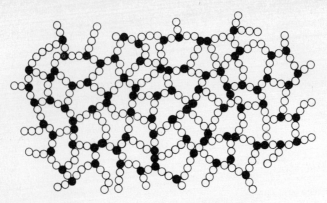

Bild 10 Schematische Darstellung des Molekülaufbaus von Duromeren. Das engmaschige Raumnetzmolekül ist nicht mehr beweglich.

Duroplaste lassen sich nicht mehr durch Strukturformeln erfassen. Zeichnerische Darstellungen lassen aber recht gut die Verbindung der einzelnen Atome bzw. Grundmoleküle erkennen (Bild 11a bis d).
Aus dieser kurzen Erläuterung der Unterschiede zwischen Thermoplasten, Duroplasten und Elastomeren bzw. Elasten wird bereits ersichtlich, daß sie wesentlich im Temperaturverhalten der verschiedenen Stoffe sich auswirken. In Verbindung mit den thermischen Zustands- und Übergangsbereichen werden daher diese Verhältnisse erneut betrachtet (s. Abschnitt 7.2. S. 131).

2.7. Orientierung der Molekülketten

Wenn festgestellt wurde, daß bei einem vernetzten Kunststoff der ganze Körper möglicherweise aus einem einzigen Makromolekül besteht, so heißt das auch, daß von irgend einer Orientierung der ursprünglichen Grundmoleküle nicht die Rede sein kann. Das ist bei den Fadenmolekülen der Thermoplaste ganz anders. Gerade die Orientierung spielt für ihr Verhalten – und zwar nicht nur in der Wärme, sondern auch bei jeder Art einer mechanischen und sonstigen Beanspruchung – eine so wichtige Rolle, daß man sie schon an dieser Stelle kurz schildern muß. Bei Behandlung der thermischen Zustands- und Übergangsbereiche wird man dann ihre grundlegende Bedeutung erst richtig erkennen.
Zu unterscheiden ist zwischen 1.) der Ausrichtung der Fadenmoleküle durch die Verarbeitung, 2.) einer zusätzlichen gewollten Ausrichtung durch Verstrecken und 3.) einer strukturell im Aufbau gewisser Fadenmoleküle bedingten Orientierung.

2.7.1. *Orientierung infolge Verarbeitung*

Viele thermoplastische Kunststoffe sind im Normalzustand amorph, d.h. ihre Fadenmoleküle liegen ungeordnet nebeneinander und durcheinander (Bild 12a). Bei der Verarbeitung können sie aber eine gewisse Ausrichtung bekommen, wenn die auf die Schmelze

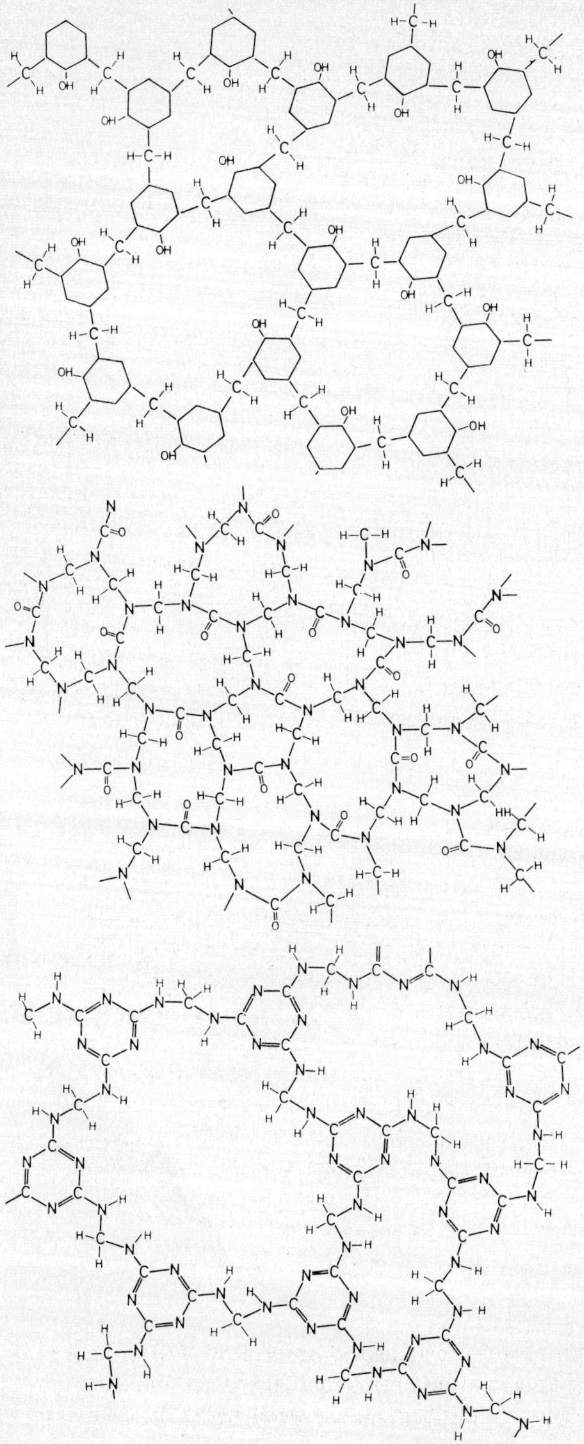

2.7. Orientierung der Molekülketten

a) Phenol-Formaldehyd-Harz

b) Harnstoff-Formaldehyd-Harz

c) Melaminharz

Bild 11
Darstellung der Struktur von Duroplasten
a) Phenol-Formaldehyd-Harz
b) Harnstoff-Formaldehyd-Harz
c) Melaminharz

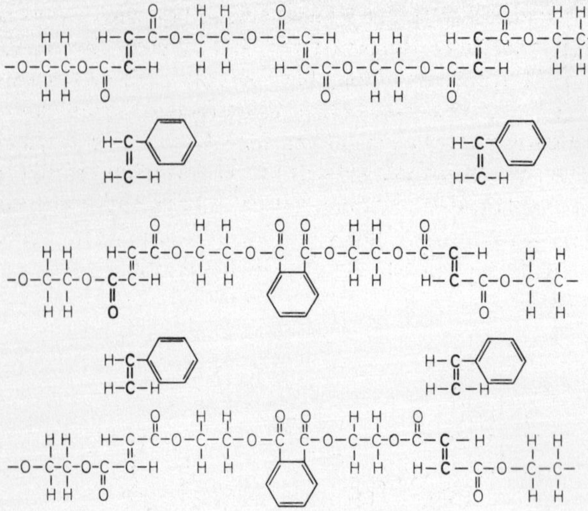

Bild 11 (Fortsetzung)
Darstellung der Struktur von Duroplasten
d_1) Ungesättigter Polyester, gelöst in Styrol
d_2) Polyesterharz, ausgehärtet nach Vernetzung durch Co-Polymerisation
(Um das Schema der Vernetzung deutlich herauszustellen, ist darauf verzichtet worden, sämtliche Atome einzuzeichnen) Bild 11a–c zeigt die klassischen Polykondensationsharze, Bild 11d ein typisches Reaktionsharz.

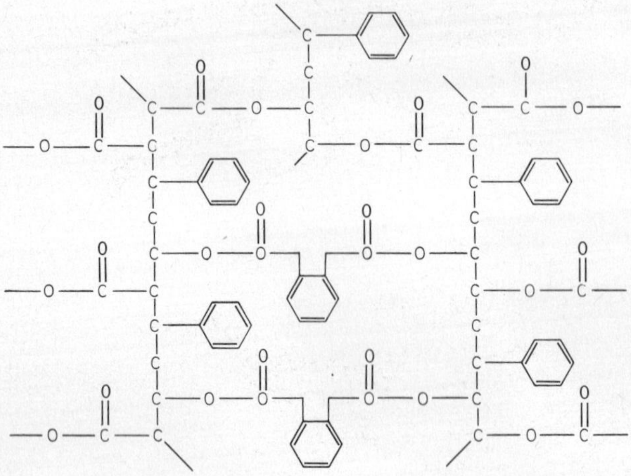

2.7. Orientierung der Molekülketten

einwirkenden verformenden Kräfte eine Hauptrichtung besitzen. Das ist bei nahezu allen üblichen Verarbeitungsverfahren (Kalandrieren, Extrudieren, Spritzgießen) mehr oder weniger der Fall. Jede Molekülorientierung bewirkt unterschiedliches Verhalten in Richtung der Orientierung und senkrecht dazu. Die mechanischen Eigenschaftswerte sind dann in der Orientierungsrichtung höher als senkrecht dazu. Das ist leicht einzusehen, wenn man bedenkt, daß die Atome in der Molekülkette durch die (primären) Hauptvalenzkräfte fest miteinander verbunden sind, daß aber die Ketten untereinander nur durch sekundäre Nebenvalenzkräfte (z.B. „van der Waals'sche Kräfte") zusammengehalten werden, die wesentlich geringer sind (etwa $1/20$ bis $1/100$ der Hauptvalenzkräfte!)

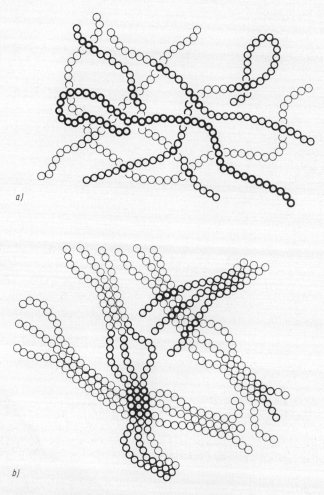

Bild 12 Schematische Darstellung von Thermoplasten:
       a) amorpher Thermoplast
       b) teilkristalliner Thermoplast

Die unterschiedliche Struktur, die sich aus einer Haupt-Orientierungsrichtung von Fadenmolekülen ergibt, und die insbesondere bei mechanischen Kenngrößen zu unterschiedlichen Werten in der Längs- und Querrichtung der Orientierung führt, nennt man „Anisotropie" (an = nicht, iso = gleich, tropein = wenden; Anisotropie bedeutet also so viel wie „ungleichartig beim Wenden in verschiedenen Richtungen). Die Anisotropie wird noch öfters zur Erklärung des Verhaltens thermoplastischer Kunststoffe dienen.

2.7.2.   Orientierung infolge Verstreckung

Eine Verbesserung der Zugfestigkeit durch vermehrte Orientierung wird bei Folien und Fäden („Monofilamenten") durch eine Verstreckung erreicht, die meist unmittelbar im Anschluß an die Fabrikation, eigentlich sogar noch als Endphase der Fabrikation durchgeführt wird. Bei Folien wird vielfach nicht nur in der Längsrichtung sondern – durch eine besondere Vorrichtung – gleichzeitig auch in der Querrichtung das Material gereckt, also bi-axial, nämlich in zwei Achsen. Die Zugfestigkeit ist in der Querrichtung nicht ganz so gut wie in der Längsrichtung, aber doch deutlich gegenüber dem ungereckten Material verbessert. Man darf jedoch nicht übersehen, daß eine solche Verstreckung auch zugleich die Fixierung eines gewissen Spannungszustandes bedeutet, der bei höherer Temperatur zu Schrumpfung und Verzug führt. – Doch damit sind schon Kenngrößen der Verarbeitung angesprochen, die erst später behandelt werden.

2.7.3.   Orientierung infolge Veranlagung

Neben der von der Verarbeitung – ungewollt oder gezielt – herbeigeführten Orientierung gibt es Ordnungszustände, die im Bau der Molekülketten begründet liegen und ein weiteres wichtiges Unterscheidungsmerkmal für Kunststoffe sind – allerdings beschränkt auf Thermoplaste:
Manche Fadenmoleküle sind so regelmäßig gebaut oder entwickeln dank ihrer ausgeprägten Nebenvalenzkräfte einen so starken Zusammenhalt, daß die Ketten sich – wenigstens auf Teilstrecken – dicht aneinanderlegen und parallel verlaufende Stränge bilden. Die derart beim Abkühlen aus der Schmelze entstehenden Strukturen sind durchaus vergleichbar der regelmäßigen Anordnung der Atome und Moleküle in anorganischen und organischen Kristallen. Diese mehr oder weniger stark ausgeprägten kristallinen (geordneten) Bereiche liegen gleichsam eingebettet in amorphe (ungeordnete) Bereiche. Dabei aber ist es nicht so, als ob ein bestimmtes Kettenmolekül nur einem bestimmten Kristallit oder einem bestimmten amorphen Bereich angehört. Die Molekülketten können mehrere Kristallite durchlaufen und in den amorphen Zwischengebieten mit anderen Ketten verknäuelt und verschlauft sein. Es existiert also eine bestimmte Anordnung von steifen Kristalliten, die durch amorphe Gebiete wie durch Gelenke miteinander verbunden sind (Bild 12b). Man bezeichnet solche Kunststoffe als *teilkristallin* – zum Unterschied zu den *amorphen* Kunststoffen, deren Moleküle so unregelmäßig gebaut und verfilzt sind, daß Kristallisationserscheinungen nicht auftreten können.
Thermoplaste, die zur Bildung kristalliner Ordnungsbereiche neigen, sind vor allem die Polyamide und Polyolefine sowie die Acetalharze. Glasig amorph sind Polystyrol und Polymethylmethacrylat („Acrylglas").
Der Unterschied zwischen amorphen und teilkristallinen Thermoplasten ist nächst der

grundsätzlichen Einteilung in Thermoplaste, Elastomere und Duroplaste das wichtigste Strukturmerkmal. Das zeigt sich besonders bei den thermischen Übergangsbereichen (vgl. S. 131), also beim Verhalten in der Wärme, und macht auch Unterschiede bei mechanischer Beanspruchung verständlich. Die Dinge werden noch ausführlich zur Sprache kommen.

2.8. Zuschlag- und Hilfs-Stoffe für Kunststoffe

Viele der bis hierher in ihrem makromolekularen Aufbau beschriebenen Kunststoffe bedürfen gewisser Zusätze, um praktischen Anforderungen zu entsprechen.
Diese sind im wesentlichen 1. verstärkende Mittel, 2. Weichmacher und 3. besondere Zusätze (Hilfsstoffe).

2.8.1. *Verstärkende Mittel*

Duromere Kunststoffe werden in der Praxis selten als reine Kunstharze eingesetzt. Die (typisierten und nicht typisierten) „Preßstoffe" und „Schichtpreßstoffe" sind Kunststofferzeugnisse, die erst durch die Zuschläge, also den Verbund mit den verschiedenen verstärkenden Zusatzstoffen zum eigentlichen Werkstoff werden. Die Kunstharze auf der einen Seite und die verstärkenden Mittel auf der anderen bestimmen die Eigenschaften der fertigen Produkte.
Mit dem Zusatz von Celluloseflocken, Papierfasern, Gesteinsmehl, Glimmer, Asbest- oder Glasfasern, Textilschnitzeln und dergleichen soll in der Regel eine Erhöhung der mechanischen Festigkeit oder der Wärmeformbeständigkeit erreicht werden. Wenn Papierbahnen oder Holzfurniere mit Kunstharzen getränkt und zu Schichtpreßstoffen verarbeitet werden, ergeben sich durch den regelmäßigen Aufbau des Materials beachtliche Verbesserungen der Festigkeit in Längs- und Querrichtung. Polyesterharze sind erst durch die Verarbeitung mit Glasfasern, die in Form von Strängen (Rovings), Geweben oder Filzen eingebracht werden, zu ihrer technischen Bedeutung gekommen. Thermoplastische Formmassen werden durch Zusatz von 20–30% kurzen Glasfasern erheblich steifer und wärmeformbeständiger. Auf diese Weise wurde die Anwendung von Thermoplasten, vor allem von Polyamiden und Polyacetalen, in Temperaturbereichen möglich, die früher den Leicht- und Buntmetallen vorbehalten waren. – Weich-PVC-Fußbodenbeläge werden zur Verbesserung der Trittfestigkeit mineralisch gefüllt.
Selten werden Füllstoffe nur zugesetzt, um den Werkstoff zu verbilligen. Wenn die Menge der zugesetzten Füllstoffe mehr als 75% ausmacht, spielt der polymere Anteil nur noch die Rolle eines Bindemittels, und man kann nicht mehr von einem Kunststoff sprechen.
Tabelle 4 gibt eine Übersicht über die wichtigsten duromeren Formmassen. Sie enthalten 40–50% der angegebenen körnigen, faserigen, schnitzel- oder bahnenförmigen Füllstoffe als Harzträger. – Außer den in der Tabelle 4 genannten Formmassen sind – z.B. in DIN 7735 – auch Schichtpreßstoffe typisiert, die in der Elektrotechnik und Elektronik vielfältig gebraucht werden.
Wenn in den folgenden Kapiteln Eigenschaften von duromeren Kunststofferzeugnissen genannt oder beschrieben werden, so handelt es sich – sofern nicht eigens anders erwähnt – um Eigenschaften von Preß- oder Schichtpreßstoffen, also um „verstärkte" Kunstharze.

Tabelle 4 Übersicht über typisierte duroplastische Formmassen
(nach Saechtling-Zebrowski, Kunststoff-Taschenbuch, 18. Ausg. 1971)

Typ-Nummern	Füllstoffe	Roh-dichte g/cm³	Max. Anwendungs-Temperatur ohne zusätzliche Beanspruchung Stunden bis Tage °C	Monate °C	Kennzeichen Anwendungsgebiete
Phenoplast-Preßmassen nach DIN 7708, Blatt 2					
11 bis 16	mineralisch, körnig oder faserig	1.8–2.1	160–170	130–150	wärmebeständig, maßhaltig gegen Feuchtigkeit und Wärme unempfindliche Isolierteile, mit Asbestfasern mechanisch hoch beanspruchbar
30.5 bis 33	Holzmehl	1.4	140	110	31: Standard-Schnellpreßmassen, 31.5: elektrisch hochwertig Formteile aller Art
51 bis 85	org. Fasern, Schnitzel, Bahnen	1.35–1.5	140–150	110–120	mit zunehmender Längen-, bzw. Flächenausdehnung des Füllstoffs steigend kerbunempfindlich, aber auch beschränkter formbar Technische Teile mit gegenüber Typ 31 steigend höheren Anforderungen an Kerbunempfindlichkeit und (gerichteter) Festigkeit
Aminoplast- und Aminoplast-Phenoplast-Preßmassen nach DIN 7708, Blatt 3					
Harnstoffharz-Formmassen					
131	Zellstoff	1.5	100	70	hellfarbig, lichtecht hellfarbige Formteile, Elektro- und Installationsmaterial
Melaminharz-Formmassen					
150 bis 157	organisch	1.5–1.9	110–140	80–110	kriechstromfest, lichtbogenbeständig
152.7	Zellstoff	1.5	110	80	hellfarbig bunt kriechstromfeste Elektroformteile, Typwahl je nach sonstiger Beanspruchung, Sondertyp für Eß- und Trinkgeschirr
Melamin-Phenolharz-Formmassen					
180 bis 183	Holzmehl, Zellstoff, anorganisch	1.5–1.6	110–130	80–100	PF-MF-Mischeigenschaften (hellfarbige) kriechstromfeste Teile mäßiger Beanspruchung

2.8. Zuschlag- und Hilfs-Stoffe für Kunststoffe

Tabelle 4 Fortsetzung

Typ-Nummern	Füllstoffe	Rohdichte g/cm³	Max. Anwendungs-Temperatur ohne zusätzliche Beanspruchung Stunden bis Tage °C	Monate °C	Kennzeichen Anwendungsgebiete
Polyester-Preßmassen nach DIN 16911					
801 bis 804	Glasfasern und andere mineralische Füllstoffe	1.8–2.1	200	150	schlagfest und/oder selbstverlöschend nach ASTM, kriechstromfest, maßhaltig
					schlagfeste Gehäuse, Abdeckungen; hoch beanspruchte Isolierteile, Anwendungen unter erhöhten Feuerschutzbestimmungen
Polyester-Harzmatten nach DIN 16913					
830 bis 835	überwiegend Glasseidenmatten	1.8–2.1	200	150	sehr schlagfest, sonst wie 801–804 schrumpfarm mechanisch hoch beanspruchte Formteile
Epoxidharz-Preßmassen nach DIN 16912					
870 bis 872	anorganisch, körnig oder fasrig	1.9	(150)	(100)	leicht fließend, fast schrumpffrei, maßhaltig, kriechstromfest Präzisionsteile der Elektrotechnik mit umspritzten Metalleinlagen

Typisierte Preßmassen werden nach Gruppen unterteilt: Typ 11 bis 16 Phenolharz-Preßmassen mit anorganischen Füllstoffen, Typ 30 bis 84 solche mit organischen Füllstoffen, Typ 130 bis 154 Aminoplast-Preßmassen. In ähnlicher Weise sind Kaltpreßmassen, Polyester-Preßmassen, aber auch Polystyrol-, Polycarbonat-, Celluloseacetat- und Acetobutyrat-, Polymethacrylat-Spritzgußmassen typisiert. Mit dieser Tabelle, die nicht jeden einzelnen Typ aufführen kann, soll vor allem gezeigt werden, wie überhaupt eine Typisierung von Kunststoffen vorgenommen werden kann. Die inzwischen klassisch gewordene Einteilung nach Harzträger einerseits und Füllstoff andererseits hat sich bis heute bewährt. – Bei den wirtschaftlich bedeutenderen thermoplastischen Formmassen ist eine Differenzierung nach denselben Gesichtspunkten nicht möglich; hier ist auch die Entwicklung der Massen und ihrer vielfältigen Modifikationen noch keineswegs abgeschlossen.

2.8.2. Weichmacher

Die Weichmachung von Thermoplasten – insbesondere von Polyvinylchlorid – führt zu einer Gruppe von Kunststofferzeugnissen, die nach Struktur und technologischem Verhalten klar von den harten Thermoplasten geschieden werden muß. Die Weichmachung erfolgt „äußerlich" auf physikalischem Weg durch Gelieren mit schwer flüchtigen Lösemitteln – die man deshalb auch „Weichmacher" nennt – oder „innerlich" durch chemisches

Modifizieren der Polymere selbst. Bei der äußeren Weichmachung lagern sich die Moleküle des Weichmachers zwischen die Makromoleküle des Kunststoffes und lockern dadurch die zwischenmolekularen Bindungen. Bei der inneren Weichmachung wird die größere Beweglichkeit dadurch erzielt, daß die weichmachende Komponente direkt in die Molekülketten eingebaut ist. Hier handelt es sich also um regelrechte Mischpolymere. Äußerliche Weichmacher (Trikresylphosphat und Dioctylphtalat z. B.) müssen selbstredend mit dem weichzumachenden Kunststoff verträglich sein. In einem möglichst breiten Temperaturbereich dürfen sie weder auskristallisieren noch verdampfen, denn dies würde die erstrebten Eigenschaften verschlechtern. Auch dürfen sie keine Neigung zum „Ausbluten" zeigen, d. h. nicht an die Oberfläche des Kunststoffes treten oder – im Kontakt mit anderen Werkstoffen – „auswandern". In beiden Fällen würde der Kunststoff im Laufe der Zeit an Weichmacher verarmen und damit härter und spröder werden. Die toxikologischen Eigenschaften der Weichmacher sind zu beachten, wenn die weichgemachten Kunststoffe mit Lebensmitteln in Berührung kommen (vgl. S. 222).

Der Sinn aller Weichmachung geht darauf aus, ein an sich hartes, zuweilen sprödes Material weich, geschmeidig bis gummielastisch zu machen – mindestens für den Bereich normaler Raumtemperatur. Meist wird allerdings im gleichen Maße die Festigkeit und auch die Wärmeformbeständigkeit reduziert. Physikalisch kann man es auch so ausdrücken: die Einfriertemperatur (s. S. 134) des betreffenden Kunststoffes wird herabgesetzt.

2.8.3. Sonstige Zusätze

Man kennt eine Vielzahl von besonderen Zusätzen, mit denen die Eigenschaften der Kunststoffe verbessert werden sollen:

Da wären zunächst die *Verarbeitungshilfsmittel* zu erwähnen, welche das Gleiten des Materials z. B. im Extruder oder auf der Spritzgußmaschine erleichtern sollen.

Stabilisatoren dienen dazu, die Werkstoffe „stabiler" zu machen gegenüber dem Einfluß von ultravioletten Strahlen (s. S. 227), gegen vorzeitige thermische Zersetzung (s. S. 227), andere Zusätze sollen die Entflammbarkeit bzw. Brennbarkeit der Kunststoffe verringern (s. S. 155); Antistatika sollen die Entstehung elektrostatischer Aufladungen verhindern (s. S. 177).

Manchen Kunststoffen setzt man *Riechstoffe* zu, um einen vielleicht weniger angenehmen Eigengeruch zu verdecken. Schließlich müssen auch alle *Pigmente* als Zusätze betrachtet werden, die je nach Art und Menge nicht nur die farbliche Erscheinung der Produkte, sondern möglicherweise auch die Eigenschaften beeinflussen.

Gewisse *Verunreinigungen* aus der ursprünglichen Produktion der Rohstoffe sind außerdem nicht auszuschließen. Man denke z. B. an die Reste von Katalysatoren oder von Emulgatoren, die nicht schädlich zu sein brauchen, aber doch auch das Verhalten der endgültigen Werkstoffe mitbeeinflussen. Aus all dem wird ersichtlich, daß die Möglichkeiten, einen Kunststoff nach der einen oder anderen Seite zu „züchten", nicht gering sind. Damit wächst aber auch die Gefahr, daß sich auf diesem Weg unerwünschte Erscheinungen und Mängel einstellen. Wo dann im einzelnen Fall der Fehler liegt und welche Mittel man zur Verbesserung des Produktes ergreifen muß, mag je nach Lage der Dinge sehr verschieden sein. Können und Erfahrung des Chemikers – oder Verarbeiters – spielen dabei eine große Rolle.

3. Rohstoff- und Verarbeitungs-Kenngrößen

Wenn man die Kunststoffe als Werkstoffe betrachtet und ihre Eigenschaftswerte bestimmt, dann geht man im wesentlichen von Halbzeugen und Fertigprodukten aus, die allenfalls noch mechanisch weiterverarbeitet werden; was vorher bei der Erzeugung der Rohmassen und deren Verformung im plastischen (bzw. viskosen) Zustand passiert, ist gewissermaßen abgeschlossen; es gehört zur Vorgeschichte, kann aber doch wegen seines Einflusses auf das Endprodukt von entscheidender Bedeutung sein. Um diesen ganzen Komplex als solchen klar abzugrenzen gegenüber den Halbzeugen und Fertigprodukten, werden die Rohstoff- und Verarbeitungs-Kenngrößen bewußt vor das Kapitel gesetzt, das die Normen behandelt. Natürlich sind die Prüfmethoden zur Bestimmung vieler Verarbeitungs-Kenngrößen normenmäßig fixiert, und insoweit wird hier ein wenig die Kenntnis dessen vorausgesetzt, was erst das nachfolgende Kapitel enthält.

Prüfmethoden

DIN 53 726	Bestimmung der Viskositätszahl und des K-Wertes von Polyvinylchloriden in Lösung.
DIN 53 727	Bestimmung der Viskositätszahl von Polyamiden in verdünnter Lösung
DIN 53 728	Bestimmung der Viskositätszahl von Celluloseacetat in verdünnter Lösung
DIN 53 735	Bestimmung des Schmelz-Index von Thermoplasten.
ASTM 1238	Melt Flow Rate of Thermoplastics.
ISO R 1133	Determination of the Melt Flow Rate of Thermoplastics
ASTM D 569	Flow Properties of Thermoplastic Moulding Material
DIN 53 465	Bestimmung der Schließzeit bei härtbaren Preßmassen
DIN 53 464	Schwindungseigenschaften von Preßstoffen.
DIN 53 468	Schüttdichte
DIN 53 467	Stopfdichte
ISO R 61	Apparent Density of Moulding Material
DIN 53 466	Füllfaktor.
ISO R 171	Bulk Factor
ISO R 296	Determination of the Melt Flow Index of Polyethylene

3.1. Was sind Rohstoff- und Verarbeitungs-Kenngrößen?

Für alle typischen Verfahren der Kunststoffverarbeitung, d.h. des Urformens von Formmassen aus Polymeren mit den für die Verarbeitung und die Eigenschaften des Endprodukts erforderlichen Zuschlägen zu Werkstücken, ist das Fließverhalten der heißen Masse unter Druck die wichtigste Kenngröße. Das gilt ebenso für die kontinuierlichen Fertigungsverfahren des Kalandrierens und Extrudierens thermoplastischer Kunststoffe wie für die taktweise Fertigung von Formteilen aus Thermoplasten und Duroplasten durch Spritzgießen und Pressen.

Kunststoffe gehen nicht, wie Metalle, bei einer genau bestimmbaren Temperatur aus dem festen Zustand in den einer leichtflüssigen Schmelze über. Infolge der außergewöhnlichen relativen Größe der Polymermoleküle – des hohen Molekulargewichts – und ihrer langgestreckten Gestalt bleiben vielmehr auch nach dem Erweichen noch physikalische Kräfte zwischen den Molekülen wirksam, die nicht nur das Fließen von Kunststoff-Schmelzen, sondern auch das von Kunststoff-Lösungen beeinflussen. Größe und Gestalt der Polymermoleküle sind exakt nicht erfaßbar, aber es leuchtet ein, daß keine Verformung ohne eine gewisse Orientierung der Fadenmoleküle möglich ist. Denn wenn sie übereinandergleiten, so reiben sie sich auch gegenseitig und werden dadurch gleichgerichtet, zum Teil auch gereckt. Dabei treten Scherkräfte und Spannungen auf, die beim Erkalten der Schmelze – besonders beim plötzlichen Erkalten – eingefroren werden. Die eingefrorenen Spannungen haben also ihre Ursache in der Molekülorientierung und Molekülstreckung und sind somit richtungsabhängig. Sie tragen wesentlich zu der schon mehrfach erwähnten „Anisotropie" bei, die insbesondere bei thermischer Beanspruchung recht unliebsame Folgen haben kann.

Mit „rheologischen" Prüfungen (Rheologie = Fließkunde) versucht man diese Vorgänge zu erfassen, steckt damit aber noch in den Anfängen.

Die Verhältnisse werden dadurch kompliziert, daß die Kunststoffschmelze, die einen Verarbeitungsgang durchläuft, nicht in all ihren Schichten immer die gleiche Temperatur und also auch nicht die gleiche Viskosität hat. Mit der Abkühlung ist eine Volumenkontraktion – die „Schwindung" – verbunden. Schließlich ist das Entstehen von Fließstrukturen bei gepreßten und vor allem spritzgegossenen Formteilen zu erwähnen.

Alle diese Vorgänge, die sich im molekularen Bereich der Rohmassen bei der Verformung abspielen, versucht man zu beschreiben und nach Möglichkeit in ihrer Gesetzmäßigkeit durch Formeln zu fixieren. Und so kommt man zu den „Kenngrößen der Verarbeitung". Sie beginnen mit der Bestimmung des Molekulargewichtes und führen über Viskositäts-Messungen von Kunststoff-Schmelzen (bzw. Kunststoff-Lösungen) zu allen möglichen Verarbeitungsdaten bis zur Festlegung von Schwindungsmaßen.

3.2. Molekulargewicht und Polymerisationsgrad

Das Molekulargewicht ist nicht eigentlich ein Gewicht, sondern eine reine Verhältniszahl, welche angibt, wieviel mal ein bestimmtes Molekül schwerer ist als die Einheit des Atomgewichtes. Die Atomgewichtseinheit mit dem Wert 1 ist praktisch nahezu identisch mit der Masse des Wasserstoffatoms, welche $1{,}6734 \cdot 10^{-24}$ g beträgt.

Wird also beispielsweise das Molekulargewicht einer bestimmten Polyvinylchlorid-Sorte mit 80000 angegeben, so soll das heißen, daß (im Mittel) jedes Kettenmolekül mit allen

$$-\underset{H}{\overset{H}{\underset{|}{C}}}-\underset{Cl}{\overset{H}{\underset{|}{C}}}-\text{Gruppen } 80000 \text{ mal schwerer ist als ein Wasserstoffatom. Da der Grundbau-}$$

stein des Kettenmoleküls – die C_2H_3Cl-Gruppe – das Molekulargewicht 62,5 hat, kann man aus dem Molekulargewicht direkt den Polymerisationsgrad errechnen, welcher an-

3.2. Molekulargewicht und Polymerisationsgrad

gibt, aus wievielen monomeren Einheiten (im Mittel) jede Kette aufgebaut ist. (Im vorliegenden Fall $80000 : 62{,}5 = 1280$, siehe Tabelle 3, S. 15).

Während aber die Stoffe der anorganischen Chemie aus relativ kleinen und genau definierten Molekülen bestehen, hat man es bei Kunststoffen immer mit einem Gemisch aus hochpolymeren Molekülen unterschiedlicher Größe zu tun. Im Gegensatz zu den anorganischen Molekülen kann man also bei den Kunststoffen kein genaues Molekulargewicht angeben, sondern muß sich mit einem Mittelwert begnügen. Dabei ist zu bedenken, daß es verschiedene Mittelwerte des Molekulargewichtes gibt – z. B. das „Zahlenmittel" oder das „Gewichtsmittel", die als Resultat unterschiedlicher Meßmethoden erhalten werden und sehr stark voneinander abweichen können. So liefert z. B. die Methode der Gefrierpunkterniedrigung ein völlig anderes Molekulargewicht als die Bestimmung mit Hilfe der Ultrazentrifuge oder der Lichtstreuung. Von Bedeutung ist darüber hinaus die Tatsache, daß keines dieser Molekulargewichte allein eine Auskunft über die in dem Stoff vorliegende Molekulargewichtsverteilung geben kann.

Die folgenden zwei Zahlenbeispiele zeigen, daß Molekulargemische mit sehr unterschiedlicher Molekulargewichtsverteilung dennoch das gleiche mittlere Molekulargewicht besitzen können, daß also ein bestimmtes mittleres Molekulargewicht (bzw. eine bestimmte Viskosität usw.) nichts über die Molekulargewichtsverteilung aussagt:

Gemisch A:

$n_1 = 990$ Moleküle mit $M_1 = 2$; → $G_1 = 1980$
$n_2 = 5$ Moleküle mit $M_2 = 102$; → $G_2 = 510$
$n_3 = 5$ Moleküle mit $M_3 = 502$; → $G_3 = 2510$

$\Sigma n_i = 1000 \qquad \Sigma G_i = 5000; \quad M_n = \dfrac{\Sigma G_i}{\Sigma n_i} = \dfrac{5000}{1000} = 5;$

Gemisch B:

$n_1 = 800$ Moleküle mit $M_1 = 3$; → $G_1 = 2400$;
$n_2 = 100$ Moleküle mit $M_2 = 6$; → $G_2 = 600$;
$n_3 = 100$ Moleküle mit $M_3 = 20$; → $G_3 = 2000$;

$\Sigma n_i = 1000 \qquad \Sigma G_i = 5000; \quad M_n = \dfrac{\Sigma G_i}{\Sigma n_i} = \dfrac{5000}{1000} = 5;$

n_i = Anzahl aller Moleküle der Molekülgröße i
M_i = Molekulargewicht eines Moleküls der Molekülgröße i
$n_i \cdot M_i = G_i$ = Gesamtmolekulargewicht aller Moleküle der Größe i.

Für das Zahlenmittel M_n des Molekulargewichtes gilt die Formel:

$$M_n = \frac{\Sigma n_i \cdot M_i}{\Sigma n_i} = \frac{\Sigma G_i}{\Sigma n_i}.$$

Bild 13 zeigt schematisch als Kurve die prozentuale Verteilung der verschiedenen Molekulargewichtsanteile eines Kunststoffes 1 mit einem mittleren Molekulargewicht M. Ein anderer Kunststoff 2, der das gleiche mittlere Molekulargewicht hat, kann als Kurve für die Molekulargewichtsverteilung ein völlig anderes Bild ergeben. Erst durch Anwendung mehrerer Meßmethoden lassen sich Anhaltspunkte darüber gewinnen, ob z. B. eine breite

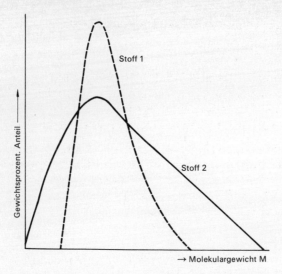

Bild 13 Schematische Darstellung der prozentualen Molekulargewichtsverteilung (differentielle Gewichtsverteilungskurven) zweier makromolekularer Stoffe gleichen mittleren Molekulargewichts.

oder eine schmale Gewichtsverteilung vorliegt. Diese Dinge sind indes so speziell wissenschaftlicher Natur, daß sich in diesem Rahmen eine nähere Betrachtung verbietet.
Hier interessiert nur qualitativ, was das Molekulargewicht eines Kunststoffes für die Praxis bedeutet. Allgemein nehmen mit zunehmendem Molekulargewicht Steifigkeit, Härte, Wärmeformbeständigkeit usw. zu. Auch kann man eine bessere Resistenz gegenüber einem chemischen Angriff beobachten. So sehr man also im allgemeinen an einem hohen Molekulargewicht interessiert sein wird um möglichst gute Eigenschaften zu erzielen, so darf man andererseits das Molekulargewicht doch auch nicht zu hoch wählen, weil damit auch die Erweichungstemperatur ansteigt und das Material unter Umständen nicht mehr ohne Schäden verarbeitet werden kann. In diesem Sinne ist das Molekulargewicht auch ein Anhaltspunkt für das Fließvermögen der Schmelze und damit ein Hinweis für die erforderlichen Verarbeitungsbedingungen. Dabei allerdings muß andererseits berücksichtigt werden, daß nicht nur das mittlere Molekulargewicht, sondern auch die Molekulargewichtsverteilung die Eigenschaften bzw. Verarbeitungsbedingungen erheblich beeinflussen. Weiter sagen weder das Molekulargewicht noch der Polymerisationsgrad etwas über die Gestalt der Fadenmoleküle und ihre dadurch gegebene gegenseitige Beeinflußung aus. Diese Kenngrößen haben deshalb mehr Bedeutung für wissenschaftliche Untersuchungen bei Kunststoffsynthesen als für die Kunststoffverarbeitung.

3.3. Das Fließverhalten von Kunststoff-Lösungen und -Schmelzen

3.3.1. *Die Fließgesetze für Polymere*

Beim Fließen gleiten die Moleküle des fließbaren Stoffes aneinander vorbei. Das Fließverhalten wird durch die Kräfte bestimmt, welche sie dabei aufeinander ausüben. Die physikalische Bezeichnung für die Erscheinungen der inneren Reibung fließbarer Stoffe ist die „Viskosität", als Maß der inneren Reibung dient die Viskositätszahl η.

Physikalisch wird die Viskosität normaler Flüssigkeiten nach einer von Newton entdeckten Beziehung definiert als Quotient aus Schubspannung und Schergeschwindigkeit und wird gemessen in Poise (nach dem französischen Physiker Poiseuille), bzw. neuerdings in Pascalsekunden. Es ist also

$$\eta = \frac{\tau}{v'}$$

Dabei ist

η = dynamische Viskosität (Poise bzw. Pascalsekunde)
τ = Schubspannung (dyn/cm² bzw. Pascal)
v' = Schergefälle (1/s)
1 Poise = 1 dyn · s/cm² = 0,1 Pascalsekunde
= 0,1 Pa · s
1 Centipoise = 0,01 Poise = 1 m Pa · s
1 Centipoise = 1 Milli-Pascalsekunde entspricht der Viskosität von reinem Wasser bei 20 °C.

Die physikalische Betrachtung geht davon aus, daß eine Flüssigkeit an einer Begrenzung des Fließwegs, z. B. an der Rohrwand, haftet und ihre Strömungsgeschwindigkeit bis zur Rohrmitte hin immer größer wird. Man kann sie dann – im Gedankenmodell – als ein System gegeneinander gleitender Schichten betrachten.

Bewegen sich zwei benachbarte Flüssigkeitsschichten so übereinander, daß die eine Schicht in Ruhe bleibt und die andere über sie hinweggleitet, dann wird jedes Volumenelement der Zwischenschicht, das man sich zunächst als kleinen Würfel denkt, während des Fließens zu einem Parallelepiped deformiert (Bild 14). Eine derartige Gestaltänderung wird als Scherung bezeichnet. Sie kommt dadurch zustande, daß zwischen den beiden benachbarten Schichten eine Geschwindigkeitsdifferenz besteht. Als *Schergefälle* definiert man dann die Geschwindigkeitsdifferenz, die zwischen zwei Schichten im gegenseitigen Abstand von 1 cm auftritt, und demnach hat das Schergefälle die Dimension $\frac{cm}{s} / cm = \frac{1}{s}$. – Um eine solche Deformation bzw. Scherung der einzelnen Volumenelemente zu erzielen, muß in der Flüssigkeitsschicht (d. h. tangential zum Volumenelement in Fließrichtung) eine Kraft wirken, und bezieht man diese „Schubkraft" auf die Flächeneinheit der Flüssigkeitsschicht, so erhält man die *Schubspannung*. Demnach ist unter der Schubspannung τ die auf das Flächenelement 1 cm² bezogene Kraft zu verstehen, welche die Scherung der Volumenelemente bewirkt. Sie wird angegeben in dyn/cm², gelegentlich auch in kp/cm², wobei man annehmen kann, daß 1 kp/cm² ungefähr 10^6 dyn/cm² entspricht (1 kp/cm² ist genau $9 \cdot 81 \cdot 10^5$ dyn/cm²; $9 \cdot 81$ m/s² ist die Erdbeschleunigung).

Die Viskositätszahl ist also kein unmittelbares Maß der Fließgeschwindigkeit, kennzeichnet aber quantitativ einen „niedrigviskosen" Stoff als leicht flüssig, einen „hochviskosen" Stoff als schwer flüssig.

Für niedermolekulare Flüssigkeiten, Schmelzen und Lösungen ist die Viskositätszahl innerhalb gewisser Grenzen eine Konstante, d. h. unabhängig von Schubspannung und

Schergefälle, damit auch von der Fließgeschwindigkeit unabhängig. Sie nimmt mit zunehmender Temperatur entsprechend der damit verbundenen Auflockerung des Stoffgefüges allgemein ab. Bei hoher Fließgeschwindigkeit geht das ruhige schichtartige – „laminare" – Fließen in unregelmäßiges „turbulentes" Strömen über; dann ist das Viskositätsgesetz in seiner einfachen Form nicht mehr anwendbar.

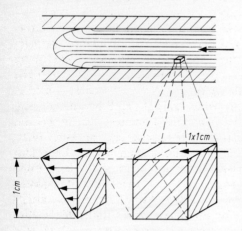

Bild 14
Schematische Darstellung von Schergefälle und Schubspannung
Ein würfelförmiges – nur gedachtes – Volumenelement aus der fließenden Kunststoffschmelze wird zwischen der langsameren äußeren und der schnelleren inneren Schicht deformiert zu einem „Parallelogrammepiped"

Die Newton'sche Beziehung zwischen Schubspannung und Schergeschwindigkeit gilt für Stoffe, deren Moleküle so gedrungene Gestalt haben, daß sie hinsichtlich der inneren Reibung annähernd als kugelförmig betrachtet werden können. Beim Fließen von Polymeren mit fadenförmigen, je nach den Fließbedingungen mehr oder weniger geknäulten oder gestreckten Molekülen sind die Erscheinungen verwickelter. Aus dem besonderen Verhalten von Fadenmolekülen in stark verdünnten Lösungen sind empirische Beziehungen zur Bestimmung der Molekülgröße abgeleitet worden, die im Abschnitt 3.3.2. behandelt werden. Höher konzentrierte Kunststofflösungen und vollends die Schmelzen zeigen ein von dem einfachen Gesetz abweichendes Verhalten, das ganz allgemein als „Nicht Newton'sches Fließen" bezeichnet wird. Bei ihnen ist die Viskosität (bei einer gegebenen Temperatur) keine Konstante, sondern mehr oder weniger von der Scherbeanspruchung abhängig.

Kunststoffschmelzen, deren Viskosität mit zunehmender Scherbeanspruchung stark abnimmt, bezeichnet man als „strukturviskos". Sie besitzen bei sehr niedrigem Schergefälle einen relativ hohen Fließwiderstand, der zunächst auch noch einigermaßen konstant ist (entsprechend dem Newton'schen Fließen). Mit weiter steigendem Schergefälle sinkt die Viskosität dann immer mehr ab, bis sie bei sehr hohen Schergefällen wieder annähernd konstant wird, allerdings bei einem Wert, der wesentlich niedriger liegt als der bei kleinem Schergefälle.

Als Ursache für dieses Verhalten kommen im wesentlichen Orientierungsvorgänge in Frage: bei sehr kleinem Schergefälle sind die Moleküle noch „ideal" verknäult, und das Übereinandergleiten wird sehr stark durch die thermische Molekularbewegung gestört. Mit zunehmenden Schergefällen setzt dann die Orientierung der Kettenmoleküle ein und

3.3. Das Fließverhalten von Kunststoff-Lösungen und -Schmelzen

sie nimmt immer mehr zu. Dadurch wird die Störung der gegenseitigen Bewegung vermindert. Mit anderen Worten: der Fließwiderstand wird zunehmend kleiner. Bei sehr hohem Schergefälle wird schließlich eine nahezu vollständige Orientierung der Moleküle erreicht, sodaß von diesem Punkt an die Viskosität nicht mehr weiter abnehmen kann und dann auf niedrigem Niveau konstant bleibt.

Es leuchtet ein, daß diese Erscheinung vor allem den Kunststoffverarbeiter interessieren muß. Da die Viskosität ein Maß für den inneren Fließwiderstand einer Schmelze ist, gibt sie gleichzeitig einen Hinweis für den Energieanteil, der beim Fließen durch Reibung vernichtet und in Wärme umgesetzt wird. Dieser Energieanteil ist bei strukturviskosen Schmelzen umso geringer, je höher die Schergeschwindigkeit bzw. der Mengendurchfluß ist. Das bedeutet z.B., daß die Viskosität beim Extrudieren höher ist als beim Spritzgießen, wenn die Masse durch die Düse dringt (gleiche Temperatur vorausgesetzt). Es bedeutet ferner, daß beim Spritzgießen – konstante Temperatur vorausgesetzt – die Viskosität der Masse bei Austritt aus der Düse am niedrigsten ist (hohes Schergefälle!), beim Füllvorgang steigt sie an (mittleres Schergefälle! unterschiedlich je nach Wanddicke), und während des Nachdruckes ist sie am höchsten (geringe Fließbewegung und damit niedriges Schergefälle). Während man bei Wasser davon ausgehen kann, daß die Durchflußgeschwindigkeit durch ein enges Rohr in gewissen Grenzen proportional dem am Rohreingang aufgebrachten Druck ist (nämlich: doppelter Druck ergibt doppelte Ausflußgeschwindigkeit, dreifacher Druck dreifache Geschwindigkeit usw.), nimmt die Ausflußgeschwindigkeit und damit die Ausflußmenge bei strukturviskosen Kunststoffschmelzen sehr viel stärker als der Druck zu; sie steigt mindestens mit dem Quadrat des Druckes.

Die praktische Verwertbarkeit dieses Fließverhaltens wird nun allerdings durch andere Eigenschaften eingeschränkt – z.B. dadurch, daß bei hohen Schergefällen – entsprechend der geringeren Viskosität, zwar ein relativ geringer Energieanteil in Reibungswärme umgesetzt wird, dieser aber absolut gesehen so groß sein kann, daß die Kunststoffschmelze thermisch geschädigt wird. Gerade dann wird sich die Kunst des Kunststoff-Verarbeiters zeigen, der versuchen wird, Fließeigenschaften und alle anderen Erfordernisse derart aufeinander abzustimmen, daß sowohl ein Optimum der physikalischen Eigenschaften seines Endproduktes als auch der rationellste Fertigungsablauf erreicht wird.

Bei sehr hohen Schergefällen kann es zu einer Erscheinung kommen, die als „Schmelzbruch" bekannt ist. Wird nämlich der Extrusionsdruck an einem Extruder oder einer Hohlkörperblasmaschine vor der Düse immer weiter erhöht, so tritt der Fall ein, daß der Faden oder Schlauch nicht mehr glatt aus der Düse ausströmt, sondern eine rauhe, unregelmäßige, mehr oder weniger aufgebrochene Oberfläche zeigt. Dieser Punkt ist etwa identisch mit dem Umschlagen von laminarer Strömung in turbulente Strömung bei normalen (Newton'schen) Flüssigkeiten. Allerdings tritt eine solche Turbulenz bei Kunststoffschmelzen schon bei viel geringeren Strömungsgeschwindigkeiten auf, als man es von normalen Flüssigkeiten gewohnt ist. Überdies steigt im Augenblick des Umschlagens die Ausströmungsgeschwindigkeit sprunghaft an, während bei normalen Flüssigkeiten das Auftreten der Turbulenz mit einer Abnahme der Ausströmgeschwindigkeit verknüpft ist. Die Ursache des Umschlagens in die turbulente Strömung ist jedoch in beiden Fällen die gleiche: die normalerweise an der Düsenwand haftende Grenzschicht (mit der Fließgeschwindigkeit Null!) reißt ab, und das führt im Fall der Kunststoffschmelze zu der aufgebrochenen Oberfläche des Extrudates, dem „Schmelzbruch".

Der Kunststoffverarbeiter muß seine Verarbeitungsbedingungen immer so wählen, daß eben kein Schmelzbruch auftritt. Bei der Herstellung geblasener Hohlkörper z.B. gäbe es sonst verschorfte Oberflächen.

3.3.2. Viskositätszahl und K-Wert

Messungen der Viskosität von Kunststofflösungen geben Verhältniszahlen für deren durchschnittliche Molekülgröße. Sie sind in DIN 53 726 und 53 727 festgelegt und wurden in gleicher Fassung als ISO-Empfehlungen (vgl. S.55) herausgegeben. Natürlich sind sie nur durchführbar bei leicht löslichen Kunststoffen, sie werden insbesondere bei Polyvinylchlorid, Polyamiden und Polystyrolen angewandt.

Als Meßgeräte dienen die sogenannten Kapillarviskosimeter. (Es gibt verschiedene Ausführungen, unter anderem das Ubbelohde-Viskosimeter nach DIN 51 562 – Bild 15.)

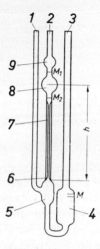

Bild 15 Kapillar-Viskosimeter nach Ubbelohde (DIN 51 562)
Die zu prüfende Flüssigkeit wird durch das Rohr 3 in das Vorratsgefäß 4 eingefüllt, dann durch Ansaugen des Rohres 2 (Rohr 1 wird solange geschlossen gehalten) in das Meßgefäß 8 und die Vorlaufkugel 9 befördert. Wird das Rohr 1 nun wieder freigegeben, so reißt der Flüssigkeitsfaden am unteren Ende der Kapillare bei 6 über dem Niveaugefäß 5 ab. Die Flüssigkeit fließt allmählich durch die Kapillare 7 ab, und es wird beobachtet, wieviel Zeit vergeht, bis sie von der Marke M_1 zur Marke M_2 abgesunken ist. Die Viskosität läßt sich dann nach feststehender Formel berechnen.

Gemessen wird die Zeit, welche eine bestimmte Flüssigkeit braucht, um durch ein sehr dünnes Glasrohr – die Kapillare – von bekanntem Durchmesser und bekannter Länge zu fließen. Mißt man die Durchlaufzeit der Lösung t_{Ls} und anschließend die Durchlaufzeit einer gleichen Menge des reinen Lösungsmittels t_{Lm}, dann verhalten sich diese Durchlaufzeiten wie die Viskositäten der Lösung und des Lösungsmittels; ihren Quotienten nennt man die „relative Viskosität" η_{rel}.

Als Formel ausgedrückt:

$$\frac{t_{Ls}}{t_{Lm}} = \eta_{rel}.$$

In manchen Fällen wird die „*spezifische Viskosität*" η_{sp} angegeben, welche sich aus der relativen Viskosität nach folgender Formel errechnet:

$$\eta_{sp} = \frac{\eta_{Ls} - \eta_{Lm}}{\eta_{Lm}} = \frac{\eta_{Ls}}{\eta_{Lm}} - 1 = \eta_{rel} - 1.$$

Weil die Viskosität einer Kunststofflösung aber nicht nur vom Molekulargewicht, sondern auch von der Konzentration der Lösung abhängt, muß bei Bestimmung der relativen bzw. der spezifischen Viskosität immer eine bestimmte Lösungskonzentration angewendet werden. Das Verhältnis

$$\frac{\text{spezifische Viskosität } \eta_{sp}}{\text{Konzentration } C}$$

bezeichnet man als „*reduzierte Viskosität*" η_{red} oder auch als „*Viskositätszahl*", die als wichtiger Kennwert international einheitlich gebraucht wird.

Trägt man die reduzierten Viskositäten in einem Diagramm über den Konzentrationen C auf, dann kann man im allgemeinen durch die Meßpunkte eine Gerade legen, deren Schnittpunkt mit der Ordinatenachse die reduzierte Viskosität bei der Konzentration $C = 0$ ergibt. Dieser Wert ist natürlich ein theoretischer Wert, denn die Konzentration $C = 0$ würde ja reines Lösungsmittel bedeuten; er ist also nur ein extrapolierter Grenzwert, der mit $[\eta]$ bzw. als *Grenzviskosität* oder „intrinsic viscosity" bezeichnet wird.

Im Zusammenhang mit der Bestimmung der Viskositätszahl steht die Angabe des sogenannten K-*Wertes* Er wird durch eine Umrechnung aufgrund theoretischer Vorstellungen aus der relativen Viskosität und Konzentration – also denselben Meßdaten – gewonnen und beschränkt sich ebenfalls in der Hauptsache auf Polyvinychloride, Polyamide und Polystyrole.

Die Bestimmung des K-Wertes „von Polyvinylchloriden in Lösung" ist in DIN 53 726 festgelegt. DIN 53 726 enthält eine Tabelle, welche für jede gemessene relative Viskosität – entsprechend dem Verhältnis der Durchlaufzeiten – den dazugehörigen K-Wert abzulesen gestattet.

Der K-Wert war lange als Vergleichswert üblich und wird deshalb neben der Viskositätszahl auch heute noch gebraucht. Sowohl K-Wert wie Viskositätszahl sind ein Maß für die mittlere Molekülgröße und den mittleren Polymerisationsgrad: je größer der Wert, umso länger sind im Mittel die Molekülketten, ein umso höheres Molekulargewicht hat der betreffende Kunststoff. Von der Molekülgröße ist die bei einer bestimmten Temperatur vorhandene Zähigkeit der Schmelze und damit – neben anderen Eigenschaften – auch die Verarbeitung eines Thermoplasten im Extruder oder auf der Spritzgußmaschine abhängig. Insofern haben diese Werte, obwohl sie an Lösungen bestimmt werden und nichts über die Molekulargewichtsverteilung oder die genaue Gestalt der Moleküle aussagen, durchaus praktische Bedeutung. Sie bieten vor allem die Möglichkeit, einfach und schnell die Rohstoffherstellung zu kontrollieren und die Gleichmäßigkeit der Chargen von Lieferung zu Lieferung zu überwachen. Natürlich kann der Einfluß von Schmiermitteln, Weichmachern und sonstigen Rohstoffzusätzen nicht erfaßt werden. Echt vergleichbar sind sie ohnehin nur innerhalb ein- und derselben Kunststoffgruppe.

3.3.3. *Fließmessungen an Formmassen*

3.3.3.1. Schmelz-Index

Die bekannteste Meßmethode, die das Fließverhalten von Thermoplastschmelzen charakterisiert, ist der Schmelz-Index oder Graderwert. Er erhebt zwar keinen Anspruch auf physikalische Genauigkeit, kann aber dem Verarbeiter wertvolle Hinweise geben.

Ursprünglich war diese Prüfmethode in USA für die schwer löslichen Polyolefine entwickelt worden (ASTM D 1238), später wurde sie dann auch in das deutsche Normenwerk

(DIN 53735) und als ISO-Vorschrift (ISO R 292) übernommen. (Erläuterung zu den verschiedenen Normen s. Abschnitt 4.1. S. 54.)

Der Schmelz-Index gibt an, welche Menge eines bestimmten Materials (in g) unter festgelegten Bedingungen und innerhalb bestimmter Frist (10 Min.) als Schmelze bei 190°C (bzw. 250°C) und bei genau definierter Belastung (2 kp für Index „i_2" bzw. 5 kp für Index „i_5") durch die genormte Düse des Prüfgerätes sich hindurchdrücken läßt. Je größer die Menge, umso höher der Schmelz-Index, und das heißt: umso niedriger ist die Schmelzviskosität.

Das Verfahren hat leider einige Nachteile:

1. Da – wie schon dargelegt – die Polymere kein Newton'sches Fließverhalten zeigen, kann die auf diese Weise ermittelte „Viskosität" auch nicht konstant sein. Sie gilt nur jeweils für das Schergefälle, das bei der Messung gerade vorhanden war. In der Praxis treten bei der Verarbeitung sowohl wesentlich höhere als auch niedrigere Schergefälle auf; und so ist es durchaus möglich, daß zwei Massen, die den gleichen Schmelz-Index haben, trotzdem sich bei der Verarbeitung und den dort auftretenden Schergefällen verschieden benehmen. Auch ist zu bedenken, daß die Viskosität der Schmelze sich mit dem Druck des Spritzstempels bzw. der Spritzschnecke verändert. Daher kann man auch nicht von dem Schmelz-Index i_2 in i_5 umrechnen und umgekehrt.

2. Überdies weicht die Prüftemperatur von 190°C, welche laut DIN 53735 für die Messung anzuwenden ist, in der Regel stark von den Temperaturen ab, die bei der Verarbeitung der verschiedenen Thermoplaste angewandt wird.

3. Die in DIN 53735 vorgeschriebene Düse hat eine im Verhältnis zu ihrem Durchmesser relativ geringe Länge; infolgedessen kann sich die durch den Einlauf bedingte Turbulenz nicht beruhigen, und es entsteht kein einheitliches Strömungsprofil auf genügend langer Strecke. Für die Erfassung der Viskosität ist jedoch laminares Fließen mit einheitlichem Strömungsprofil über die ganze Düsenlänge Voraussetzung.

Trotz all dieser Mängel hat sich die Bestimmung des Schmelzindex durchgesetzt vor allem für Polyolefine. In der ASTM-Vorschrift D 1238/62 ist der Schmelzindex für Polyäthylen festgelegt. Er wird aber auch bei andern Thermoplasten bestimmt. Er läßt sich einfach und schnell messen, und für die bei der Rohstoff-Produktion laufend erforderlichen Kontrollen genügt er vollauf.

3.3.3.2. Hochdruck-Kapillar-Viskosimeter

Will man zu physikalisch eindeutigen Messungen der Viskosität kommen, so läßt sich das nur durch Verwendung von leistungsfähigeren Geräten erreichen. Sie sind hinsichtlich der Temperaturführung exakter und haben eine zuverlässige Hydraulik, die für höhere Drücke ausreicht. Diese Geräte, die man als Extrusions-Plastometer oder Hochdruck-Kapillar-Viskosimeter bezeichnet (Bild 16 und 17), können nahezu unbeschränkt für sämtliche Thermoplaste angewandt werden.

Auch bei dieser noch ziemlich neuen Prüfmethode, die übrigens bis heute noch nicht genormt ist, wird die zu prüfende Masse in einem Zylinder von allen Seiten gleichmäßig erwärmt, bis die Schmelze eine einheitliche Temperatur hat. Nach Erreichen dieser Temperatur drückt ein Kolben, dessen Druck (je nach Gerätebauart) zwischen 0 und 3000 atü sich einstellen läßt, die Kunststoffschmelze durch eine Düse. Es können verschiedene Düsen (auch hier etwas unterschiedlich je nach Gerätebauart) von 0,5 bis 2 mm Durch-

3.3. Das Fließverhalten von Kunststoff-Lösungen und -Schmelzen

messer und 8 bis 60 mm Länge eingebaut werden. Je länger eine Düse ist, umso geringer ist der Fehler, der durch die nicht-laminare Strömung im Einlauf der Düse verursacht wird.

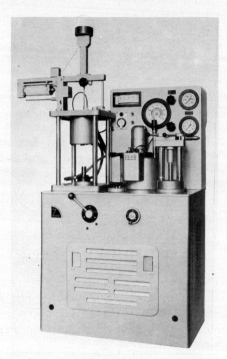

Bild 16 Hochdruck-Kapillar-Viskosimeter
(Bauart Zwick-v. Meysenbug)

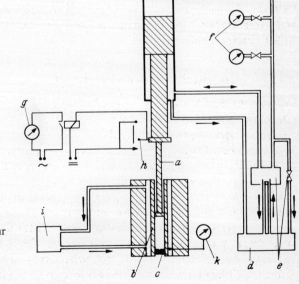

Bild 17 Schematische Darstellung der Meßapparatur

a Kolben
b Zylinder,
c Düse,
d Pumpe,
e Druckregler,
f Druckanzeige,
g Zeitanzeige,
h elektrischer Kontakt zur Zeitmessung,
i Thermostat,
k Temperaturanzeige.

Wenn man den Druck, der zur Erreichung des gleichen Schergefälles nötig ist, mit verschieden langen Düsen unter sonst gleichen Bedingungen mißt, und die erhaltenen Werte auf die Düsenlänge Null extrapoliert, so kann man sogar den Korrekturfaktor, der bezüglich der wirklichen Düsenlänge nötig ist, experimentell erfassen. Aus dem pro Zeiteinheit ausgestoßenen Massevolumen q erhält man mit R = Düsenradius die scheinbare Schergeschwindigkeit

$$v' = 4q/\pi R^3$$

und aus dem Druck p vor der Düse mit L = Düsenlänge die scheinbare Schubspannung

$$\tau_a = p \cdot R/2L$$

an der Düsenwand. Trägt man diese beiden Größen in ein doppelt logarithmisches Koordinatensystem ein, so ergibt sich die scheinbare Fließkurve

$$v' = f(\tau_a)$$

für eine bestimmte Temperatur.

Bezüglich weiterer Einzelheiten muß auf die Literatur verwiesen werden (z. B. „Kunststoffe" 1969, S. 565–570; ferner die „KT-Lehrblätter Stoffkunde" und „KT-Lehrblätter Verarbeitung", die ab 1969 als Beilage in der Fachzeitschrift „Kunststofftechnik", Krausskopf-Verlag, Mainz, erschienen sind).

In den Anleitungen zur Verarbeitung von Thermoplasten findet man bisher leider nur selten Angaben, die auf der Bestimmung der scheinbaren Fließkurven beruhen. Es muß aber betont werden, daß mit Hilfe eines Schmelzviskosimeters – welches ja entwickelt wurde, *weil* man mit dem primitiven Schmelzindex auf die Dauer nicht zufrieden sein konnte! – jeder Verarbeiter in der Lage ist, das Fließverhalten der Massen in ausreichender Weise selbst zu studieren und die für ihn notwendigen Aufschlüsse zu gewinnen. Bild 18 zeigt die mit einem Hochdruck-Kapillar-Viskosimeter ermittelten Fließkurven für Polyäthylen und Bild 19 diejenigen für Polystyrol.

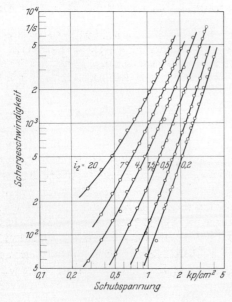

Bild 18 Fließkurven von Polyäthylenen (Dichte 0,918) mit verschiedenem Schmelzindex i_2 bei einer Temperatur von 190° (nach BASF)

3.3. Das Fließverhalten von Kunststoff-Lösungen und -Schmelzen

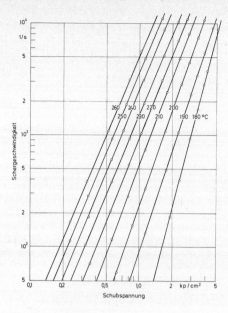

Bild 19 Fließkurven für Polystyrol einer bestimmten Qualität, bei verschiedenen Temperaturen

Im doppelt logarithmischen Koordinatensystem sind jeweils die Schubspannung und die dazugehörige Schergeschwindigkeit aufgetragen. In der ersten Darstellung ist Polyäthylen mit verschiedenen Schmelz-Index-Werten verglichen, in der zweiten geht es um Polystyrol ein und derselben Sorte, aber mit verschiedenen Temperaturen. Man erkennt, daß man mit steigender Schubspannung eine im Verhältnis weit stärker steigende Schergeschwindigkeit erhält, und das ist das Typische für strukturviskose Schmelzen.

Für die Praxis heißt das: je höher der Arbeitsdruck z. B. auf einem Extruder oder einer Spritzgußmaschine ist, umso geringer ist relativ der Energieaufwand für den Transport der Masse, oder – anders ausgedrückt: umso weniger wird die Energie zu einer unnötigen Erwärmung der Masse verbraucht. – Natürlich darf man mit der Temperatur nicht so hoch gehen, daß die Masse thermisch geschädigt wird!

3.3.3.3. Der „Spiraltest"

Weniger wissenschaftlich, dafür aber für den Spritzgießer praxisnah ist der Spiraltest, der für das Fließverhalten einer Spritzgußmasse recht brauchbare Maßstäbe ergibt. Man benutzt in diesem Falle eine Spritzgußform, in die als Spritzling – mit einem Anguß im Mittelpunkt der Form – eine Spirale mit quadratischem, kreis- oder halbkreisförmigen Querschnitt (ca. 5 mm Durchmesser) eingearbeitet ist (Bild 20). Je besser die Masse fließt, umso länger ist die Spirale. Dabei spielt natürlich der Druck der Maschine, Größe und Bauart des Massezylinders, die Temperatur der Masse und auch die Temperatur der Form eine von subjektivem Einfluß nicht ganz freie Rolle. Der Spiraltest kommt daher nur für betriebsinterne Kontrollen in Betracht.

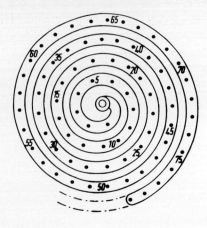

Bild 20   Der „Spiraltest" zur Prüfung der Fließfähigkeit von Thermoplasten in einer Spritzgußmaschine. – Der Angußkegel befindet sich in der Mitte der Spirale.

3.3.3.4.   Fließverhalten von Duroplasten

Für die Prüfung des Fließverhaltens der Duroplaste spielt die in Amerika entwickelte Methode nach ASTM D 569 eine Rolle. Sie ist als „Flow-Test nach Rossi-Peakes" bekannt, zunächst für thermoplastische Massen. Das benutzte Prüfgerät läßt sich im Prinzip auch für Duroplaste anwenden. Doch ist in diesem Fall allein schon wegen der kleinen Abmessungen und der geringeren Drücke die Aussagekraft der gewonnenen Werte beschränkt. Immerhin ist diese Methode die Grundlage des in Deutschland gebauten, vielseitigen Hochdruck-Schmelz-Viskosimeters nach Meysenbug/Zwick. (In der Vornorm DIN 53478 für die Bestimmung des Fließverhaltens härtbarer Formmassen ist die Prüfung beschrieben. Diese Norm wurde aber inzwischen zurückgezogen.)
Danach wird die Masse als kalt vorgepreßte Tablette von unten in die Vorkammer einer Form eingelegt, erwärmt, und dann als viskose Schmelze durch einen Stempel mit bestimmtem Druck senkrecht nach oben gedrückt; sie fließt dabei gegen den Widerstand eines Gegenstempels in die zylindrische Höhlung der Form. Über ein Schreibgerät zeichnet sich der „Fließweg über der Fließzeit" auf. Es wird entweder die Temperatur bestimmt, bei der das Material einen definierten Fließgrad erreicht, oder der Fließgrad, den das Material erreicht, wenn es mit vorgeschriebenem Druck und vorgeschriebener Temperatur in die Form fließt.
Da bei dem deutschen Gerät die Vorkammer mit 30 mm Querschnitt und der Fließkanal – also die Höhlung der Form – (mit einem Querschnitt von 10×4 mm) größer ist als bei dem amerikanischen Gerät, lassen sich auch Preßmassen mit Gewebeschnitzeln prüfen. Sehr wichtig ist dabei die leistungsfähige regelbare Hydraulik und die steuerbare Temperaturkontrolle. Die sich abzeichnenden Diagramme geben eine sehr gute und für die Praxis ohne weiteres zu übernehmende Beurteilungsmöglichkeit, denn sowohl der Anstieg der Plastizität bei der Vorwärmung als auch das eigentliche Fließen und der Zeitpunkt der Aushärtung sind zu erkennen. In dem Augenblick, wo die Kurve in Richtung der Zeit-

3.3. Das Fließverhalten von Kunststoff-Lösungen und -Schmelzen

achse gleichsam „ausschert", also einen deutlichen Knick aufweist, fließt die Masse nicht mehr; sie ist ausgehärtet (Bild 21a).

Durch Veränderung der Vorwärmzeiten, der Temperaturen, des Druckes etc. läßt sich die Prüfung bequem allen Umständen der Praxis anpassen, und man kann an Hand der Diagramme ablesen, wie die betreffende Masse am zweckmäßigsten verarbeitet wird. In den Augen des Physikers allerdings ist die Aussage weniger befriedigend, weil sie keine physikalische Kenngröße darstellt.

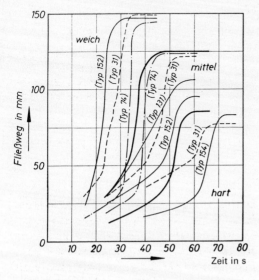

Bild 21a Fließkurven von Duroplastpreßmassen. Zugleich Vorschlag für die Begrenzung der Fließbereiche „weich", „mittel" und „hart" (v. Meysenbug)

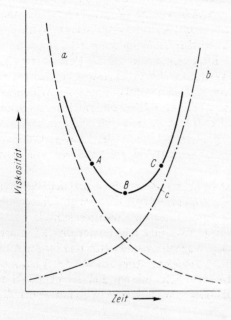

Bild 21b Tatsächlicher Viskositätsverlauf beim Verarbeiten von Preßmassen (schematisch)

Viskositätsabnahme durch Temperaturanstieg a und Viskositätszunahme durch Härtungsreaktion b überlagern sich. c zeigt den tatsächlichen Viskositätsverlauf.

Während in 21a die Fließkurven als Fließweg über der Fließzeit dargestellt sind, ist für die Kurve Bild 21b die Viskosität als solche festgestellt bzw. umgerechnet worden.

Bild 21 b zeigt den Viskositätsverlauf beim Verarbeiten von Preßmassen, der insofern bemerkenswert ist, als zunächst durch Temperaturanstieg die Viskosität abnimmt, gleichzeitig aber durch fortschreitende Härtung zunimmt.

Obwohl nach jeder Pressung bzw. Spritzung der entstehende kleine Materialstab etwas umständlich aus der Form herausgenommen werden muß, wäre es ein leichtes, diese Methode auch für Thermoplaste anzuwenden. Und es darf in diesem Zusammenhang auch nochmals darauf hingewiesen werden, daß die ursprüngliche amerikanische Vorschrift ASTM D 569 ja auch nur Thermoplaste erfaßt. Die Fließkurve zeigt durch ihre Richtung das Fließverhalten der verschiedenen Massen gut an. (Steile Kurve = gute Fließfähigkeit; flache Kurve = weniger gute Fließfähigkeit. Vergleiche sind nur bei gleichen Temperaturen möglich!) Der für Duroplaste typische Knick entsteht bei Thermoplasten natürlich nicht, da diese nicht aushärten. Hier also hätte man eine einheitliche Prüfmethode, die für Duroplaste und für Thermoplaste anwendbar ist. Allerdings müssen die Versuchsbedingungen den zu prüfenden Stoffen entsprechend angepaßt werden.

Der Vollständigkeit halber sei kurz noch die DIN 53465 erwähnt, nach welcher die Schließzeit bei härtbaren Preßmassen bestimmt wird. Dazu werden Becher aus der zu prüfenden Preßmasse in einem entsprechenden Preßwerkzeug hergestellt. Unter Schließzeit wird die Zeit vom Beginn des Druckanstieges bis zum Schließen des Preßwerkzeuges verstanden. Dieses deutlich aus der Praxis entwickelte Verfahren dient dazu, Preßmassen nach ihren Fließeigenschaften in Gruppen grob einzuteilen.

3.3.4. Die praktische Bedeutung von Fließmessungen

Außer den geschilderten Verfahren zur Bestimmung der Fließeigenschaften von Kunststoffen sind noch viele andere bekannt (Rotations-Viskosimeter, Brabender-Plastograph usw.) und in Anwendung. Es würde sich fast lohnen, eine Geschichte all der Prüfmethoden zu schreiben, die sich mit dem Fließverhalten der Kunststoffe befassen. Sie wäre insofern bemerkenswert, als man gerade hier sehr gut verfolgen könnte, wie in dem ein oder anderen Land zunächst ein Verfahren gefunden wird, wie es dann – vielleicht an ganz anderer Stelle – weiterentwickelt wird, wie eine neue, vielseitigere Methode aufkommt und die alte allmählich verdrängt, wie für eine bestimmte Prüfmethode auch eine Vervollkommnung der Geräte Fortschritte bringt, und wie sich auf diese Weise die Aussagekraft der Kenngrößen verbessern läßt. Man würde aber auch erkennen, wie schwer es ist, eine Methode zu finden, die alle Beteiligten befriedigt, die den Vorstellungen der Physiker ebenso gerecht wird wie sie den Verarbeitern nützlich wäre, dabei aber mit vernünftigem finanziellen und zeitlichen Aufwand sich praktizieren läßt.

Noch haben K-Wert und Schmelzindex als Meßgrößen, die aus der Praxis und für die Praxis entwickelt wurden, ihre Bedeutung. Die Bestimmung der Schmelzviskosität mit dem Hochdruck-Kapillarviskosimeter ist demgegenüber sicher umständlicher, dafür aber exakter und aussagekräftiger. Man sollte sich deshalb gerade mit diesem Prüfverfahren näher vertraut machen, denn es ist mit Sicherheit anzunehmen, daß es sich in der Zukunft weiter durchsetzen wird. Allerdings muß man sich darüber im klaren sein, daß auch mit derartigen Prüfmethoden nur ein kleiner Teil der Probleme der Kunststoffverarbeitung erfaßt und durchschaubar gemacht werden kann.

Jede Verarbeitungsart hat ihre ganz speziellen Schwierigkeiten, doch hängen sie immer mit den Eigenschaften der Schmelze, mit der Orientierung der Kettenmoleküle, mit der

Abkühlung und – verbunden damit – der Schwindung, mit den eingefrorenen Spannungen usw. zusammen. Die Art und Weise, wie im einzelnen der Rohstoff eingebracht, plastifiziert, transportiert, geformt, schließlich abgekühlt, und wie das Produkt am Ende vielleicht noch getempert wird, das ist nach Verfahren und Rohstoff recht verschieden.
Je gleichmäßiger eine Fabrikation sich durchführen läßt, umso eher wird es gelingen, Produkte mit ausgewogenen Eigenschaften zu erhalten. Kontinuierliche Verfahren sind unter solchen Gesichtspunkten günstiger als die diskontinuierlichen, bei denen der Fluß der Schmelze immer wieder unterbrochen wird. Das Preßverfahren, bei dem zum Schluß die Masse als Ganzes vernetzt, erscheint auf den ersten Blick insoweit günstiger als das Spritzgußverfahren. Beim Spritzgußverfahren entstehen Strukturen, die auf das Fließen des Massestromes zurückzuführen sind, der sich verteilt, ausbreitet, vielleicht teilt und wieder zusammentrifft, dabei laufend kälter wird und, wenn die Form gefüllt ist, schlagartig mit seinen Fließfiguren und Bindenähten zum Halten kommt. Nun muß man sich aber darüber im klaren sein, daß bei gepreßten Teilen aus dem Fluß der Masse und der nicht immer gleichmäßigen Wärmezufuhr von den verschiedenen Flächen des Werkzeuges ebenfalls gewisse Strukturen, Grenzflächen, Bezirke mit unterschiedlichem Vernetzungsgrad und schließlich Füllstofforientierungen sich ergeben.

3.4. Memory-Effekt und eingefrorene Spannungen

Kunststoffschmelzen haben außer dem „Nicht-Newton'schen Fließverhalten" gewisse gummiähnliche Eigenschaften, weshalb sie mitunter als „gummielastische Flüssigkeiten" charakterisiert werden.
Eine Erscheinung, welche auf diese gummielastischen Eigenschaften der Schmelze zurückgeht, ist der sogenannte „Memory-Effekt". Er zeigt sich vor allem in der Strangaufweitung beim Extrudieren: der extrudierte Strang oder Schlauch oder Faden wird unmittelbar nach dem Ausströmen aus der Düse dicker, als dem Düsendurchmesser entspricht; gleichzeitig verkürzt er sich etwas.
Die Erklärung hierfür liegt darin, daß die Moleküle in der ursprünglich ruhenden Schmelze mit sich selbst und untereinander verknäuelt und verschlauft waren, dann beim Transport durch Schnecke und Düse infolge der Scherbeanspruchung orientiert und gestreckt wurden, nun aber nach dem Austritt aus der Düse sofort versuchen, die aufgezwungene Orientierung wieder rückgängig zu machen; sie nehmen so weit als möglich die ungestreckte und verknäuelte Gestalt wieder ein und ziehen sich dabei zusammen – ähnlich wie ein gespannter und dann wieder losgelassener Gummifaden. Da die Moleküle sich hierbei sozusagen ihres alten Zustandes „erinnern", bezeichnet man diese Erscheinung als „Memory Effekt".
Die Rückdeformation erfolgt mit einer gewissen Zeitverzögerung – nicht augenblicklich, wie es bei der Rückfederung eines belasteten und anschließend entspannten Metalldrahtes der Fall wäre. In der zeitlichen Verzögerung der Rückdeformation ist letztlich auch die Ursache für die inneren Spannungen zu suchen. Wird eine Kunststoffschmelze schnell abgekühlt – z.B. wenn eine Spritzgußmasse in eine kalte Form gespritzt wird –, so haben die Moleküle nicht genügend Zeit, den völlig verknäuelten Zustand einzunehmen, den sie eigentlich einnahmen möchten. Infolge der raschen Abkühlung bleibt ein mehr oder weniger großer Anteil der Molekülorientierung erhalten: er wird „eingefroren", und man spricht daher mit Recht von „eingefrorenen Spannungen" oder „Orientierungs-Span-

nungen", denn diese Rest-Orientierung resultiert ja aus der Scherbeanspruchung des Materials beim Fließen durch Zylinder und Düse oder Form. Wird ein solches Formteil wieder bis zur „Einfriertemperatur" – oder gar darüber hinaus – erwärmt, dann gewinnen die Kettenmoleküle erneut ihre Beweglichkeit und der Memory-Effekt setzt ein. Das heißt, die Moleküle versuchen, die vordem eingefrorene Rest-Orientierung zurückzubilden. Als Folge davon verzieht sich das Fertigteil; in extremen Fällen verliert es völlig seine Gestalt.

Bei der Herstellung von Schrumpffolien und Schrumpfschläuchen wird der Memory-Effekt in positivem Sinne für die Praxis nutzbar gemacht: Schrumpffolien und -Schläuche sind nichts anderes als Folien und Schläuche, die gereckt und unter Spannung abgekühlt werden. Dadurch wird die Orientierung der Moleküle konserviert. Sobald solche Folien oder Schläuche wieder erwärmt werden, ziehen sie sich zusammen. – Schrumpffolien und Schrumpfschläuche werden hauptsächlich gebraucht, um Packgüter schnell und dicht zu umhüllen, indem man sie in die Folien wickelt oder die Schläuche darüberzieht und sie dann durch einen Wärmetunnel schickt. Schrumpfschläuche dienen auch zur Ummantelung von Stahlrohren oder -stäben, über die man sie zieht und unter Anwendung leichter Wärme aufschrumpfen läßt.

3.5. Schwindung und Nachschwindung

Das Volumen der Kunststoffe nimmt mit steigender Temperatur, vor allem aber beim Übergang in den Zustand der Schmelze zu. Das bedeutet umgekehrt beim Übergang aus der Schmelze in den festen Zustand eine entsprechend große Kontraktion. Ist der feste Zustand erreicht und die Temperatur sinkt weiter, so tritt eine weitere Schwindung ein – immer entsprechend der Wärmedehnzahl in diesem Temperaturbereich.

Die Erscheinung der Volumenkontraktion tritt natürlich bei allen Verarbeitungsverfahren auf; sie muß aber besonders berücksichtigt werden bei der Herstellung von Kunststoff-Formteilen, von denen eine hohe Maßhaltigkeit gefordert wird. Deshalb hat man

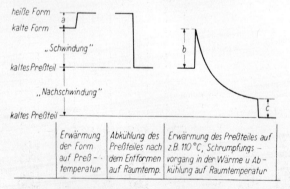

Bild 22 Definition der Schwindung und Nachschwindung.
Bei den Schwindungs- und Nachschwindungsmessungen blieben unberücksichtigt: a) Wärmedehnung der Form, b) Wärmedehnung des Preßteiles vor der Wärmebeanspruchung und c) Wärmedehnung nachher.

3.5. Schwindung und Nachschwindung

schon relativ frühzeitig an Prüfmethoden gearbeitet, welche den Verarbeitern einigermaßen verläßliche Hinweise über die auftretenden Schwindungsmaße geben sollen.
Die DIN 53464 befaßt sich mit den Schwindungseigenschaften von Preßstoffen; sie gibt an, auf welche Weise und unter welchen Umständen Schwindungsmaße festgestellt werden, wobei unterschieden wird zwischen Verarbeitungsschwindung (VS) und Nachschwindung (NS). Als Schwindungsmaß ist der Unterschied zwischen dem Maß des kalten Preßwerkzeuges und dem des erkalteten Preßteils definiert, und da diese Schwindung unmittelbar nach der Verarbeitung gemessen wird, nennt man sie Verarbeitungsschwindung. – Mit der Abkühlung ist zwar die Verarbeitung abgeschlossen, aber noch nicht in vollem Umfang die Schwindung. Noch nach Stunden oder sogar Tagen ist zuweilen eine weitere Schwindung zu beobachten. Preßmassen härten nach, d.h. es entstehen nachträglich noch weitere Verknüpfungen im molekularen Netzwerk. Als Nachschwindungsmaß wird definiert der Unterschied zwischen dem Maß des erkalteten Preßteils und dem Maß desselben Preßteiles nach einer Nachbehandlung, die je nach Preßstoffart mit einer bestimmten Temperatur vorgeschrieben ist (Bild 22 und 23). Für diese Prüfungen sind Normstäbe zu nehmen, die bei ebenfalls festgelegten Bedingungen hergestellt werden.
Bei der Nachschwindung wird laut DIN-Vorschrift einmal das Maß festgestellt, um das sich die Länge des Prüfkörpers verändert hat (NS_L), und einmal das Maß, um das sich die Dicke des Prüfkörpers verändert hat (NS_h). Damit soll dem Umstand Rechnung getragen werden, daß in der Orientierungsrichtung eine stärkere Schwindung zu beobachten ist als senkrecht dazu. Das hängt mit der schon erwähnten Anisotropie der Kunststoffe zu-

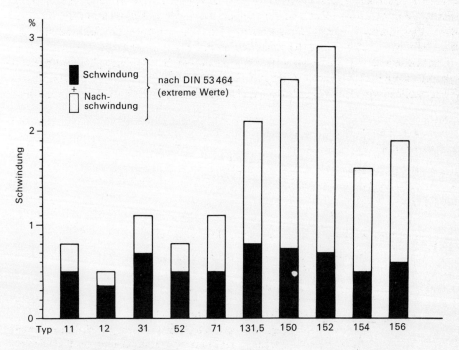

Bild 23 Schwindung und Nachschwindung von Preßmassen (nach Woebcken)

sammen, doch ist bei Preßmassen auch der Einfluß der Füllstoffe nicht zu übersehen. In der Praxis rechnet man bei Preßmassen mit einer Schwindung von etwa 0,4 bis 1,3 % je nach Materialart. Durch ein besonders geringes Schwindungsmaß zeichnen sich die Epoxidharze aus.

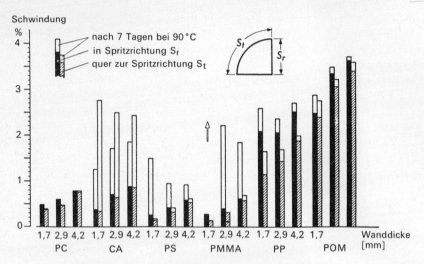

Bild 24 Schwindung und Nachschwindung von Spritzgußmassen in Abhängigkeit von Spritzrichtung und Wanddicke (nach Woebcken)

Ähnlich der DIN 53464 könnte man natürlich auch ein Verfahren zur Feststellung der Schwindungsmaße für Thermoplaste ausarbeiten (Bild 24). Bis jetzt ist es aber nicht dazu gekommen. Das liegt in erster Linie daran, daß alle Schwindungsmaße, die in dieser Art ermittelt werden, nur ungefähre Hinweise für den Formenbauer abgeben können, denn in der Praxis hängt die tatsächlich auftretende Schwindung wieder sehr stark von den Parametern der Verarbeitung (Druck, Temperatur), von der Gestalt des Fertigteiles und den auftretenden Fließwegen ab. In den Werkstofftabellen der Rohstofflieferer werden deshalb – wenn überhaupt – nur Schwindungsbereiche angegeben – z.B. 0,5 bis 0,7 % bei Polystyrol, oder 2 bis 3 % bei Polyamiden. Die Hersteller von Preß- und Spritzgußwerkzeugen helfen sich dadurch, daß sie vor dem Härten und Auspolieren aus den noch weichen Formen Musterstücke pressen bzw. spritzen und gemäß den daran festgestellten Schwindungsmaßen die nötigen Korrekturen vornehmen.

In der Praxis muß man immer damit rechnen, daß in der Fließrichtung die Schwindung größer ist als senkrecht dazu. Auch in der Nachschwindung wirken sich die Unterschiede aus. Bei gefüllten, insbesondere mit Glasfasern gefüllten Werkstoffen ist die Schwindung durchweg geringer als bei der ungefüllten Masse, weil der Füllstoff eine wesentlich geringere Wärmedehnung besitzt und deshalb an dem Kontraktionsprozeß kaum teilnimmt.

In Kreisen von Spritzgußmasse-Verarbeitern begegnet man zuweilen der Meinung, starke Spannungen in Fertigteilen wären auf eine verhinderte Kontraktion zurückzuführen, das ist aber ein Irrtum: die zur Volumenkontraktion führenden Kräfte sind dafür viel zu hoch; sie lassen sich einfach nicht verhindern. Eingefrorene Spannungen sind immer die Folge von Molekülorientierungen.

Alle Maßnahmen, die darauf zielen, ein Formteil spannungsfrei sich abkühlen zu lassen oder durch eine nachträgliche Wärmebehandlung – das sogenannte Tempern – Spannungen zu reduzieren, haben – wenn überhaupt – Erfolg nur durch Abbau der eingefrorenen Rest-Orientierung.

Wenn die Nachschwindung bei Preßteilen hauptsächlich auf das Konto einer zusätzlichen Aushärtung geht, so hat man bei Thermoplasten mit anderen Umständen zu rechnen: Massen, die zur Kristallinität neigen, versuchen noch nachträglich ihre teilkristallinen Bereiche zu vergrößern. Bei Kunststoffen, die Feuchtigkeit aus der Luft aufnehmen (Zellulosemassen und Polyamide), wird die aus der Schwindung resultierende Volumenabnahme durch die Feuchtigkeitsaufnahme teilweise kompensiert.

Zum Verständnis all dieser Vorgänge trägt es sicher bei, wenn man sich klar macht, daß die eigentliche Schwindung im wesentlichen mit der Wärmedehnung bzw. Kontraktion zusammenhängt, wogegen die Nachschwindung von duroplastischen Formteilen auf Nachhärtung zurückzuführen ist. Beim Spritzgießen von Thermoplasten tritt Nachschwindung nur bei der Verarbeitung teilkristaller Kunststoffe in Erscheinung. Beide Ursachen überlagern sich allerdings. In Bild 22 sind die Volumenänderungen in ihrer zeitlichen Folge schematisch dargestellt.

Bei der Herstellung von Formteilen springen die Maßdifferenzen, die aus der Schwindung sich ergeben, besonders stark ins Auge. Selbstverständlich tritt aber auch bei allen anderen Herstellungsverfahren eine mehr oder weniger große Schwindung ein, nur ist dort das Problem leichter zu handhaben – oft allein schon deshalb, weil keine so hohe Maßgenauigkeit gefordert wird.

3.6. Schüttdichte, Stopfdichte, Füllfaktor

Insoweit Gewichtsbestimmungen auf den Rohstoff und das heißt hier auf Form-Massen hinzielen, gehören sie zu Verarbeitungs-Kenngrößen.

Das *Schüttgewicht* oder die *Schüttdichte* ist nichts anderes als das Gewicht eines Liters Kunststoff-Rohmasse, also Preßpulver oder Spritzgußgranulat, das gemäß DIN 53468 lose geschüttet ist. Faserige Preßmassen müssen zur Bestimmung des Schüttgewichtes mit einer gewissen Last zusammengedrückt werden: man spricht dann von der *Stopfdichte* (DIN 53467 = ISO R 61). Die Kenntnis dieser Daten ist für den Verarbeiter wichtig, weil er z. B. nach diesen Werten die Dosierung bei der Verarbeitung von Preßmassen auf Automaten einstellen muß. Auch für die Konstruktion der Einzugzone bei Schneckenextrudern ergeben sich aus dem Schüttgewicht wichtige Folgerungen.

Das Verhältnis des Volumens der erforderlichen Preßmasse zum fertigen Preßteil bezeichnet man als *Füllfaktor*, in USA „Bulk Factor" genannt (DIN 53466 = ISO R 171). Ein Füllfaktor 3 würde beispielsweise bedeuten, daß der Füllraum des Werkzeugs, der die Rohmasse zunächst aufnimmt, das dreifache Volumen haben muß gegenüber dem Volumen des fertigen Preßteils. Formenbauer müssen deshalb diesen Füllfaktor bei der Konstruktion von Preßformen berücksichtigen.

4. Grundsätzliche Voraussetzungen der Kunststoff-Prüfung

4.1. Kunststoff-Normen

Wer mit einigem Nutzen Eigenschaftstabellen studieren oder an Hand von Zahlenwerten Vergleiche anstellen will, der muß sich zunächst klar machen, wie die Angaben zustande kommen und was sie überhaupt aussagen können.

Viele der in Deutschland üblichen Prüfverfahren für Kunststoffe, sowie die vereinbarten Mindestanforderungen, Maße und Toleranzen sind genormt. Die *DIN-Normen* sind als Einzelblätter oder zusammengefaßt im DIN-Taschenbuch 18 „Materialprüfungen für Kunststoffe, Kautschuk und Gummi" und im Taschenbuch 21 „Kunststoff-Normen" erhältlich. Sie werden laufend überarbeitet und ergänzt. DIN ist die Kurzbezeichnung für *D*eutsche *I*ndustrie *N*ormen.

Jedes Jahr wird ein vollständiges Verzeichnis der gültigen DIN-Normen herausgegeben. (Beuth-Vertrieb, Berlin und Köln). Gültig ist immer nur die jeweils letzte Ausgabe eines Normblattes. Alle Normen, welche Kunststoffe betreffen, sind in dem „Normenverzeichnis Kunststoffe" aufgeführt. Eine ähnliche Zusammenstellung enthält auch das vorliegende Buch im Anhang.

Soweit es sich um Prüfnormen handelt, beschreiben sie nicht nur die Durchführung der Prüfungen, sondern enthalten auch alle notwendigen Angaben über Zweck und Anwendungsbereich der entsprechenden Norm; sie legen die Form, Herstellung und Vorbehandlung der Probekörper fest und alle sonstigen Umstände, die zum Erzielen einwandfreier und vergleichbarer Prüfergebnisse erforderlich sind. Schon die Vielfalt und Ausführlichkeit der Angaben deutet darauf hin, daß es sich bei den ermittelten Werten meistens nicht um sog. physikalische Stoffkonstanten handelt, sondern um technologische Eigenschaftswerte, welche von den Prüfbedingungen abhängen. Das heißt mit anderen Worten: es genügt nicht, die Prüfbedingungen zu kennen; man muß auch sicher sein, daß sie in allen Punkten eingehalten wurden. Nur dann kann man vorliegende Prüfergebnisse zu einer Materialbeurteilung heranziehen.

Neben den DIN-Normen, die als die wichtigsten deutschen Prüfvorschriften anzusehen sind, müssen einige andere Vorschriften-Sammlungen erwähnt werden. Zunächst die *VDE-Vorschriften* (Vorschriften des Verbandes Deutscher Elektrotechniker), welche – soweit sie sich auf die Prüfung von Kunststoffen beziehen – mit den DIN-Normen meist sachlich übereinstimmen, insgesamt aber speziell auf die Belange der Elektroindustrie ausgerichtet sind. Außerdem ist der Verein Deutscher Ingenieure dabei, in einem „*VDI-Handbuch Kunststofftechnik*" Richtlinien über Kunststoff-Werkstoffe, ihre Verarbeitung und Gestaltung zusammenzufassen, die von der VDI-Fachgruppe Kunststofftechnik laufend herausgebracht werden. – Als Folge des verstärkten internationalen Warenverkehrs wird auch in Deutschland oft nach ausländischen Vorschriften geprüft. Hier sind vor allem die weit verbreiteten und sehr umfassend ausgearbeiteten *ASTM-Vorschriften* (*A*merican *S*ociety for *T*esting *M*aterials), die *British* Standard (BS) und die amerikanischen *NEMA-Vorschriften* (*N*ational *E*lectrical *M*anufacturers *A*ssociation) zu nennen. Auch andere Länder haben ihre eigenen Normenwerke aufgebaut, von denen ihrerseits wieder militärische Vorschriften oder Festlegungen anderer Organisationen abweichen können.

Um die zwangsläufig vorhandene Vielfalt nationaler Prüfvorschriften zu steuern und wenigstens eine gewisse Vereinheitlichung zu erreichen, bemüht sich die *ISO* (*I*nternational *O*rganization for *S*tandardization, Sitz in Genf) Vorschriften auszuarbeiten, die als Empfehlungen (Recommendations) veröffentlicht werden und als Grundlage nationaler Normen dienen sollen.

4.2.   Vergleichbarkeit in- und ausländischer Normenwerte

Diese Vielfalt von Prüfvorschriften wirft die Frage auf, ob die verschiedenen Prüfverfahren zu vergleichbaren oder umrechenbaren Werten führen. Hierauf kann keine allgemein gültige Antwort gegeben werden. Genau genommen ist ein Vergleich bzw. ein Umrechnen nur bei physikalischen Stoffkonstanten wie Dichte, Schmelzpunkt, spezifischer Widerstand usw. möglich. Es gibt zwar eine Reihe anderer Prüfverfahren, welche einigermaßen vergleichbare Ergebnisse liefern, aber im allgemeinen ist zu bedenken, daß die Methoden sehr oft schon im Grundsätzlichen voneinander abweichen. Dann ist es z. B. mit einer bloßen Umrechnung englisch-amerikanischer Maßeinheiten auf metrische Einheiten nicht getan. Entsprechende Hinweise werden bei Behandlung der verschiedenen Eigenschaftswerte und Prüfverfahren gegeben.

4.3.   Mindestanforderungen

Jedes Normenwerk – so auch die DIN-Vorschriften – enthält Normen, in denen Mindestanforderungen für bestimmte Stoffgruppen oder einzelne Materialtypen festgelegt sind. Wie schon der Name sagt, handelt es sich dabei um Eigenschaftswerte, welche der betreffende Werkstoff nicht unterschreiten soll, wohl aber überschreiten *kann*. Häufig werden diese genormten Mindestanforderungen in die Prospekte der Hersteller aufgenommen und als solche gekennzeichnet. Das gelieferte Fabrikat kann bessere Eigenschaften aufweisen. Bei Vergleichen – auch von Konkurrenzangeboten – sollte man dies berücksichtigen, eventuell durch eine Rückfrage beim Lieferwerk klären.
Bereits 1924 wurde in Deutschland mit der Klassifizierung und Typisierung von Preßmassen begonnen. Mit der Festlegung von Typen – die heute allgemein gebräuchlich sind – sollten nicht nur einheitliche Grundlagen für die stoffliche Zusammensetzung der Formmassen geschaffen werden sondern auch Mindestwerte für die wichtigsten Eigenschaften. Insofern ging es auch damals schon darum, zugleich mit den Angaben über den Rohstoff eine gewisse Sicherung der Qualität der Fertigerzeugnisse herbeizuführen. Rohstoffhersteller und Verarbeiter binden sich durch freiwillig abgeschlossene Verträge an die Einhaltung der Normen; die Einhaltung wird laufend durch die Bundesanstalt für Materialprüfung (BAM) in Berlin bzw. die Staatliche Materialprüfungsanstalt in Darmstadt überwacht. Die Verpackungen, in denen derart typisierte Massen geliefert werden, tragen das *Überwachungszeichen* mit einer Kennmarke (Buchstaben) des Herstellers. Preßteile aus derart typisierten Massen dürfen ebenfalls das Überwachungszeichen tragen, das dann zugleich die Nummer des Verarbeiters und wiederum die Type des benutzten Rohstoffes angibt. (DIN 7708, 16911 und 16912). Danach lautet z. B. die offizielle Be-

zeichnung einer Preßmasse Typ 31 „Formmasse Typ 31 DIN 7708"; wird diese Preßmasse verarbeitet, so entsteht daraus ein Formteil. Die Bezeichnung für den Werkstoff, aus dem dieses Formteil hergestellt ist, lautet „FS 31 DIN 7708" (siehe auch Tabelle 4).

Überwachungszeichen für typisierte Preßmassen
a Kennzeichen des Herstellers bzw. Verarbeiters
b Typenbezeichnung

Von thermoplastischen Spritzgußmassen sind in ähnlicher Weise Celluloseacetat und -acetobutyrat, Polycarbonat und Polymethylmethacrylat typisiert (DIN 7742–7745). Bei den anderen Spritzgußmassen ergaben sich gewisse Schwierigkeiten angesichts der vielen verschiedenen Modifikationen und Qualitäten und der dauernden Weiterentwicklung. Bei den Polystyrolen hat man sich deshalb auf die Festlegung eines Schemas beschränkt, das für Erweichungspunkt, Schmelz-Index und Schlagzähigkeit ziffernmäßig gekennzeichnete Wertbereiche aufführt, nach denen auf Basis des Styrol-Reinpolymerisates eine Klassifizierung wenigstens der Rohmassen möglich ist (DIN 7741). Nach gleichen Gesichtspunkten wurden PVC-Reinpolymerisate und Copolymerisate sowie Polyolefine typisiert (DIN 7746–48 und 7740).

Für Schichtpreßstoffe – Hartpapier und Hartgewebe – wurde – übrigens auch schon ab 1924 – eine Klassifikation eingeführt und Mindestwerte vorgeschrieben (DIN 7735, 7736). Für Fertigartikel aus Thermoplasten Mindestwerte bestimmter Eigenschaften normenseitig vorzuschreiben – ähnlich wie bei Preßteilen – ist jedoch nicht möglich. Sowohl die Konstruktion wie vor allem die Verarbeitung haben einen zu großen Einfluß auf diese Werte.

4.4. Gebrauchsprüfungen, Gütesicherungsverfahren, Gütezeichen

Die Gütesicherung fertiger Kunststofferzeugnisse geht von dem Gesichtspunkt aus, daß die Wahl des richtigen, d.h. zweckentsprechenden Rohstoffes allein nicht genügt; es muß auch in konstruktiver Hinsicht ein Optimum gewährleistet sein (Wanddicke, Übergangsquerschnitte, Ausbildung von Randprofilen etc.), und schließlich dürfen die Massen bei der Verarbeitung nicht geschädigt werden (etwa durch zu schnelles Tempo bei zu hoher Temperatur). Hier nutzen keine Einzelvorschriften; hier muß der Fertigartikel als solcher geprüft werden. Die Prüfkriterien beziehen sich daher 1. auf die Wahl des geeigneten Rohstoffes, 2. auf die richtige Konstruktion, und 3. auf die einwandfreie Verarbeitung.

Auf solcher Grundlage hat seit 1963 der *Qualitätsverband Kunststofferzeugnisse e.V.* in Frankfurt a. M. zunächst für 22 Gruppen von Hausrat – im wesentlichen alle im Spritzgußverfahren hergestellt – Gütebedingungen und Prüfvorschriften herausgebracht, denen sich die im Verband organisierten Mitglieder freiwillig unterwerfen. Sie dürfen ihre Waren, die diesen Bedingungen entsprechen, mit einem *Gütesiegel* versehen, das vor allem dem Käufer die Sicherheit geben soll, daß er sich, auch ohne von Kunststoff etwas zu verstehen, auf Qualität verlassen kann. *Gütegesichert sind bis heute* außer Hausrat: Flaschenkästen und Verbandkästen, Mülltonnen, Aufblasartikel, Glasfaserverstärkte Polyesterplatten, flexible Dränrohre, Aminoplast-Montageschaum, Rohre, Rolladenstäbe, Hartschaum. Die Durchführung der Arbeiten liegt immer in Händen einer besonderen Gütegemeinschaft; sie werden abgeschlossen mit einem Anerkennungsverfahren durch den RAL, nämlich den „Ausschuß für Lieferbedingungen und Gütesicherung beim Deutschen Normen-Ausschuß."

Gütesiegel für Kunststoff-Erzeugnisse

4.5. Probekörper – ihre Gestalt, Herstellung und Vorbehandlung

Alles, was man einschränkend über die Vergleichbarkeit und Reproduzierbarkeit von Prüfergebnissen sagen muß, wird gleich verständlicher, wenn man sich mit den benutzten Probekörpern näher befaßt. Schon die *Gestalt* der Probekörper kann einen nicht zu unterschätzenden Einfluß auf die Prüfergebnisse haben (Bild 25). Die ausländischen Normen schreiben häufig ganz andere Probekörper vor als die deutschen, und das allein schon ist

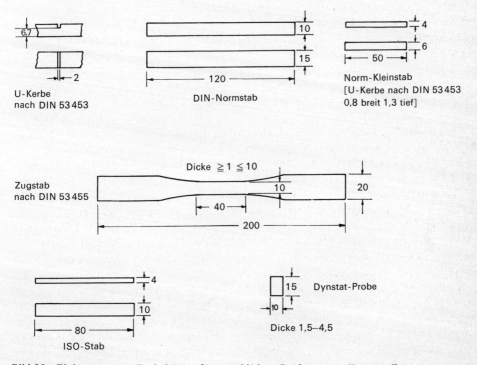

Bild 25   Einige genormte Probekörper für verschiedene Prüfungen an Kunststoffen

einer der Gründe dafür, das die ausländischen Werte nur sehr bedingt mit den deutschen nach DIN-Normen gemessenen Werte verglichen werden können.

Noch wichtiger als die Gestalt ist die Art der *Probekörper-Herstellung*. Es erscheint logisch, daß z. B. die aus Preßmassen herzustellenden Probekörper gepreßt, die aus Spritzgußmassen herzustellenden gespritzt werden. Man darf dabei aber nicht übersehen, daß die Verarbeitungsbedingungen in die Eigenschaftswerte dieser Prüfkörper eingehen. Je nach der Temperatur der Masse, nach der Form, nach Druck und Dauer des Verformungsvorganges usw. können erhebliche Unterschiede auftreten. Die eigentlichen Materialeigenschaften werden in krassen Fällen durch auftretende Orientierungen und innere Spannungen so verfälscht, daß eine einwandfreie Materialbeurteilung – und sei es nur zum Zweck der Qualitätsüberwachung – kaum mehr möglich ist.

Auch bei der Prüfung von Halbfabrikaten – z. B. Stäben, Platten, Rohren usw. –, aus denen die Probekörper spanabhebend entnommen werden, können die *Herstellungsbedingungen*, die *Art der Lagerung* usw., einen wesentlichen Einfluß auf die Prüfergebnisse ausüben. Soweit Probekörper spanabhebend herzustellen sind, muß auf glatte Oberflächen geachtet werden, denn grobe Bearbeitungsspuren vom Sägen und Fräsen führen bereits zu Kerbwirkungen und damit zu einer Verfälschung der Prüfergebnisse. Selbst die Bearbeitungsgeschwindigkeit ist wichtig; sie muß so gewählt werden, daß eine unzulässige Materialerwärmung (thermische Schädigung!) vermieden wird. Wenn es darauf ankommt, die Werte längs (∥) und quer (⊥) zur Richtung des Strukturverlaufes – zur „Faser" – festzustellen, wird man die Probekörper einmal längs und einmal quer zur Laufrichtung des Materials ausschneiden oder ausstanzen.

Endlich ist auch die *Vorbehandlung der Probekörper* ein wichtiger Punkt, der in genauen Angaben seinen Niederschlag findet. So ist es z. B. nicht gleichgültig, ob man Probekörper aus Polyamid vor der Prüfung scharf trocknet oder vier Wochen lang in Wasser legt. Dieses Beispiel ist zwar wegen der starken Feuchtigkeitsabhängigkeit der Eigenschaften von Polyamid als extrem zu betrachten, aber das Problem als solches ist bei allen Kunststoffen mehr oder weniger vorhanden. Die Prüfnormen schreiben daher nicht nur die Herstellung und Form der Probekörper, sondern in der Regel auch deren Vorbehandlung und sogar das Prüfklima vor. Aus alledem erkennt man, daß die Prüfung nicht erst beginnt, wenn die Probekörper in die Prüfmaschine eingesetzt werden.

4.6. Vorgeschichte des Materials

Für das Ergebnis jeglicher Prüfung und für das Verhalten in der Praxis spielt die sogenannte Vorgeschichte des Materials eine besondere Rolle. Man versteht darunter technologische Einflüsse bei der Herstellung der Rohmasse, ihrer Lagerung und ihrer Verarbeitung, Einflüsse, die in die Werkstoffeigenschaften des Fertigproduktes eingehen.

So ist es bei der Herstellung von Preßteilen z. B. nicht unerheblich, ob die Preßmasse kühl und trocken oder entgegen den Vorschriften feucht und warm gelagert wurde, denn aufgenommene Feuchtigkeit oder eine in der Wärme fortgeschrittene Aushärtung würde die Eigenschaftswerte der Fertigteile verändern. Bei der Verarbeitung einer Spritzgußmasse ist es wichtig, daß das Granulat, welches im Rohstoffwerk hergestellt wurde, thermisch nicht überstrapaziert wird. Der Hersteller von Tiefziehteilen berücksichtigt beim Einlegen seiner thermoplastischen Tafeln in die Tiefziehmaschine sogar die Richtung, in der diese Tafeln bei der Erzeugung gezogen wurden. Mit der Vorgeschichte des Materials muß sich aber nicht nur der Verarbeiter, sondern auch der Prüf-Ingenieur auseinandersetzen: ihm kommt es nicht bloß darauf an, die sozusagen idealen Rohstoffwerte zu kennen, er muß ja auch die Eigenschaftswerte der fertigen Teile bestimmen und beurteilen können. Dabei spielt eben die Verarbeitung eine wesentliche Rolle. Oft genug geht es bei der Materialprüfung gerade darum, eine unsachgemäße Lagerung oder Verarbeitung des Materials an Hand der Prüfergebnisse nachzuweisen.

Dieser ganze Komplex ist indes viel zu umfangreich, als daß sich dafür allgemeine Richtlinien aufstellen ließen. Einige Gesichtspunkte werden bei der Besprechung der verschiedenen Eigenschaften zur Sprache kommen. Im übrigen sei auf das Kapitel „Kenngrößen der Verarbeitung" hingewiesen.

4.7. Sinn und Grenzen von Normen und Prüfverfahren

Nach allem, was bisher gesagt wurde, muß sich jeder, der Normen oder Werkstoffprospekte in die Hand nimmt, die Frage stellen, ob die darin angegebenen Kennwerte verbindliche Hinweise über die Eigenarten eines Werkstoffes geben und sowohl Möglichkeiten als auch Grenzen seiner Anwendung erkennen lassen.
Diese Frage muß mit Entschiedenheit verneint werden. Ebenso entschieden müßte allerdings der Folgerung entgegengetreten werden, die Materialnormen seien deshalb wertlos. In den sogenannten Materialnormen werden auf genormten Prüfungen beruhende Kennwerte für mechanische, thermische, elektrische und sonstige Eigenschaften aufgeführt, welche die einzelnen Kunststofftypen charakterisieren und insofern einen ersten Vergleich ermöglichen sollen. Damit bieten sie gleichzeitig eine allgemein anerkannte Grundlage für die Fertigungskontrolle und zur Überwachung der Gleichmäßigkeit von Lieferung zu Lieferung, so daß ihre Bedeutung für die Wirtschaft kaum überschätzt werden kann.
Entsprechend ihrer Aufgabe beschränken sich die Materialnormen mit ihren Mindestanforderungen auf einige wenige, besonders charakteristische Eigenschaften, die überdies aus wirtschaftlichen Erwägungen so ausgewählt sind, daß der erforderliche Prüfaufwand nicht zu groß wird und auch kleineren Laboratorien zugemutet werden kann. Damit ist aber klar, daß sie im Sinne einer Werkstoffkunde zu wenig bieten und kein umfassendes Bild der Materialeigenschaften vermitteln können. Selbst die angegebenen Eigenschaftswerte dürfen nur mit gewissen Vorbehalten betrachtet werden, denn schon am Beispiel der Probekörper wurde darauf aufmerksam gemacht, daß man es bei Kunststoffen mit Werkstoffen zu tun hat, deren Eigenschaften weit mehr von Verarbeitung, Gestalt, Zeit, Temperatur, Feuchtigkeit usw. abhängen als diejenigen anderer Werkstoffe. Es muß deshalb immer wieder betont werden, daß von den an bestimmten Probekörpern ermittelten Eigenschaften nicht unbedingt auf das Verhalten von anders geformten Fertigteilen geschlossen werden kann, insbesondere dann, wenn die im praktischen Gebrauch auftretenden Umweltbedingungen nicht mit den Prüfbedingungen übereinstimmen. Daraus entstand die vielfach erhobene Forderung, die aus Normprüfungen resultierenden Kenn*zahlen* durch Kenn*funktionen* zu ersetzen, d.h. bestimmte Stoffeigenschaften nicht nur unter zwar genormten, aber doch willkürlichen Bedingungen, sondern als Funktionen der Verarbeitungs- und Umweltvariablen zu messen. Erst durch solche Kennfunktionen wird z. B. der Konstrukteur in die Lage versetzt, einen Werkstoff materialgerecht einzusetzen,

mit anderen Worten: die ihm innewohnenden Möglichkeiten voll auszunützen, ohne unvorhergesehene Fehler und Schäden heraufzubeschwören.

Allerdings wird selbst die umfassendste Materialprüfung immer noch Fragen unbeantwortet lassen. Letzte Sicherheit und Aussagekraft bietet nur die praktische Prüfung am fertigen Teil. Denn die verschiedenen Eigenschaften eines Werkstoffes stehen beim praktischen Einsatz in einer gegenseitigen Abhängigkeit, deren Gesetze nur unvollkommen oder gar nicht bekannt sind und mit Hilfe von Laboratoriumsprüfungen nicht nachgeahmt werden können.

Wenn nun die Aussagekraft von Normprüfungen kritisch betrachtet und auf die beschränkte Verwertbarkeit ihrer Ergebnisse hingewiesen wurde, so wird damit die Bedeutung der Prüfverfahren selbst in keiner Weise gemindert. Sie werden die Grundlage, sozusagen das kleine Einmaleins der Werkstoffkunde bleiben und ihre guten Dienste tun; man muß sie nur sinnvoll anwenden und darf nicht mehr von ihnen fordern, als sie zu leisten vermögen.

5. Dichte und Wichte – Maße und Maßtoleranzen

5.1. Dichte und Wichte

Prüfmethoden

DIN 1306	Dichte
DIN 53479	Rohdichte
ASTM D 792	Specific gravity of Plastics
DIN 53420	Prüfung von Schaumstoffen; Bestimmung der Rohdichte

Dichte und spezifisches Gewicht sind – obwohl in ihren Zahlenwerten kaum unterschiedlich – nicht identisch. Die *Dichte* ist definiert als Masse pro Volumeneinheit und hat damit die Dimension g/cm³; unter dem spezifischen Gewicht oder der *Wichte* eines Körpers wird sein Gewicht pro Volumeneinheit mit der Dimension p/cm³ verstanden. Von Bedeutung dabei ist, daß die Masse eines Körpers unter allen Umständen gleich bleibt, unabhängig davon, an welchem Ort er sich befindet, am Äquator oder am Pol, auf einem hohen Berg oder am Meere. Dagegen entspricht das Gewicht eines Körpers der Kraft, die seine Masse infolge der Erdanziehung auf eine Unterlage ausübt und die z. B. mit einer Federwage gemessen werden kann. Die Erdbeschleunigung ist jedoch von der geographischen Breite, dem Abstand vom Erdmittelpunkt und dem örtlichen Aufbau der Erdschichten abhängig. Deshalb ist das Gewicht und damit auch das spezifische Gewicht eines Körpers an jedem Ort der Erde geringfügig anders. Für die Praxis ist der Unterschied zwischen Dichte und Wichte ohne Bedeutung; ihre Zahlenwerte sind für alle Körper mit hinreichender Genauigkeit gleich.

Die Dichte der Kunststoffe ist – besonders im Vergleich mit den Metallen – relativ niedrig und reicht von etwa 0,9 g/cm³ bis wenig über 2 g/cm³ (Bild 27). Damit übertreffen selbst die schwersten Kunststoffe die Dichte von Beryllium und Magnesium nur geringfügig und bleiben noch merklich hinter der des Aluminiums zurück. Der wesentliche Grund dafür ist, daß am Aufbau der Kunststoffe nur leichte Elemente beteiligt sind (s. S. 13). Hinzu kommt, daß die räumliche Packungsdichte der Atome im Mittel bei weitem nicht so groß ist wie bei den Metallen. Letztere besitzen eine kristalline Struktur, wobei vornehmlich das kubisch-raumzentrierte und das kubisch-flächenzentrierte Gitter, sowie die hexagonal dichteste Packung anzutreffen sind (Bild 26). Die Ketten der Kunststoff-Moleküle liegen dagegen wirr durcheinander – allenfalls in teilkristalinen Strukturen – und bilden damit wesentlich mehr „leeren Hohlraum".

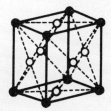 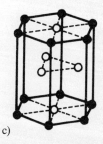

a) b) c)

Bild 26 Schematische Darstellung der Kugelpackung der Atome bei Metallen
a) kubisch-flächenzentrierte Elementarzelle;   b) kubisch-raumzentrierte Elementarzelle   c) hexagonal dichtest gepackte Elementarzelle

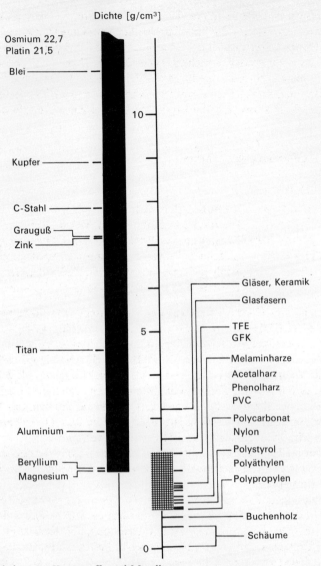

Bild 27 Dichte bekannter Kunststoffe und Metalle

Im übrigen lassen sich aus diesen Strukturunterschieden auch die wesentlich höhere Festigkeit und Härte der Metalle erklären: die Bindungskräfte zwischen den Metallatomen im Kristallgitter sind ungerichtet und ausgesprochen elektrostatischer Natur, d. h. sie sind sehr groß und wirken nach allen Seiten. Bei den Makromolekülen der Kunststoffe wirken aber lediglich in Kettenrichtung große chemische Valenzkräfte. Untereinander werden die Ketten nur durch relativ schwache Massenanziehungskräfte (van der Waals'sche Kräfte) ohne Betätigung einer chemischen Valenz zusammengehalten: daraus erklärt sich die geringe Festigkeit und Härte der Kunststoffe. Würden allerdings die langen Kettenmoleküle eines Kunststoffes schön ausgerichtet nebeneinanderliegen, so würde man – wenigstens in Kettenrichtung – eine vielfach höhere Festigkeit feststellen. Von dieser Tatsache wird in gewissem Umfange beim Recken von Kunststoffen Gebrauch gemacht. Besonders niedrige Werte der Dichte (bis herunter zu 0,015 g/cm^3) kann man durch Verschäumen von Kunststoffen erreichen; wenn Dichten über 1,5 g/cm^3 auftreten, so kommen sie mit wenigen Ausnahmen durch das Beimischen schwerer Füllstoffe zustande. Häufig findet man in Eigenschaftstabellen von Kunststoffen die *Rohdichte* angegeben. Das besagt, daß die Masse oder das Produkt in der normalen Lieferform gewogen wurde.

5.2. Maße und Maßtoleranzen

Normen

DIN 7710	Kunststoff-Formteile
	Toleranzen und zulässige Abweichungen
DIN 16 749	Toleranzen von Preß-Werkzeugen und Spritzguß-Werkzeugen
VDI 2006	Richtlinien für die Gestaltung von Spritzgußteilen.
	Ähnliche Normen gibt es in fast jedem Land, z. B. CEMP 14–60 p in Frankreich und BS 2026 in Großbritannien.

Für eine Reihe von Kunststofferzeugnissen sind einheitliche Maße festgelegt, z. B. für Rohre aus PVC (DIN 8062) und Polyäthylen (DIN 8072, 8074), Rohrverbindungen (DIN 8063), Isolierfolien (DIN 40634), Rund- und Vierkantstäbe aus Polyamid (DIN 16980 und 81), ferner Halbzeug aus Schichtpreßstoff (DIN 40605–18). Zum Teil enthalten diese Vorschriften sogar zulässige Maßabweichungen. – Die Zweckmäßigkeit solcher Festlegungen liegt auf der Hand. Den gleichen Sinn haben die Bemühungen des Qualitätsverbandes Kunststoff-Erzeugnisse. Auch die Richtlinien des VDI für die Gestaltung von Spritzgußteilen wollen ja nur vermeiden, daß aus Unkenntnis Konstruktionen vorgesehen werden, die dem Werkstoff nicht gerecht werden.

Was an dieser Stelle interessiert, sind weniger die DIN-mäßig festgelegten Abmessungen einzelner Produkte als vielmehr die Frage, inwieweit Kunststoff-Erzeugnisse überhaupt maßgenau sein können.

Die Anerkennung der Kunststoffe als Konstruktionswerkstoffe hängt bei allen Kunstoff-Formteilen nicht zuletzt von einer guten und sicheren Maßhaltigkeit der Formteile aus Kunststoff ab. Aus diesem Grund bemüht man sich, für Kunststoff-Formteile Maßtoleranzen festzulegen und zu vereinbaren, leider bestehen aber oft recht unklare Vorstellungen der überhaupt erreichbaren Genauigkeiten. Das führt dazu, daß man entweder Prüfungen nach dieser Richtung für überflüssig hält oder unvernünftig enge Toleranzen fordert.

Der Fachnormenausschuß hat in der DIN 7710 ein Schema von Toleranzen für Preß- und Spritzgußteile festgelegt. Die VDI-Richtlinie 2006 führt die Vorschläge der DIN 7710 für Spritzgußteile noch etwas weiter aus.

In der DIN 7710 sind Toleranzen für einen verhältnismäßig kleinen Maßbereich festgelegt, nämlich nur bis zu 250 mm Länge. Durch Extrapolieren der Maßstufen kann man jedoch zu Toleranzen bis zu 1000 mm kommen, wie das die VDI-Richtlinie tut (Bild 28). Unterschiedliche Toleranzen für härtere oder weichere Kunststoffe kennt die DIN 7710 nicht; auch berücksichtigt sie nicht Maßunterschiede durch Feuchtigkeitsaufnahme, was

z. B. bei Polyamiden zu Schwierigkeiten führen kann. Auch läßt sie selbstverständlich Maßabweichungen außer Betracht, die durch die Wärmedehnung eintreten können.

Immerhin berücksichtigt die DIN 7710 formbedingte Unterschiede bei den Toleranzen. Für „formgebundene" Maße sind engere Toleranzen vorgesehen als für die freien, die „nicht formgebundenen" Maße. Das ist so zu verstehen: Eine Form – Preßform oder Spritzgußform – besteht normalerweise aus zwei Hälften, vielleicht noch aus seitlich zu bewegenden Schiebern, Backen etc. Wird die Form geschlossen, so fahren alle Formteile aufeinander. Nun ist durchaus denkbar, daß durch verschiedene Umstände – z. B. durch zu geringen Schließdruck oder durch Überladung der Form mit Masse – die beweglichen Teile nicht ganz die vorgesehene Endposition erreichen bzw. wieder ein wenig weggedrückt werden. Das gibt dann am Fertigteil Ungenauigkeiten aller Maße, die in der Wegrichtung dieser beweglichen Formteile liegen, und daher heißen sie nicht-formgebundene Maße. Im Gegensatz dazu kann man erwarten, daß die Dimensionen, die unveränderlich fest in die Formteile eingearbeitet sind, – und das sind die formgebundenen Maße –, exakter eingehalten werden. Hier ist es also zulässig, engere Toleranzen vorzuschreiben.

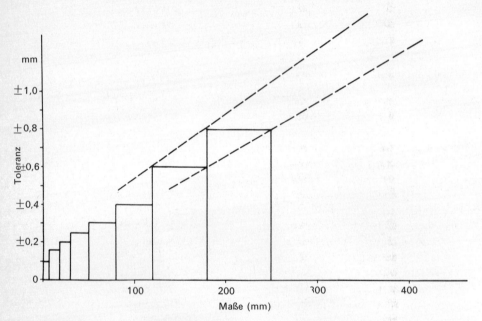

Bild 28 Toleranzbereiche nach DIN 7710.
Die gestrichelten Linien sind ein Versuch, die Toleranzbereiche über die bisher festgelegten Maße von 250 mm zu verlängern bis 1000 mm

Toleranzen sollten grundsätzlich nur für wichtige Einbau- und Anschlußmaße vereinbart werden. Sie sind als zulässige Abweichungen nach den technischen Erfordernissen als Plus- oder als Minus-Abweichungen an den Maßzahlen der Zeichnungen einzutragen. Bei einseitiger Verlegung der Toleranzen nach der Plus- oder Minus-Seite gilt der Gesamtwert, also z. B. statt $\pm 0,2$ mm kann auch ${+0,4 \atop -0}$ oder ${+0 \atop -0,4}$ vorgeschrieben werden. Wenn derartige Toleranzforderungen eingehalten werden sollen, so setzt das natürlich voraus, daß die jeweiligen Schwindungsmaße und allenfalls auch die Nachschwindungsmaße be-

5.2. Maße und Maßtoleranzen

kannt sind. Sie zu berücksichtigen ist Sache des Herstellers, der in den meisten Fällen auch der Konstrukteur der Fertigungswerkzeuge ist.

Wenn man die Toleranztabellen der DIN 7710 oder auch die der VDI-Richtlinie erstmalig studiert – und sie vielleicht vergleicht mit ähnlichen Tabellen für Formteile aus Metall –, so ist man zunächst erstaunt über die verhältnismäßig großen Zugeständnisse, die hier gemacht werden und zweifellos auch gemacht werden müssen. Allmählich erst gewinnt man den Eindruck, mit diesen Festlegungen sei doch gut zurechtzukommen – und dennoch sind sie nicht immer leicht einzuhalten und bereiten dem Hersteller von Formteilen oft genug echte Sorgen. Die Tatsache, daß Unterschiede gemacht werden für verschiedene Massen, ist kein Anlaß zur Kritik, vielmehr ein Zeichen für die Praxisnähe dieser Tabellen. Die VDI-Richtlinie geht noch weiter und unterscheidet gleich drei Werkstoffgruppen und entsprechend drei Toleranzgrade. Es ist auch schon der Vorschlag gemacht worden, fünf Toleranzklassen für Kunststoff-Formteile festzulegen (Bild 29)[1].

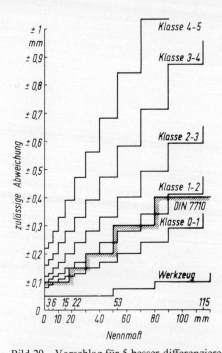

Bild 29 Vorschlag für 5 besser differenzierende Toleranzklassen.
Dargestellt ist der Nennmaßbereich 0 bis 115 mm; ausgearbeitet sind die Vorschläge für einen Bereich bis 990 mm. Die Einteilung der Kunststoffe in die Toleranzklassen ergibt sich im wesentlichen aus den Schwindungskennwerten (Schwindungskennwerte zwischen 1 und 2% bedeuten Toleranzklasse 1–2 z. B.) Eine normenmäßige Festlegung ist noch nicht erfolgt. (nach Woebcken)

Aus diesen und ähnlichen Vorschlägen spricht der Wunsch, die Toleranztabellen der DIN 7710, die sicher noch nicht ideal sind, zu verbessern, nämlich die Maßbereiche zu

---

[1] Der Artikel „Toleranzen für die Maße von Kunststoff-Formteilen" von Dr. Ing. W. Woebcken „Kunststoffe", 1966 Heft 5, gibt einen vollständigen Überblick über den derzeitigen Stand der Dinge.

erweitern – mindestens auf eine Länge von 500 mm – und genauer zu differenzieren je nach der Genauigkeit, die mit der einen oder anderen Masse zu erreichen ist. Leider gibt es da aber verschiedene Schwierigkeiten: Nachschwindung, Spannungen, vielleicht Volumenzunahme durch Feuchtigkeit, vor allem die hohe Wärmedehnung einzelner Kunststoffe usw. Selbst die Kontrolle der Maße ist nicht immer ganz einfach – vor allem nicht bei den Kunststoffen, die verhältnismäßig weich sind. Daß die Nachprüfung aller Maße sinnvollerweise nur bei einheitlichen und gleichbleibenden Bedingungen (Temperatur etc.) durchgeführt wird, ist selbstverständlich.

Letzten Endes ist der Wunsch nach engen Toleranzen nichts anderes als der Wunsch nach qualitativ einwandfreien Kunststoff-Formteilen, deren Dimensionen nur geringe Streubreiten bei der Kontrolle aufweisen. Natürlich bleibt immer der Weg offen, durch strenge Kontrollen eine Auswahl zu treffen. Man sollte für solche Sonderfälle von vornherein zwischen der Normalfertigung mit wirtschaftlich vertretbaren und ausreichend großen Toleranzen und einer Sonderfertigung mit engen Toleranzen – die selbstredend Geld kostet – unterscheiden.

6. Mechanische Kenngrößen

6.1. Biegefestigkeit, Schlagzähigkeit, Kerbschlagzähigkeit

Prüfmethoden

DIN 53452	Biegefestigkeit
ASTM D 790	Flexural strength
ISO R 178	Determination of Flexural Properties of Rigid Plastics
DIN 53453	Schlagzähigkeit
DIN 53453	Kerbschlagzähigkeit
ASTM D 256	Impact Strength with Notch
ISO R 179	Charpy Impact Flexural Test
ISO R 180	Izod Impact Flexural Test
DIN 51949	Dornbiegeversuch an flexiblen Belägen
DIN 51950	Biegeversuch an Belägen in Plattenform
DIN 51222	Pendelschlagwerke.

6.1.1. *Biegefestigkeit*

Die Biegefestigkeit eines Materials ist ein Maß für die Kraft, die erforderlich ist, um einen stabförmigen Probekörper durch Biegebeanspruchung zum Brechen zu bringen. Zur Prüfung wird ein relativ einfaches Gerät verwendet, das im wesentlichen aus zwei Auflagerblöcken und einem Belastungskeil besteht (Bild 30 und 31). Die Abrundungen des Belastungskeils und der Auflager, sowie deren gegenseitiger Abstand sind vorgeschrieben; die Belastungsgeschwindigkeit soll konstant sein und so gewählt werden, daß der Bruch des Probekörpers nach ca. 2 Min. eintritt. Als Probekörper dient ein Stab mit rechteckigem Querschnitt (nach DIN-Vorschriften der Normstab 120 × 15 × 10 mm für Duroplaste, der Normkleinstab 50 × 5 × 4 mm für Thermoplaste). Das Prüfgerät ist mit einer Anzeigevorrichtung ausgestattet, welches die aufgebrachte Last im Augenblick des Bruches anzeigt. Diese Last, umgerechnet auf den Querschnitt des Probekörpers und in kp/cm² angegeben, wird als Biegefestigkeit bezeichnet.

Die Ergebnisse sind u.a. abhängig von der Belastungsgeschwindigkeit, sowie vom Verhältnis Auflagerabstand: Probendicke. Da nach DIN 53452 dieses Verhältnis 10:1 ist, nach ASTM dagegen ein Verhältnis 16:1 vorgeschrieben ist, sind selbst bei gleicher Belastungsgeschwindigkeit und nach Umrechnung von amerikanischen Einheiten (lbs/sq.in) in metrische Einheiten (kp/cm²) die Ergebnisse der beiden Prüfungen nur annähernd vergleichbar.

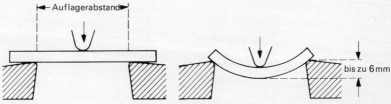

Bild 30 Bestimmung der Biegefestigkeit bzw. Grenzbiegespannung

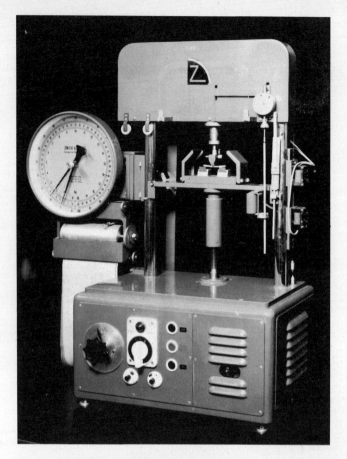

Bild 31   Prüfgerät zur Bestimmung der Biegefestigkeit

Sehr elastische und erst recht weiche Stoffe – eine Reihe von Thermoplasten und die Elastomere gehören dazu – brechen bei dieser Prüfung nicht. Bei ihnen wird nach DIN 53452 die Prüfung beendet, wenn der Probestab eine Durchbiegung erfahren hat, welche das eineinhalbfache seiner Dicke beträgt, d. h. also beim Normstab nach einer Durchbiegung von 15 mm, beim Normkleinstab von 6 mm. Die bei dieser Durchbiegung am Anzeigegerät abgelesene Last wird auf den Querschnitt des Probekörpers bezogen und als *Grenzbiegespannung* in kp/cm² angegeben.

Der Grund dafür, daß die Prüfung bei einer Durchbiegung vom eineinhalbfachen Betrag der Probendicke abgebrochen wird, ist darin zu suchen, daß bei größeren Durchbiegungen die Form des Probekörpers – u. a. durch zunehmende Fließerscheinungen – so stark von der idealen elastischen Linie abweicht, daß die der Berechnung der Biegefestigkeit zugrunde liegenden Formeln der Statik nicht mehr zutreffen.

Eine besondere Art der *Biegeprüfung*, die in DIN 51949 und DIN 51950 festgelegt ist, wird bei *Fußbodenbelägen* angewendet. Im sog. Dornbiegeversuch (DIN 51949) wird die

6.1. Biegefestigkeit, Schlagzähigkeit, Kerbschlagzähigkeit

Biegsamkeit flexibler Beläge bei Raumtemperatur (20 °C) beurteilt, indem streifenförmige Probekörper der Reihe nach um Dorne mit abnehmendem Durchmesser – beginnend mit 100 mm $\emptyset$ bis herunter zu 10 mm $\emptyset$ – gebogen werden. Da insgesamt 14 Dorne zur Verfügung stehen, werden 14 Gütestufen unterschieden, und jede Gütestufe bedeutet somit den Dorn mit dem geringsten Durchmesser, um den Probekörper ohne äußerlich erkennbaren Schaden gebogen werden konnten.

Die Prüfung bezieht sich auf die beim Verlegen von Bodenbelägen auftretenden Formänderungen, die so ermittelte Biegsamkeit ist natürlich temperaturabhängig.

Auf nicht-flexible Bodenbeläge wird der Biegeversuch nach DIN 51950 angewendet; die Proben werden – ähnlich wie bei der allgemeinen Prüfung auf Biegefestigkeit – bis zum Bruch belastet. Das Prüfergebnis – ausgedrückt in kp/cm^2 – kann als Maß für die Widerstandsfähigkeit eines nicht-flexiblen Belages gegen Biegebeanspruchungen dienen, wie sie – je nach Güte des Untergrundes – beim Begehen oder durch ruhende Lasten auftreten können.

6.1.2. Schlagzähigkeit

Bild 32 Prüfgerät zur Bestimmung der Schlagzähigkeit

Bei der Bestimmung der Biegefestigkeit erfolgt die Belastung des Probekörpers relativ langsam. In vielen Fällen interessiert aber das Verhalten eines Werkstoffes bei plötzlicher, d.h. schlagartiger Belastung, weil erfahrungsgemäß derartige Beanspruchungen auch in der Praxis häufig auftreten und besonders kritisch sind. Dieses Verfahren soll durch die Ermittlung der *Schlagzähigkeit*, d.h. durch die Schlagbiegeprüfung charakterisiert werden.

Als Prüfgerät dienen sog. Pendelschlagwerke (Bild 32) die in ihren entscheidenden Abmessungen durch DIN 51 222 festgelegt sind. Die Prüfdurchführung nach *Charpy* entspricht der vorher beschriebenen Biegeprüfung, d.h. der stabförmige Probekörper wird auf zwei Auflager gelegt und in der Mitte – in diesem Falle jedoch durch das herabfallende Pendel schlagartig – belastet (Bild 33a). Da im Gegensatz zu der langsam verlaufenden Biegeprüfung keine Bruchlast abgelesen werden kann, wird hier die Arbeit (mechanische Energie) gemessen, welche das Pendel zum Durchschlagen des Probekörpers aufgewendet hat. Das Prinzip dieser Messung ist denkbar einfach: der Pendelhammer wird bis zu einer bestimmten Höhe (Anschlag) angehoben, wodurch er einen bestimmten Arbeitsinhalt gewinnt. Wird das Pendel freigegeben, fällt es und verbraucht beim Durchschlagen des Probekörpers einen Teil dieser Arbeit und steigt deshalb auf der anderen Seite nicht mehr auf die gleiche Höhe, die es beim Start der Fallbewegung hatte. Die Höhendifferenz kann auf einer entsprechend geeichten Skala mit Hilfe eines am höchsten Punkt verharrenden Schleppzeigers direkt in Energieeinheiten (cmkp) abgelesen werden. Diese verbrauchte Energie, bezogen auf den ursprünglichen Querschnitt des Probekörpers wird als Schlagzähigkeit bezeichnet und in cmkp/cm^2 angegeben.

Neben dieser gebräuchlichen Prüfmethode nach Charpy ist in Deutschland eine weitere Prüfung bekannt, bei der wesentlich kleinere, d.h. vornehmlich aus Fertigteilen herausgearbeitete Probekörper verwendet werden können: die sog. *Dynstat-Prüfung* (Bild 33 b).

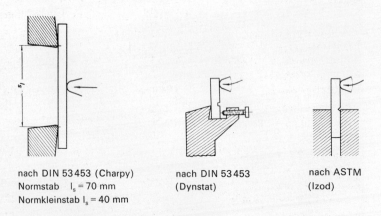

nach DIN 53 453 (Charpy)
Normstab l_s = 70 mm
Normkleinstab l_s = 40 mm

nach DIN 53 453 (Dynstat)

nach ASTM (Izod)

Bild 33 Schlagbiegeprüfung
    a) nach DIN 53 453 (Charpy)
    b) nach DIN 53 453 (Dynstat)
    c) nach ASTMD 256 (Izod)
    (Schlagzugprüfung siehe Bild 42)

6.1. Biegefestigkeit, Schlagzähigkeit, Kerbschlagzähigkeit

(Das in Deutschland entwickelte Prüfgerät erlaubt es, die Probekörper sowohl *dyna*misch, d. h. schlagartig, als auch *sta*tisch, d. h. auf Biegung zu beanspruchen; daher der Name!). Bei dieser Prüfmethode wird der kleine Probekörper (15 × 10 × 1,5 bis 4,5 mm) am unteren Ende eingeklemmt und das Pendel trifft auf das überstehende freie Probenende. Werte, die nach der Charpy-Prüfung ermittelt wurden, kann man nur global mit solchen vergleichen, die nach der Dynstat-Prüfung festgestellt wurden. Selbst die Dynstat-Werte unter sich sind exakt nur vergleichbar, wenn sie an Probekörpern von ein und derselben Dicke gemessen wurden! Von dieser Einschränkung abgesehen liefern die Schlagzähigkeitswerte – gleichgültig nach welcher Methode sie nun ermittelt wurden – sehr brauchbare Anhaltspunte für die Sprödigkeit eines Materials. Man muß sich bloß im klaren darüber sein, daß es sich immer um recht willkürliche Werte handeln kann, die für eine bestimmte Temperatur und eine bestimmte Beanspruchungsgeschwindigkeit zutreffen; bei anderen Temperaturen und anderen Geschwindigkeiten können die Ergebnisse ganz anders aussehen. Hinzu kommt, daß sich gerade bei dieser Prüfmethode die von der Probekörperherstellung herrührenden inneren Spannungen und Orientierungen sehr stark auswirken, sodaß der Vergleich von Prüfergebnissen verschiedener oder verschieden verarbeiteter Materialien mitunter problematisch wird. Aus diesem Grunde wird immer

Tabelle 5   Biegefestigkeit, Schlagzähigkeit und Kerbschlagzähigkeit bekannter Kunststoffe (zusammengestellt nach Kunststoff-Taschenbuch, 17. Ausg.)

Die Wertebeispiele sollen zeigen, wie stark sich der Einfluß verstärkender Mittel oder schlagfester Komponenten auswirken kann, wo durchweg bessere Werte erzielt werden. Zugleich ist erkennbar, daß die Kerbschlagzähigkeit immer niedriger ist als die Schlagzähigkeit (von wenigen Ausnahmen abgesehen).

Kunststoff	Biege- festigkeit kp/cm^2	Schlag- zähigkeit $cmkp/cm^2$	Kerbschlag- zähigkeit $cmkp/cm^2$
Preßmasse Typ 31 (mit Holzmehl gefüllt)	> 700	> 6	> 1,5
Preßmasse Typ 74 (mit Gewebeschnitzeln)	> 600	> 12	> 12
Schichtpreßstoff (Hartpapier)	1500	20	15
Polyesterharz			
mit Glasfasern (Preßm.)	600	22	22
mit Glasfasermatten	1600	70	60
Polyamid 6, ungefüllt	500	kein Bruch	30
mit Glasfasern gefüllt	1300	40	17
Acrylharz PMMA	1350	20	2
S-PVC hart	800–1100	kein Bruch	2–4
PVC schlagzäh	700–900	kein Bruch	4–30
Polystyrol normal	1000	16	2
Polystyrol schlagfest	800	60	7
ABS hochschlagzäh	700	kein Bruch	8

mehr die berechtigte Forderung erhoben, nur Probekörper mit definiertem Spannungszustand und Orientierungszustand, im Grenzfall sogar spannungs- und orientierungsfreie Probekörper zu verwenden, weil nur auf diese Weise die eigentlichen Materialeigenschaften – das sogenannte Grundniveau – ermittelt werden können. Das würde bedeuten, daß man Prüfstäbe aus Thermoplasten nicht auf einer Spritzgußmaschine herstellt, sondern sie abpressen und ganz langsam drucklos abkühlen müßte.

6.1.3. *Kerbschlagzähigkeit*

Daß bei Prüfung der Schlagzähigkeit die Schlagproben vollkommen glatt und oberflächlich unbeschädigt sein müssen, ist selbstverständlich. Wenn sich nämlich an der Oberfläche – insbesondere an *der* Oberfläche, die bei der Prüfung auf Zugspannung beansprucht wird – Kerben befinden, so fallen die Schlagzähigkeitswerte im allgemeinen sehr deutlich ab. Da sich aber solche Kerben – das brauchen nicht ausgesprochene Beschädigungen zu sein, schon scharfkantige Querschnittsübergänge haben die gleiche Wirkung! – gar nicht vermeiden lassen, legt man zwangsläufig großen Wert darauf, neben der Schlagzähigkeit auch die *Kerbschlagzähigkeit* zu ermitteln.

Sie wird genau wie die Schlagzähigkeit gemessen, jedoch mit dem Unterschied, daß an dem Probekörper eine ganz bestimmte Kerbe angebracht wird, und zwar auf der Oberfläche, die auf Zugspannung beansprucht wird. Bei der Berechnung der Kerbschlagzähigkeit wird die zum Bruch des Probekörpers aufgewendete Energie auf den um die Kerbtiefe verminderten Querschnitt des Probekörpers (d.h. auf den kompakten Restquerschnitt) bezogen. In Deutschland findet im allgemeinen eine Kerbe von rechteckigem Querschnitt Verwendung. Da Kerbtiefe und Kerbbreite, vor allem aber der Abrundungsradius am Kerbgrund das Prüfergebnis wesentlich beeinflussen können, muß das Kerben mit besonderer Sorgfalt vorgenommen werden, und in Zweifelsfällen wird der Kerbgrund sogar mit Hilfe einer Lupe auf seine vorgeschriebene Beschaffenheit geprüft. Im übrigen gelten dieselben Einschränkungen und Hinweise wie bei der Schlagzähigkeit – vielleicht mit der einen Ausnahme, daß sich innere Spannungen und Orientierungen wegen der absichtlich verletzten – nämlich gekerbten – Oberfläche nicht so gravierend auswirken.

In den angelsächsischen Ländern wird im allgemeinen *nur* die Kerbschlagzähigkeit bestimmt. Allerdings wird nicht das Charpy- sondern das *Izod-Verfahren* (Bild 33c) angewendet. Man ist dort der Ansicht, daß durch die Kerbschlagzähigkeit die Verhältnisse in der Praxis besser wiedergegeben werden als durch die Schlagzähigkeit, weil ja die meisten Fertigteile irgendwelche Kanten, Rippen, Aussparungen, Querschnittsübergänge usw. haben, die praktisch nichts anderes sind als mehr oder weniger ausgeprägte Kerben.

Beim Izod-Verfahren wird ähnlich wie beim Dynstat-Gerät der Probekörper einseitig eingespannt und das freie Ende abgeschlagen. Dabei liegt die Kerbe – hier V-förmig gestaltet mit einem Öffnungswinkel von 45° und einem Kerbradius von 0,010 inch bzw. 0,25 mm – wieder in der Zugzone des Probekörpers. Auch beim Izod-Verfahren wird die zum Abschlagen des Probekörpers verbrauchte Energie (in ft.lbs.) gemessen; sie wird aber im Prüfergebnis nicht auf den Restquerschnitt des Probekörpers sondern nur auf die Probenbreite, d.h. auf die Länge der Kerbe bezogen; somit wird die Kerbschlagzähigkeit in ft.lbs/inch angegeben. Allein daraus, mehr aber aus der unterschiedlichen Probengröße und dem völlig anders gearteten Prüfverfahren folgt, daß Izod- und Charpy-Prüfung keine vergleichbaren Werte liefern, und deshalb hat es keinen Sinn, die Izod-Werte in das metrische Maßsystem (oder umgekehrt) umzurechnen.

6.1.4. Struktureinflüsse auf die Schlagzähigkeit

Die Füllstoffe in duroplastischen Formstoffen (vgl. 2.8.1., S. 29) bewirken allgemein eine Erhöhung der Schlag- und Kerbschlagzähigkeit, weil sie selbst hohe Festigkeit bzw. Zähigkeit aufweisen und die beim Schlag auftretenden Stoßwellen dämpfen, d. h. Energie verzehren und damit die Bruchgefahr reduzieren. Bei einem bestimmten Füllstoffgehalt tritt ein Maximum der Schlagzähigkeit ein, das durch eine weitere Erhöhung des Füllstoffanteils nicht überboten werden kann. Das Ausmaß der Verbesserung hängt wesentlich von der Form des Füllstoffes ab. Fasern, Schnitzel, Bahnen verteilen die Schlagenergie mit ihrer Längs- und Querausdehnung zunehmend besser als körnige Zuschläge, sie sind ausgesprochene „Verstärker"-Füllstoffe. Mit Fasersträngen, Geweben, Matten verstärkte Kunststoffe sind wenig kerbempfindlich.

Die Wirkung kurzer Glasfasern in verstärkten thermoplastischen Formstoffen auf die Schlagzähigkeit ist unterschiedlich. Bei solchen Thermoplasten, die unverstärkt zäh sind, führt die Versteifung durch die Verstärkerfasern zu einer Herabsetzung, bei spröden Thermoplasten zu einer Verbesserung der Schlagzähigkeit.

Die Schlag- und Kerbschlagzähigkeit spröder Thermoplaste wird erhöht, wenn man dem zu verbessernden Stoff eine mit diesem nicht vollkommen mischbare zähe Komponente in fein verteilter Form zugibt. Bekanntestes Beispiel ist Polystyrol + Polybutadienkautschuk. Wird ein aus solcher Masse hergestellter Körper mit mäßiger Schlagenergie beansprucht, so entstehen zwar im Moment des Schlages im spröden Polystyrol die üblichen Anrisse, welche ohne Beimischung von Polybutadien weiterlaufen und zum Bruch führen würden; da aber die fein verteilten Polybutadien-Einsprengsel in dem Stoff vorhanden sind, laufen sich an ihnen die entstehenden Anrisse sofort tot, und es bedürfte erheblich höherer Schlagenergie, um den Körper zum Bruch zu bringen. Das Polystyrol ist durch die Kautschuk-Komponente schlagfest geworden.

Dieses Beispiel ist deswegen so interessant, weil man zunächst annehmen möchte, durch die Beimischung einer nicht in molekularen Dimensionen mischbaren Komponente würde die Schlagzähigkeit sich verschlechtern. Es liegen ja scharfe Grenzen zwischen den beiden Stoffen vor – wie bei einer Emulsion –, die man sogar als Kerbstellen auffassen könnte, und die deshalb die Bruchgefahr eigentlich erhöhen sollten. Es hat daher einige Zeit gedauert, bis dieser scheinbare Widerspruch beseitigt und die Wirkungsweise des Butadien-Zusatzes geklärt war.

Über die Abhängigkeit der Schlag- und Kerbschlagzähigkeit von Umwelteinflüssen, insbesondere von der Temperatur, wird später noch gesprochen werden (siehe Abschnitt 7.1).

6.2. Zugfestigkeit

Prüfmethoden:

DIN 53455	Prüfung von Kunststoffen. Zugversuch
DIN 53504	Prüfung von Elastomeren. Zugversuch
DIN 53571	Prüfung von weich-elastischen Schaumstoffen. Zugversuch
ASTM D 638	Tensile Strength
ASTM D 882	Tensile Properties of thin Plastic Sheets and Films
ASTM D 651	Tensile Strength of Molded Electrical Insulating Materials
DIN 53448	Prüfung von Kunststoffen. Schlagzugversuch
DIN 53507	Prüfung von Gummi und Kautschuk. Weiterreißversuch mit der Streifenprobe
DIN 53515	Weiterreißversuch mit der Winkelprobe
DIN 53356	Prüfung von Kunstleder u. dergl. Weiterreißversuch
DIN 53575	Prüfung von weich-elastischen Schaumstoffen. Weiterreißversuch
DIN 53363	Prüfung von Folien. Weiterreißversuch mit trapezförmigen Proben
DIN 1602	Festigkeitsversuche an metallischen Werkstoffen

6.2.1. Bestimmung und Begriff der Zugfestigkeit

Für die Ermittlung der Zugfestigkeit von Kunststoffen gelten mehrere DIN-Normen, die je nach Art des zu prüfenden Werkstoffes anzuwenden sind. Für die konstruktiv wichtigen Stoffe ist vor allem die DIN 53455 zuständig. Sie war zunächst nur für Preßmassen und Preßstofferzeugnisse vorgesehen, erfaßt neuerdings (seit 1968) auch Thermoplaste, welche bekanntlich zur größten Gruppe der Kunststoffe emporgerückt sind und auch immer mehr in die konstruktiven Bereiche eindringen.

Zur Prüfung der Zugfestigkeit werden geschulterte Probestäbe (Bild 34) in die Spannbacken einer Zugprüfmaschine (Bild 35) eingespannt und in Längsrichtung bis zum Bruch belastet. Geschultert heißt, sie sind an den Enden schulterartig verbreitert. Das Einspannen der Probekörper ist – insbesondere bei spröden, kerbempfindlichen oder gummiartig dehnbaren Werkstoffen – nicht ganz einfach und muß sehr sorgfältig vorgenommen werden, weil die Prüfwerte sonst erheblich beeinflußt werden können. Die Schulterung der Probekörper hat den Zweck, den Einspannklemmen der Maschine eine ausreichend dimensionierte Grifffläche zu bieten und so ein Herausrutschen sich stark dehnender Probekörper zu vermeiden bzw. bei spröden Materialien die durch den Druck

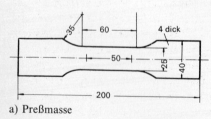
a) Preßmasse

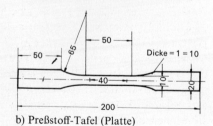
b) Preßstoff-Tafel (Platte)

Bild 34   Probekörper für Zugversuch

6.2. Zugfestigkeit

Bild 35   Prüfung der Zugfestigkeit und Bruchdehnung

der Einspannklemmen verminderte Zugfestigkeit durch einen größeren Querschnitt zu kompensieren. Da somit die Prüflänge des Probekörpers einen kleineren Querschnitt als die geschulterten Enden besitzt, wird die eigentliche Prüfspannung und damit die Bruchstelle in die Probenmitte verlegt.

Während des Zugversuches wird die auf den Zugstab einwirkende Kraft durch eine Kraftmeßeinrichtung angezeigt und insbesondere die auftretende Höchstkraft abgelesen. Als *Zugfestigkeit* wird immer die auf den Anfangsquerschnitt des Probekörpers bezogene *Höchstkraft* bezeichnet, unabhängig davon, ob diese Höchstkraft erst im Augenblick des Bruches oder schon während des Zugversuches auftritt. Wird die beim Probenbruch angezeigte Kraft, die niedriger als die Höchstkraft sein kann, auf den Anfangsquerschnitt bezogen, so erhält man die *Reißfestigkeit*. Zugfestigkeit und Reißfestigkeit sind also nur dann identisch, wenn die Bruchlast gleichzeitig die während des ganzen Zugversuches aufgetretene Höchstlast ist. Dies ist u. a. deshalb von Bedeutung, weil je nach Materialart, Probenform, Belastungsgeschwindigkeit, Temperatur usw. die Höchstkraft in verschiedenen Phasen des Zugversuches auftreten kann, und somit aus der Angabe einer Zugfestigkeit nichts über das Verhalten des betreffenden Werkstoffes während des Zugversuches zu entnehmen ist. Trotz dieser Einschränkung stellt die Zugfestigkeit ein brauchbares Maß für eine vergleichende Materialbeurteilung dar und wird deshalb in allen Eigenschaftstabellen zur Charakterisierung der Werkstoffe herangezogen (Bild 46). Bezieht man die Zugfestigkeitswerte auf die jeweilige Dichte, so gelangt man zu der spezifischen Bruchfestigkeit (Bild 47). Auf diese Bruchfestigkeit und ihre Bedeutung wird später noch eingegangen (siehe S. 92).

Als Beispiel für die Abhängigkeit der Werte der Zugfestigkeit von Temperatur und Beanspruchungsgeschwindigkeit mögen die Zugfestigkeitskurven von Hart-PVC Bild 36 gelten. Sowohl mit Erhöhung der Temperatur als auch mit Verlängerung der Versuchsdauer sinken die Werte. Dieses Verhalten ist typisch für beinahe alle Kunststoffe und wird im Zusammenhang mit den thermischen Eigenschaften noch eingehend behandelt werden.

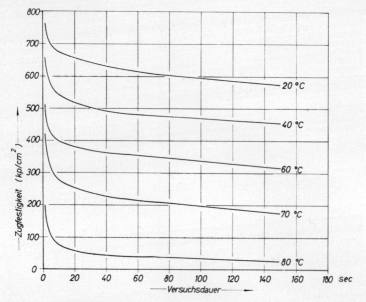

Bild 36 Zugfestigkeit in Abhängigkeit von Prüfgeschwindigkeit und Prüftemperatur – dargestellt am Beispiel Hart-PVC

Vielleicht sollte man abschließend an dieser Stelle kurz bemerken, daß, wenn in der Literatur oder in Prospekten ohne nähere Angaben von der Bruchfestigkeit eines Kunststoffes die Rede ist, immer die Zugfestigkeit gemeint ist und nicht etwa die Biegefestigkeit.

6.2.2. Das Spannungs-Dehnungs-Diagramm

Näheren Aufschluß über das Verhalten eines Werkstoffes gewinnt man, wenn man den Verlauf der Zugkraft während des Zugversuches – das sogenannte „Spannungs-Dehnungs-Diagramm" vorliegen hat.

Wird dieses Diagramm von der Prüfmaschine geschrieben, dann handelt es sich um ein „Last"-Dehnungs-Diagramm. Es wird nämlich nicht die Zugspannung (kp/cm^2), sondern die Zugkraft (kp) in Abhängigkeit von der Dehnung aufgezeichnet, wobei – wenn nicht eine besondere Ausrüstung vorhanden ist – als Dehnung nur der von den Einspannklemmen zurückgelegte Weg geschrieben

6.2. Zugfestigkeit

werden kann, der mit der wahren Probendehnung im Meßbereich höchstens annähernd übereinstimmt. Für qualitative Vergleiche – und darauf kommt es in vielen Fällen nur an – sind die üblichen maschinengeschriebenen „Last-Weg"-Diagramme oder „Kraft-Verformungs"-Diagramme schon recht gut geeignet. Für genauere Messungen ist ein größerer Aufwand erforderlich.

Diese Last-Weg-Diagramme können (wie aus Bild 37 zu erkennen ist) sehr unterschiedlich aussehen, je nachdem ob es sich um ein sprödes, verstreckendes oder gummielastisches Material handelt: ein spröder Werkstoff dehnt sich im Zugversuch nur wenig, zeigt also eine steil ansteigende Lastkurve, die (im allgemeinen während des Anstieges) beim Bruch der Probe jäh abbricht.

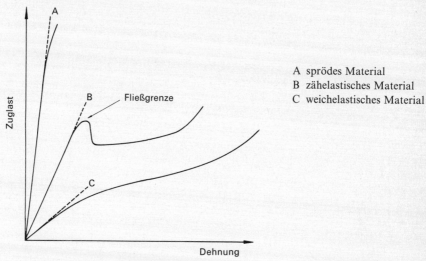

A sprödes Material
B zähelastisches Material
C weichelastisches Material

Bild 37   Grundformen von Last-Dehnungs-Kurven

Ein zähelastisches Material ergibt eine vergleichsweise weniger steile Lastkurve, weil mit zunehmender Belastung eine merkliche Dehnung verbunden ist. Neigt der Stoff zum Einschnüren und Verstrecken, dann flacht die Lastkurve nach zügigem Anstieg meist plötzlich ab und fällt sogar deutlich, um dann, wenn die Verstreckung des Probekörpers beendet ist, bis zum Bruch erneut anzusteigen. Da das erste Maximum der Lastkurve den Punkt angibt, an dem sich die Probe einzuschnüren und zu verstrecken bzw. zu „fließen" beginnt, wird dieser Punkt als Streckgrenze oder Fließgrenze, auch „yield point" bezeichnet (s. DIN 1602). Für solche Materialien ist es natürlich sinnvoll, als „Zugfestigkeit" nur den Wert anzugeben, der dieser Streckgrenze entspricht. Selbst wenn die Reißfestigkeit infolge der anschließenden Verstreckung, die ja auch eine Verfestigung der Probe mit sich bringt (vgl. S. 28), wesentlich höher als die Streckgrenzenfestigkeit liegen sollte, so hat sie keine konstruktive Bedeutung, weil im konstruktiven Bereich die zugehörigen großen Dehnungen nicht tragbar sind. Zudem ist zu berücksichtigen, daß sich die Reißfestigkeit auf den Anfangsquerschnitt der Probe bezieht und somit bei verstreckenden Werkstoffen ein völlig falsches Bild liefert.
Gummiartige, weiche oder weichgemachte Stoffe liefern sehr flache Lastkurven, weil schon geringe Belastungen mit großen Dehnungen verknüpft sind.

Während Bild 37 einen qualitativen Eindruck vom möglichen Aussehen der Last-Dehnungs-Kurven (Kraft-Verformungs-Diagramme) bei Kunststoffen gibt, müssen nun an Hand des Bildes 38 noch einige besondere Begriffe näher erläutert werden, wobei man

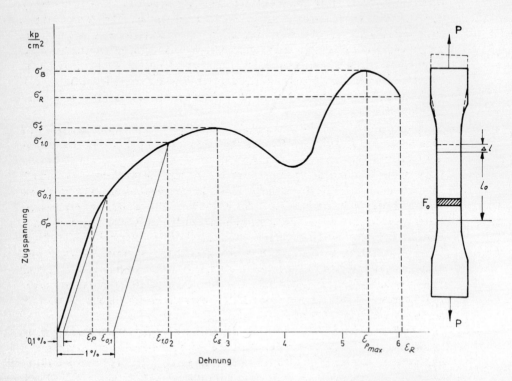

Bild 38 Spannungs-Dehnungs-Diagramm

sich den Ablauf des Zugversuches vor Augen halten soll: der geschulterte Probekörper vom Querschnitt F_0 und der Meßlänge l_0 wird mit der Prüfkraft P belastet und dabei tritt die Dehnung (Verlängerung) Δl ein. Im zugehörigen Spannungs-Dehnungs-Diagramm wird als Ordinate die Zugspannung $\sigma = P/F_0$ (kp/cm²) und als Abszisse die relative Dehnung $\varepsilon = \Delta l/l_0$ abgetragen. (Oft wird diese Dehnung in % ausgedrückt, d. h. als Abszisse der Wert $\varepsilon = \dfrac{\Delta l}{l_0} \cdot 100 \, [\%]$ gewählt.) Die Zugspannung σ steigt im allgemeinen zunächst geradlinig, d.h. proportional mit der Dehnung an, um dann mehr und mehr von dieser Geraden nach unten abzuweichen. Dabei durchläuft die Kurve folgende Punkte:

σ_P = *Proportionalitätsgrenze:* Bis hierhin sind Spannung und Dehnung proportional, der Werkstoff verhält sich vollkommen elastisch. Das bedeutet: wird der Probekörper mit einer Spannung $\sigma < \sigma_P$ belastet und anschließend wieder entlastet, dann geht auch die Dehnung ε wieder auf 0 zurück, und der Probekörper hat den Anfangszustand wieder eingenommen.

Der Bereich zwischen Anfangspunkt und σ_P heißt *Proportionalitätsbereich* oder

6.2. Zugfestigkeit

Hooke'scher Bereich. (Der englische Physiker Robert Hooke, 1635–1703, hat erstmalig die Art der Abhängigkeit zwischen Kraft und Formänderung erkannt und beschrieben.) Während die meisten Metalle einen sehr großen Proportionalitätsbereich besitzen, ist dieser bei Kunststoffen nur wenig ausgeprägt oder kaum vorhanden. – Gummi hat keinen echten Hooke'schen Bereich. Die Verformung ist zwar reversibel, sie erfolgt aber nicht elastisch, sondern unter Hysterese. (Das griechische Wort Hysteresis heißt „nachhinken" oder „zurückbleiben" und bedeutet hier, daß sich die Rückstellung erst mit zeitlicher Verzögerung einstellt, s. S. 95.) Weichgemachte Stoffe haben praktisch keinen Proportionalitätsbereich: mit beginnender Belastung setzen Fließvorgänge ein und diese Verformungen sind nicht reversibel.

$\sigma_{0,1} = 0,1\%$ – *Dehngrenze:* sie gibt die Zugspannung an, bei der die zugehörige Dehnung ε um 0,1 % vom geradlinigen Verlauf der Kurve im Proportionalitätsbereich *abweicht;* entsprechend ist

$\sigma_{1,0} = 1\%$ – *Dehngrenze* die Zugspannung, bei der die zugehörige Dehnung ε um 1 % vom geradlinigen Verlauf abweicht. Diese sogenannten Prozent-Dehngrenzen werden im konstruktiven Bereich als höchstzulässige Belastungen vorgeschrieben, wobei die zugrundegelegte Dehnung von der jeweiligen Konstruktion abhängt, also einmal größer und einmal kleiner sein kann. Würde man ein dem Bild 47 ähnliches Diagramm z. B. für die 0,2 % – Dehngrenzen der Metalle und Kunststoffe zeichnen, so würde sich grundsätzlich nur wenig ändern, es würde aber doch noch etwas ungünstiger für die Kunststoffe ausfallen. Denn bei den Kunststoffen liegen – im Gegensatz zu den Metallen – die 0,2 %-Dehngrenzen selten höher als bei 50 % der Bruchfestigkeiten.

σ_S = *Streckgrenze:* Nach DIN 1602 ist das „die Spannung, bei der trotz zunehmender Formänderung (Dehnung) die Kraftanzeige der Prüfmaschine erstmalig unverändert bleibt oder zurückgeht." In diesem Punkt ist die Spannung so groß, daß das Material – meist unter deutlicher Einschnürung – zu fließen beginnt. Die diesem Punkt entsprechende Dehnung ist die Streckgrenzendehnung ε_S.

σ_B = *Zugfestigkeit:* Sie ist die während des Zugversuches aufgetretene Höchstlast, bezogen auf den Anfangsquerschnitt F_0 des Probekörpers. Sie kann im Einzelfall identisch sein mit der Streckgrenze oder mit der Reißfestigkeit; sie ist insofern nicht vollkommen eindeutig. Die zugehörige Dehnung ist $\varepsilon_{P\max}$.

σ_R = *Reißfestigkeit:* Sie ist die Bruchlast, bezogen auf den Anfangsquerschnitt des Probekörpers. (Insbesondere bei verstreckenden Stoffen ist die wahre Zugspannung im Augenblick des Bruches wesentlich größer als die Reißfestigkeit. Der Probekörper hat sich ja stark eingeschnürt und besitzt also im Augenblick des Bruches einen wesentlich kleineren als den Anfangsquerschnitt). Die zugehörige Reißdehnung ist ε_R.

Zwei Beispiele mögen diese Erläuterungen verdeutlichen: Das Spannungs-Dehnungs-Diagramm für ein verhältnismäßig steifes Material, nämlich Polyacetalharz, ist in Bild 39, das für ein weniger steifes Material, nämlich Polypropylen, ist in Bild 40 dargestellt. Das unterschiedliche Verhalten beider Werkstoffe ist augenfällig. Acetalharz besitzt eine Zugfestigkeit bzw. Streckgrenze (sie ist nicht eingezeichnet) von 700 kp/cm²; der Proportionalitätsbereich reicht bis 350 kp/cm², d. h. bis 50 % der Zugfestigkeit; die

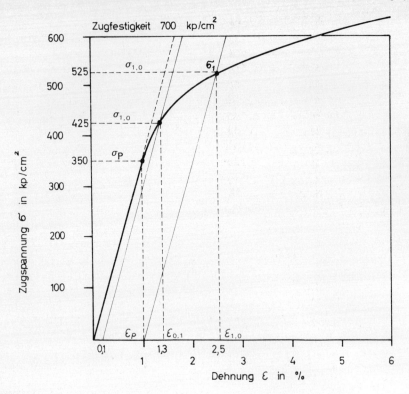

Bild 39 Spannungs-Dehnungs-Diagramm für Polyacetalharz (Delrin)

0,1% bzw. 1,0%-Dehngrenzen liegen bei 425 kp/cm² bzw. 525 kp/cm², d.h. bei 60% bzw. 75% der Zugfestigkeit, die zugehörigen Dehnungen betragen $s_{0,1} = 1,3\%$ und $s_{1,0} = 2,5\%$.

Bei Polypropylen mit einer Zugfestigkeit bzw. Streckgrenze von 320 kp/cm² reicht dagegen der Proportionalitätsbereich bis 60 kp/cm², d.h. nur bis 20% der Zugfestigkeit; die 0,1% bzw. 1%-Dehngrenzen liegen bei 100 kp/cm² bzw. 165 kp/cm², d.h. bei 30% bzw. 50% der Zugfestigkeit, die Dehnungen $s_{1,1}$ bzw. $s_{1,0}$ betragen 1,0 bzw. 2,5%.

Aus diesen Beispielen wird unmittelbar ersichtlich, daß die meisten Kunststoffe nur einen mäßigen Proportionalitätsbereich besitzen; schon bei verhältnismäßig geringen Spannungen tritt eine Verformung mit irreversiblem Fließanteil ein. Bei den meisten Metallen gibt es Ähnliches nur in untergeordnetem Maße.

Zusammenfassend muß also nochmals darauf hingewiesen werden, daß bei Kunststoffen die Angabe der Zugfestigkeit für den Konstrukteur nur wenig Bedeutung hat. In den meisten Fällen erleiden die Werkstoffe schon weit vor dem Auftreten der Höchstlast so große Verformungen, daß für konstruktive Zwecke mit viel geringeren Grenzspannungen gerechnet werden muß. Sehr viel mehr Informationen liefert daher das Spannungs-Dehnungs-Diagramm bzw. Kraft-Verformungs-Diagramm, das in den neueren Werkstoff-

6.2. Zugfestigkeit

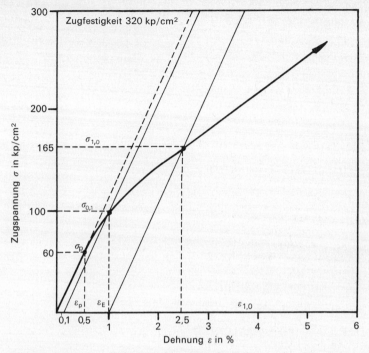

Bild 40 Spannungs-Dehnungs-Diagramm für Polypropylen (Moplen)

tabellen auch meistens eingefügt wird. Aber auch dann ist immer noch zu berücksichtigen, daß es nur Gültigkeit für die zugrunde gelegten Bedingungen hat. Die Form des Diagramms und das heißt der Proportionalitätsbereich, die Streckgrenze usw. können sich sehr stark mit der Beanspruchungsgeschwindigkeit, Temperatur, Feuchtigkeit usw. ändern. Wird die Belastungszeit und also die Laststeigerungsgeschwindigkeit verringert, so werden die Last-Dehnungs-Kurven zunehmend flacher und die Streckgrenze bzw. Bruchfestigkeit nimmt zu (Bild 41); bei der schneller durchgeführten Prüfung verhalten

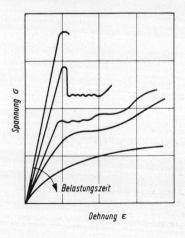

Bild 41 Einfluß der Beanspruchungsgeschwindigkeit auf das Spannungs-Verformungsverhalten von thermoplastischen Kunststoffen.

Je größer die Belastungszeit ist, d. h. je langsamer der Zugversuch ausgeführt wird, umso flacher verlaufen die Spannungs-Dehnungskurven.

sich die Stoffe somit steifer und fester als im normalen Zugversuch, der ca. 2–3 Min. dauert. Schon relativ kleine Änderungen der Belastungsgeschwindigkeit können das Prüfergebnis merklich beeinflussen und zu völlig verschiedenen Spannungs-Dehnungs-Diagrammen führen. Deshalb müßte insbesondere bei zähelastischen und weichen Stoffen zusammen mit der Zugfestigkeit auch die bei der Prüfung angewendete Belastungsgeschwindigkeit angegeben werden. Sonst sind die Ergebnisse nur bedingt vergleichbar.

6.2.3. Schlagzugversuch

Will man das Verhalten bei kurzzeitiger Beanspruchung erfassen, so wird häufig der Schlagzugversuch nach DIN 53448 herangezogen. Er wird mit den schon beschriebenen Pendelschlagwerken nach DIN 51222, jedoch an kleinen, geschulterten Zugproben und deshalb mit einer speziellen Probenhalterung und einem abgeänderten Pendelhammer ausgeführt (Bild 42). Die Probekörper werden einseitig fest eingespannt und sind mit dem anderen Ende in ein Querhaupt eingeklemmt, das aber frei aufliegt; gegen dieses Querhaupt schlägt der gabelförmige Hammer, um so die Probe zu zerreissen. Das Ergebnis der Prüfung wird in cmkp/cm^2 angegeben, also wie beim Schlagbiegeversuch (s. S. 70) als Energieverlust des Pendels, bezogen auf den Probenquerschnitt. Dabei muß allerdings die vom wegfliegenden Querhaupt aufgenommene Energie berücksichtigt werden, indem man sie vom abgelesenen Energieverlust abzieht. Man kann auch bei diesem Schlagzugversuch ein Kraft-Weg-Diagramm aufzeichnen; der erforderliche apparative Aufwand ist aber so groß, daß man sich im allgemeinen mit der Angabe der Verformungsarbeit begnügt.

Der Schlagzugversuch liefert den Anschluß an den normalen Zugversuch in Richtung kürzerer Beanspruchungszeit. Um das Verformungsverhalten der Kunststoffe bei noch höheren Geschwindigkeiten verfolgen zu können, werden heute schon aufwendige Schnellzerreißmaschinen eingesetzt.

Von noch größerer praktischer Bedeutung als das Schlagzugverhalten der Kunststoffe ist ihr Zug-Dehnungsverhalten bei geringen Verformungsgeschwindigkeiten, das deshalb unter dem Begriff Zeitstandverhalten gesondert abgehandelt werden soll (s. S. 93).

6.2.4. Einreiß- und Weiterreißversuche an Folien und Schaumstoffen

Das Kapitel über die Zugfestigkeit kann nicht abgeschlossen werden ohne Hinweis auf die Prüfungen, welche vornehmlich bei Gummi, aber auch bei Kunststoffolien und

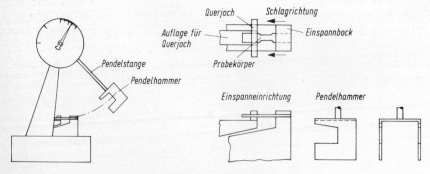

Bild 42 Pendelschlagwerk für den Schlagzugversuch

6.2. Zugfestigkeit

weichelastischen Schaumstoffen Anwendung finden und als Einreiß- bzw. Weiterreißversuche bezeichnet werden. Nach DIN 53515 (Gummi und Folien) und DIN 53575 (Schaumstoffe) werden winkelförmige Proben (Bild 43) in die Zugprüfmaschine eingespannt und die zum Einreißen bzw. Weiterreißen der Proben erforderliche Kraft gemessen. Bei dem Weiterreißversuch nach DIN 53356 (Kunstleder) und DIN 53507 (Gummi und Folien) werden streifenförmige Probekörper von einer Schmalkante her bis zur Mitte angeschnitten. Dann werden die durch den Einschnitt entstandenen Zungen der Probe (Bild 44) in die Zugprüfmaschine eingespannt und der Probekörper der Länge nach weitergerissen. Die zum Weiterreißen erforderliche Kraft (als arithmetisches Mittel aus fünf aufeinanderfolgenden Spitzenwerten ermittelt) wird entweder direkt angegeben oder auf die Probendicke bezogen, d. h. als Weiterreißwiderstand in kp/mm ausgedrückt.
Bei diesen Prüfungen, insbesondere von Kunststoffolien, ist auf eine Orientierung des Materials zu achten. Folien, die nur in einer Richtung, also „uni-axial" verstreckt sind, weisen in Querrichtung eine sehr viel geringere Festigkeit auf als in der Längsrichtung (Reckrichtung). Bei biaxial verstreckten Folien liegen die Festigkeiten in allen Richtungen merklich höher als bei ungereckten Folien.

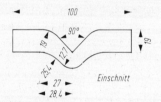

Bild 43 Weiterreißversuch nach DIN 53575, winkelförmige Zerreißprobe

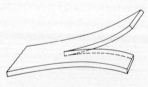

Bild 44 Weiterreißversuch nach DIN 53356, zungenförmige Zerreißprobe

All diesen Prüfungen auf Ein- und Weiterreißfestigkeit liegen ähnliche Überlegungen zugrunde wie bei der Bestimmung der Schlag- und Kerbschlagzähigkeit. Tatsächlich erweist sich – besonders bei Folien – auch die Weiterreißfestigkeit als merklich niedriger als die Einreißfestigkeit, was besagt, daß eine Folie viel leichter zerreißt, wenn sie „angekerbt" ist, als wenn sie einen unverletzten Rand hat. Darauf ist bei allen Anwendungen und Verarbeitungsverfahren besondere Rücksicht zu nehmen. So wird man z. B. Folien lieber schweißen als nähen, weil jeder Nadelstich eine kritische Kerbstelle bedeutet.

6.3. Elastizitätsmodul und Schubmodul

Prüfmethoden

DIN 53457 Prüfung von Kunststoffen. Bestimmung des Elastizitätsmoduls im Zug-, Druck- und Biegeversuch
DIN 53445 Bestimmung des Schubmoduls im Torsionsschwingungsversuch
DIN 53426 Prüfung von Schaumstoffen. Bestimmung des dynamischen Elastizitätsmoduls und des Verlustfaktors nach dem Vibrometerverfahren

6.3.1. *Elastizitätsmodul*

Der Konstrukteur kann mit der nach Norm festgestellten Zugfestigkeit eines Kunststoffes bei seinen Berechnungen nicht viel anfangen. Ihn interessiert das Verhalten des Werkstoffes weit vor der Streckgrenze bzw. vor dem Bruch, denn sein Konstruktionsteil darf ja *nicht* zu Bruch gehen, sondern muß unter den vorgesehenen Betriebsbedingungen eine bestimmte Festigkeit und Steifigkeit aufweisen.

Damit kommt ein Begriff ins Gespräch, von dem sich der Nicht-Techniker meist kein rechtes Bild machen kann: Der Elastizitätsmodul, abgekürzt: E-Modul. Dieser Begriff hängt mit dem Spannungs-Dehnungs-Verhalten eines Werkstoffes zusammen und läßt sich daher auch am einfachsten an Hand des Zugversuches erläutern:

Bei der Durchführung von Zugversuchen kann man feststellen, daß die Verlängerung (Dehnung) Δl eines Probekörpers umso größer ist,

1. je größer die Zugkraft P,
2. je größer die ursprüngliche Probelänge l_0,
3. je kleiner der Anfangsquerschnitt F_0,
4. je weniger „dehnsteif" das Material ist.

Mathematisch wird dieser Zusammenhang ausgedrückt durch die Formel

$$\Delta l = \frac{P \cdot l_0}{F_0} \cdot \frac{1}{E},$$

wobei also E ein Maß für die „Dehnsteifigkeit" eines Materials ist und als Elastizitätsmodul bezeichnet wird.

Wenn man diese Gleichung etwas umstellt, dann erhält man

$$E = \frac{P}{F_0} \cdot \frac{l_0}{\Delta l} = \frac{P}{F_0} : \frac{\Delta l}{l_0}.$$

Dabei bedeutet:

E = Elastizitätsmodul (kp/cm^2).
P = Zugkraft (kp).
F_0 = Anfangsquerschnitt (cm^2).
l_0 = ursprüngliche Probenlänge (cm).
Δl = Verlängerung der Probe (cm).

6.3. Elastizitätsmodul und Schubmodul

Berücksichtigt man nun, daß

$$\frac{P}{F_0} = \text{Zugspannung } \sigma \text{ und}$$

$$\frac{\Delta l}{l_0} = \text{relative Dehnung } \varepsilon \text{ ist, so kann man}$$

auch schreiben

$$E = \sigma/\varepsilon.$$

Aus dieser einfachen Beziehung läßt sich Folgendes ablesen: Der Elastizitätsmodul entspricht der Zugspannung, welche erforderlich wäre, um einen Probestab beliebigen Querschnittes um $\Delta l = l_0$ zu verlängern bzw. um $\varepsilon = 1$, d.h. um 100% – also auf die doppelte Länge – zu dehnen. Dabei wird allerdings vorausgesetzt, daß diese Dehnung vollkommen elastisch erfolgt, also innerhalb des Hooke'schen Proportionalitätsbereiches sich abspielen soll. Eine rein-elastische Dehnung dieser Größenordnung ist aber bei keinem Material zu erreichen. Bei der Erklärung des Elastizitätsmoduls als Zugspannung handelt es sich also um einen rein rechnerischen Wert. – Etwas anschaulicher und wirklichkeitsnäher könnte man aber sagen: Der Elastizitätsmodul in kp/cm^2 entspricht dem Tausendfachen derjenigen Zugspannung, welche einen Stab um 0,1% seiner ursprünglichen Länge dehnt.

Je größer der Elastizitätsmodul eines Werkstoffes ist, umso mehr Widerstand setzt er einer Dehnung (bzw. Stauchung) durch Zugkräfte (bzw. Druckkräfte) entgegen. Und das heißt: umso dehn-, biege- und drucksteifer ist er.

Da es sich beim Elastizitätsmodul im wesentlichen um das Verhältnis

Spannung/Verformung

im rein elastischen (Hooke'schen) Bereich handelt, kann man den Elastizitätsmodul auch aus dem geradlinig ansteigenden Teil (Proportionalitätsbereich) des Spannungs-Verformungs-Diagramms entnehmen: Je steiler diese Gerade ansteigt, umso größer ist der Elastizitätsmodul des betreffenden Werkstoffes.

Da der Proportionalitätsbereich bei Kunststoffen mitunter sehr klein ist, zeichnet man häufig die Tangente an die Spannungs-Dehnungs-Kurve durch ihren Anfangspunkt und bezeichnet – insbesondere in den angelsächsischen Ländern – das aus dieser Tangente abgelesene Verhältnis $E = \sigma/\varepsilon$ als den *Tangenten- oder Tangential-Modul* (Bild 45). Aus Bild 45 ist auch unmittelbar die Bedeutung des ebenfalls in den angelsächsischen Ländern eingeführten *Sekant-Moduls* zu entnehmen: Man wählt auf der Spannungs-Dehnungs-Kurve den Punkt S, der einer bestimmten vorgegebenen Dehnung (in der Abb. 2,2%) zugeordnet ist und zieht zwischen ihm und dem Anfangspunkt eine Gerade (Sekante zur Spannungs-Dehnungs-Kurve). Dieser Geraden entspricht ein bestimmtes Verhältnis σ/s und damit rein formal ein Elastizitätsmodul, der als Sekant-Modul bezeichnet wird. Die Differenz zwischen Tangential- und Sekant-Modul kann als Maß dafür dienen, wie stark sich ein Material in dem vorgegebenen Dehnungsbereich vom vollelastischen Verhalten entfernt. Manche Konstrukteure ziehen den Sekant-Modul vor, weil er etwas niedriger liegt und damit mehr Sicherheit bietet als der sehr „theoretische" Tangentialmodul.

Aus dem Spannungs-Dehnungs-Diagramm wird der E-Modul jedoch selten ermittelt. In der Regel wendet man den Biegeversuch mit Dreipunktbelastung an, wobei ein beidseitig aufgelegter Probestab in der Mitte belastet und die unter Last eintretende Durchbiegung gemessen wird (vgl. Bild 30). Der E-Modul berechnet sich dann nach der Formel:

$$E = \frac{P \cdot l^3}{4 \cdot b \cdot h^3} \cdot \frac{1}{\delta}$$

Dabei bedeutet:
P = Belastung (kp)
l = Stützweite (cm)
b = Breite des Probekörpers (cm)
h = Dicke des Probekörpers (cm)
δ = Durchbiegung in der Mitte (cm).

Genauere Werte für den E-Modul erhält man, wenn man nicht die Dreipunkt-, sondern eine Vierpunktbelastung anwendet.

Wie immer man aber den E-Modul bestimmt, die Belastung darf in jedem Falle nur so hoch gewählt werden, daß die eintretende Verformung vollkommen elastisch erfolgt, also innerhalb des Hooke'schen Bereiches bleibt. Wird die Belastung zu hoch gewählt und der Proportionalitätsbereich des Werkstoffes überschritten, dann ist die Verformung nicht mehr reversibel, sondern setzt sich aus elastischen (reversiblen) und viskosen (irreversiblen) Anteilen zusammen. Man erhält dann einen zu niedrigen, überdies zeitabhängigen Modul, der dem schon erwähnten Sekant-Modul entspricht.

Genauere Vorschriften über die Bestimmung des E-Moduls aus Zug-, Druck- und Biegeversuch bei *zügiger Belastung* sind in DIN 53457 niedergelegt. Dabei ist für alle drei Methoden eine Verformungsgeschwindigkeit von 1 % je Minute vorgesehen, so daß mit

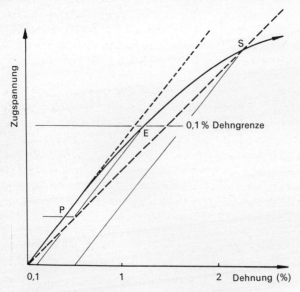

Bild 45 Tangential-Modul und Sekant-Modul
OP = Tangente zur Spannungs-Dehnungskurve (OPES)
Punkt E = $\sigma_{0,1}$ = 0,1%-Dehngrenze
OS = Sekante zur Spannungs-Dehnungskurve

6.3. Elastizitätsmodul und Schubmodul

allen drei Prüfverfahren die gleichen Werte des Elastizitätsmoduls erhalten werden. Der Konstrukteur muß allerdings berücksichtigen, daß sie nur für die angegebene Verformungsgeschwindigkeit exakt gelten.

Auf die Abhängigkeit des E-Moduls von der Belastungs- bzw. Verformungsgeschwindigkeit wurde – wenn auch nicht ausdrücklich – schon beim Zugverzuch auf S. 81 hingewiesen: Je größer die Belastungsgeschwindigkeit, umso steiler wird die Spannungs-Dehnungs-Kurve, d.h. umso größer erscheint der E-Modul. Durchaus folgerichtig erscheint umgekehrt der E-Modul umso kleiner, je länger die Beanspruchung dauert. Man spricht dann aber nicht mehr vom E-Modul, sondern vom *Deformations-Modul* oder *Relaxations-Modul* oder schlicht vom *Kriech-Modul*. Im Zusammenhang mit dem Langzeitverhalten der Kunststoffe wird davon noch die Rede sein.

6.3.2. Schubmodul

Eine Möglichkeit, den E-Modul bei relativ großen Verformungsgeschwindigkeiten zu messen, bietet der Torsionsschwingungsversuch nach DIN 53445. Diese Prüfmethode braucht hier nicht ausführlich beschrieben zu werden; bei Besprechung der thermischen Übergangsbereiche (s. S. 139) wird sie sowieso noch behandelt. Vorerst genügt es zu wissen, daß die Prüfung mit streifenförmigen Probekörpern vorgenommen wird, welche an einem Ende aufgehängt und am anderen Ende mit einem leichten Schwungrad belastet werden (Bild 82 und 83). Man erhält auf diese Weise ein schwingungsfähiges System, das durch leichtes Drehen der oberen Probeneinspannung zu freien Torsionsschwingungen angeregt wird, deren Frequenz bei der vorgegebenen Probengröße je nach der Steifheit des zu prüfenden Werkstoffes etwa 0,1–10 Hz beträgt. Freie Schwingungen, denen keine weitere Energie zugeführt wird, klingen zeitlich ab. Die Dämpfung kann man durch das Verhältnis zweier aufeinanderfolgender Amplituden erfassen. Man nennt diesen Quotient das Dämpfungsverhältnis und bezeichnet dessen natürlichen Logarithmus als das logarithmische Dämpfungsdekrement (Dekrement = Abnahme). Aus der gemessenen Frequenz dieser Schwingungen und der dabei auftretenden Amplitudenabnahme (logarithmisches Dekrement der mechanischen Dämpfung) kann der *Schubmodul* oder *Torsionsmodul* G berechnet werden.

Ähnlich wie der Elastizitätsmodul E definiert war als Quotient aus Zugspannung und elastischer Dehnung, ist der Schubmodul definiert als Quotient aus Schubspannung und elastischer Winkelverformung. Zahlenmäßig sind beide Werte verschieden, es besteht jedoch der Zusammenhang $E = 2G(1 + \mu)$.

Der Elastizitätsmodul bei schwingender (dynamischer) Beanspruchung läßt sich daher auch aus dem Schubmodul errechnen, wenn man die sogenannte Poisson'sche Konstante μ des betreffenden Materials kennt. Sie hängt mit der Volumenänderung des Werkstoffes bei Deformation zusammen. Bei Stoffen ohne Volumenänderung, z. B. Gummi, hat μ den Maximalwert 0,5. Bei harten Kunststoffen liegt μ bei etwa 0,3, bei weniger harten zwischen 0,4 und 0,5. Ohne im Einzelfall einen allzugroßen Fehler zu begehen, kann man ganz allgemein für die Kunststoffe mit einem Wert für $E = 2,8 \cdot G$ rechnen.

Da der Torsionsschwingungsversuch mit geringen Belastungen und kleinen, kurzzeitigen Verformungen auskommt, sind auch bei sehr weichen Stoffen keine verfälschenden Fließerscheinungen zu befürchten, denn die Kriechtendenz der Stoffe wird durch die vor- und zurückgehende Bewegung weitgehend aufgehoben. Infolgedessen ist diese Prüfmethode hervorragend geeignet, die Abhängigkeit des Schub- bzw. Elastizitäts-Moduls von der Temperatur zu ermitteln. Hierauf wird bei der Besprechung des thermischen Verhaltens der Kunststoffe noch eingegangen werden.

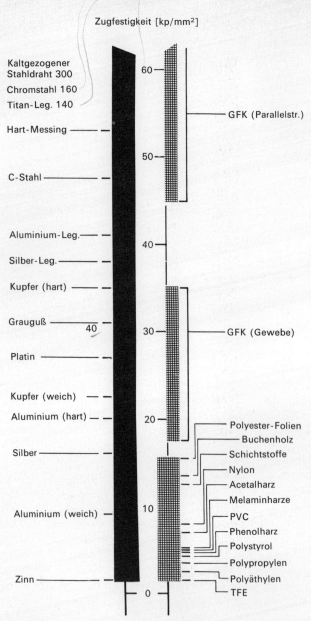

Bild 46 Zugfestigkeit bekannter Kunststoffe und Metalle

6.3. Elastizitätsmodul und Schubmodul

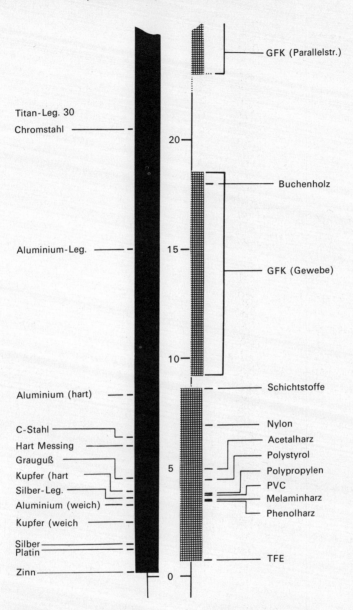

Bild 47 Spezifische Bruchfestigkeit (Reißlänge) von Kunststoffen und Metallen

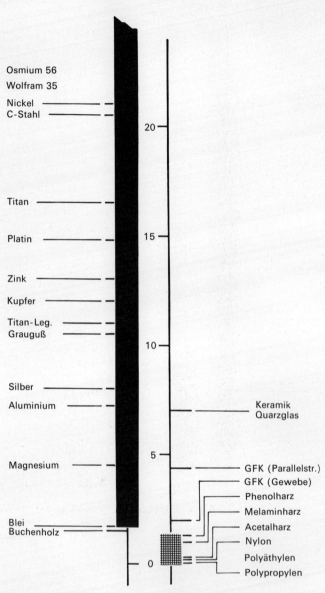

Bild 48 E-Modul von Kunststoffen und Metallen

6.3. Elastizitätsmodul und Schubmodul

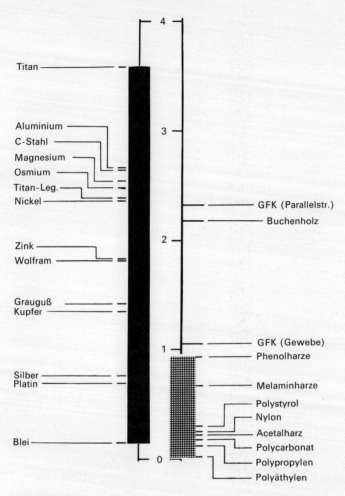

Bild 49 Spezifische Dehnsteifigkeit von Kunststoffen und Metallen

6.4. Unterschiede bei den Festigkeiten von Kunststoffen und Metallen

Schon an Hand der unterschiedlichen Struktur wurde erläutert, warum man bei den Kunststoffen grundsätzlich mit geringeren Festigkeiten als bei den Metallen rechnen muß (vgl. S. 61). Vergleicht man die Zugfestigkeit der Kunststoffe und der Metalle (Bild 46), so zeigt sich, daß die Festigkeitswerte nicht verstärkter Kunststoffe unterhalb derer für die meisten Konstruktions-Metalle liegen. Für glasfaserverstärkte Kunststoffe (GFK) sind sie in Bild 46 rechts oben eingetragen. Es ist zu beachten, daß es sich bei den Angaben dieser Abbildung um Kurzzeitwerte handelt, die nicht konstruktiv ausnutzbar sind. Daß aber dieses für die Kunststoffe zunächst recht ungünstig erscheinende Festigkeitsbild nicht ganz so schlecht ist, zeigt sich bei Betrachtung der *spezifischen Bruchfestigkeit*, welche das Verhältnis Bruchfestigkeit/Dichte darstellt (Bild 47). Dieses Verhältnis hat die Dimension einer Länge, und die anschauliche Bedeutung dieses Wertes ist die sogenannte *Reißlänge* – eine fiktive, rein rechnerische Größe. Sie gibt an, bei welcher Länge – in km – ein Stab oder Band des betreffenden Werkstoffes – frei aufgehängt – unter der eigenen Last zu Bruch gehen würde.

Wegen der schon erwähnten geringen Dichte der Kunststoffe verschiebt sich hier das Bild wesentlich zu ihren Gunsten. Nunmehr überschneiden sich die angegebenen Festigkeitsbereiche, glasfaserverstärkte Kunststoffe erreichen oder übertreffen die Reißlängen der besten Leichtmetall- oder Chromstahl-Legierungen. *Theoretisch* erfordern Kunststoffe für Bauteile mit bestimmter Zugbeanspruchung im allgemeinen einen geringeren Gewichtsaufwand als normaler Baustahl. Daß dies in der Praxis dennoch selten zu verwirklichen ist, hängt einerseits mit dem dann ungleich größeren Volumen der Kunststoffe und ihrem Preis zusammen; andererseits spielt dabei ihre hohe Dehnung (d.h. der niedrige Elastizitätsmodul) eine entscheidende Rolle, welche verhindert, daß die theoretische Festigkeit der Kunststoffe voll ausgenützt werden kann. Betrachtet man die Zahlenwerte des E-Moduls für Kunststoffe und einige andere Werkstoffe (Bild 48), so fällt auf, daß die Kunststoffe hier noch ungünstiger abschneiden als bei der Festigkeit. Ihr E-Modul liegt weit unter dem von Aluminium und Magnesium. Das ist einer der Hauptgründe dafür, daß Kunststoffe im konstruktiven Bereich nur zögernd Eingang gefunden haben. Wegen ihres niedrigen E-Moduls muß besonders dort, wo Biege- oder Knick-Beanspruchungen auftreten, mit wesentlich größeren Verformungen gerechnet werden als bei den Metallen. Selbst wenn man dem Vergleich die spezifische Dehnsteifigkeit, d.h. das Verhältnis E-Modul zu Dichte zugrunde legt (Bild 49), sind die Unterschiede zu den Metallen noch sehr groß.

Sowohl aus technischen wie erst recht aus wirtschaftlichen Gründen wäre es unsinnig, etwa an Stelle eines Stahlträgers einen solchen aus Kunststoff zu verwenden, der bei vergleichbarer Tragfähigkeit zwar etwas leichter sein könnte, aber mindestens doppelt so hoch und doppelt so breit sein müßte. Es ist wichtig, daß dies klar und deutlich ausgesprochen wird. Denn nur, wenn man sich über die Grenzen des Einsatzes von Kunststoffen im klaren ist, wird man sie nutzbringend anwenden können.

Andererseits wäre es ein Fehler, wollte man aus diesen Feststellungen den Schluß ziehen, ein brauchbarer Werkstoff müsse unbedingt einen hohen Elastizitätsmodul besitzen. In vielen Fällen spielt ein Mangel an Steifigkeit bzw. die daraus resultierende Verformbarkeit keine kritische Rolle und auf solchen Gebieten haben sich die Kunststoffe wegen ihrer anderen günstigen Eigenschaften oft ausgezeichnet bewährt. Manchmal stellt der niedere

Elastizitätsmodul sogar einen Vorteil dar: Stoffe mit niedrigem Elastizitätsmodul besitzen flache Spannungs-Dehnungs-Kurven, und das bedeutet, daß das bei der Verformung auftretende Produkt aus Kraft × Weg sehr groß ist. Kunststoffe nehmen also eine hohe Formänderungsarbeit auf und zeigen dadurch ein gutes Dämpfungsverhalten. Die Dämpfung der Kunststoffe ist 9- bis 10mal so groß wie die der Metalle. Das ist entscheidend, wenn z. B. geräuschloser Lauf von bewegten Teilen – etwa Zahnrädern usw. – verlangt wird. Zudem hängt die Steifigkeit eines Werkstücks oder Bauteils keineswegs vom E-Modul der Werkstoffe allein ab, sondern ist weitgehend eine Frage der Formgebung. Mit Verstärkungs-Rippen und -Sicken kommt man zu Werkstücken (z. B. Gehäusen), durch exakt berechenbare kuppelförmige oder anderweit gekrümmte Konstruktionen zu großflächigen Tragwerken, die bei geringem Gewicht hoch belastbar sind. Gerichtet eingebrachte Verstärkungen und Kombination zugfester Häute mit leichten Stützstoffen in Sandwich-Konstruktionen sind weitere Prinzipien der Leichtbauweisen, für die Kunststoffe mit ihren vielfältigen Möglichkeiten spanlosen Formens besonders gut geeignet sind.

6.5. Langzeitverhalten

Prüfmethoden:

DIN 50118/19	Prüfung metallischer Werkstoffe (allgemeine Angaben)
DIN 53444	Prüfung von Kunststoffen. Zeitstand-Zugversuch
DIN 53425	Prüfung von harten Schaumstoffen. Zeitstand-Druckversuch in der Wärme
DIN 53574	Prüfung von weich-elastischen Schaumstoffen. Dauerschwingversuch im Eindruck-Schwellbereich
DIN 8061	Rohre aus PVC-Güteanforderungen Innendruck-Zeitstandversuch bei Kunststoffrohren
ASTM D 674	Long-Time Creep- or Stress-Relaxation Test of Plastics under Tension- or Compression-Loads at different Temperatures.
DIN 53374	Prüfung von Kunststoff-Folien. Hin- und Herbiegeversuch
DIN 53359	Prüfung von Kunstleder. Dauer-Knickversuch
DIN 53513	Bestimmung der viskoelastischen Eigenschaften von Gummi

6.5.1. Der Zweck von Langzeitprüfungen

Prüfungen wie die bisher beschriebenen, welche in verhältnismäßig kurzer Zeit beendet sind – sie laufen in Zeitspannen von Sekunden bis zu wenigen Minuten ab – nennt man „Kurzzeitprüfungen". Untersuchungen, bei denen die Wirkung von verformenden Kräften über längere Zeit beobachtet wird, bezeichnet man als „Langzeitprüfungen".
Alle Werkstoffe – das gilt für Metalle ebenso gut wie für Kunststoffe – zeigen bei lang dauernder Einwirkung von Kräften ein Verhalten, welches durch Kurzzeitversuche nicht erfaßt werden kann. Da in der Praxis aber Langzeitbeanspruchungen sehr häufig vorkommen, müssen die damit verknüpften Erscheinungen gesondert untersucht werden. Dies trifft für die Kunststoffe umso mehr zu, als bei ihnen – wie mehrfach erwähnt – schon

bei normalen Temperaturen die Prüf- bzw. Beanspruchungszeit eine große Rolle spielt; ein ähnliches Verhalten zeigen die meisten Metalle erst bei wesentlich höheren Temperaturen.

Entsprechend den möglichen Belastungsfällen muß man bei Langzeituntersuchungen zwischen statischen und dynamischen Prüfungen unterscheiden. Bei den statischen Versuchen wirken konstante oder nur sehr langsam sich verändernde Kräfte auf die Probekörper ein. Im Gegensatz dazu werden bei den dynamischen Untersuchungen zeitlich sehr rasch wechselnde (periodische) Kräfte angewendet, d. h. es werden sehr schnelle Lastwechsel erzeugt, und damit wird das „Ermüdungsverhalten" der Werkstoffe geprüft.

Bevor auf derartige statische und dynamische Prüfungen näher eingegangen wird, erscheint es nützlich, die bisherigen Erläuterungen zusammenzufassen und den Mechanismus der Formänderung noch etwas genauer zu betrachten.

6.5.2. *Grundsätzliche Arten des Formänderungsverhaltens*

Wird ein Werkstoff mechanisch belastet, dann erleidet er eine Formänderung, die sich im allgemeinen aus drei grundsätzlich verschiedenen Komponenten zusammensetzt:

6.5.2.1. Reinelastische Formänderung

Die reinelastische Formänderung ist dadurch gekennzeichnet, daß jeder auf das Material einwirkenden Spannung eine ganz bestimmte Deformation (Dehnung, Stauchung usw.) zugeordnet ist. Diese Deformation setzt im Zeitpunkt der Belastung in voller Größe ein, sie ist also unabhängig von der Belastungszeit und damit vollkommen reversibel: beim Aufheben der Belastung geht die Deformation augenblicklich und vollständig zurück (Bild 50a). Rein theoretisch gesehen ist es dabei belanglos, in welchem Zusammenhang Spannung und zugehörige Deformation stehen: Wächst die Deformation proportional mit der Spannung (doppelte Spannung erzeugt doppelte Deformation usw.), so spricht man von Hooke'scher Elastizität. Die Spannungs-Verformungs-Kurve ist dann eine gerade Linie und man sagt, der Zusammenhang zwischen Spannung und Deformation ist linear. Das Verhältnis Spannung/Verformung ist in diesem Fall (bei gegebener Temperatur) konstant und zeitunabhängig; es ist nichts anderes als der schon bekannte Elastizitätsmodul.

6.5.2.2. Viskoelastische Formänderung

Auch bei der Belastung eines viskoelastischen Werkstoffes tritt eine Deformation ein; sie erreicht aber im Gegensatz zur reinelastischen Deformation ihr volles Ausmaß nicht sofort, sondern stellt sich zeitlich verzögert ein. Mit anderen Worten: Die Formänderung hinkt hinter der erzeugenden Spannung her. Dasselbe Verhalten zeigt sich auch bei Entlastung: Die zunächst vorhandene Deformation wird geringer, geht aber nicht sofort vollkommen zurück. Der Ausgangszustand wird zwar wieder erreicht, jedoch erst nach Ablauf einer gewissen Zeit (Bild 50b). Ein solches Formänderungsverhalten nennt man Visko-Elastizi-

6.5. Langzeitverhalten

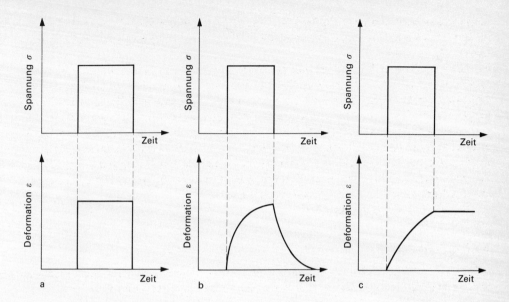

Bild 50   Grundsätzliche Arten des Formänderungsverhaltens
a) Reinelastische Formänderung.
   Die Deformation ist unabhängig von der Zeit, sie tritt bei Belastung augenblicklich auf und geht bei Entlastung augenblicklich und vollständig zurück.
b) Viskoelastische Formänderung.
   Die Deformation tritt verzögert auf und geht verzögert, aber vollkommen zurück; sie ist zeitabhängig.
c) Viskose Formänderung
   Die fortlaufend zunehmende Deformation kommt beim Entlasten zum Stillstand, geht aber nicht mehr zurück; sie ist während der Belastung zeitabhängig.

tät oder „verzögerte" Elastizität. In diesem Falle ist die Spannungs-Verformungs-Kurve keine Gerade, das Verhältnis Spannung/Deformation (Elastizitätsmodul) ist nicht konstant, sondern zeitabhängig.

Während der Techniker bei dem Wort „elastisch" unwillkürlich an die metallische Elastizität (Hooke'sches Verhalten) denkt, will der Laie mit demselben Begriff meistens das „weiche" Nachgeben eines Materials im Sinne der Gummielastizität kennzeichnen. Tatsache ist, daß Weichgummi einen sehr niedrigen Elastizitätsmodul und damit eine hohe (reversible) Dehnfähigkeit besitzt. Dehnung und Rückstellung treten dabei mit einer – manchmal recht kurzen – zeitlichen Verzögerung ein. Insoweit sind „viskoelastisch" und „gummielastisch" gleichartige Begriffe. Bei nicht vernetzten Stoffen mit ausgeprägt viskoelastischer Formänderung spricht man manchmal von „quasigummielastischem" Verhalten (s. S. 134).
Im wissenschaftlichen Schrifttum finden sich mitunter die Begriffe „energie-elastisch" und „entropie-elastisch". Sie näher zu erläutern würde in diesem Rahmen zu weit führen. Hier genügt es zu wissen, daß mit „energieelastisch" das rein elastische Verhalten (Metallelastizität) und mit „entropieelastisch" das viskoelastische Verhalten (Gummielastizität) gemeint ist.

6.5.2.3. Viskose Formänderung (Fließen)

Die viskose Formänderung ist dadurch charakterisiert, daß der Werkstoff bei Belastung eine fortlaufende Deformation erfährt, die bei Aufheben der Belastung zwar zum Stillstand kommt, aber nicht mehr – auch nicht verzögert – zurückgeht. Mit anderen Worten: Der deformierte Probekörper kehrt nicht mehr in den Ausgangszustand zurück, sondern behält die einmal erlittene Deformation bei (Bild 50c). Auch in diesem Falle ist das Verhältnis Spannung/Deformation zeitabhängig.

Eine viskose Formänderung wird oft auch als *plastische Verformung* bezeichnet. Diese beiden Begriffe haben nicht genau gleiche Bedeutung. In beiden Fällen handelt es sich zwar um eine bleibende Verformung; viskoses Fließen kann gerade auch bei Kunststoffschmelzen – schon bei ganz geringen Kräften bzw. Spannungen auftreten; beim plastischen Fließen muß dagegen erst eine bestimmte Mindestspannung, die sog. Fließgrenze (s. S. 77) überschritten werden bevor eine bleibende Verformung einsetzt. Ein Metall, auch ein fester Kunststoff usw. kann also bei entsprechend hoher Belastung „plastisch" fließen, eine Kunststoffschmelze fließt dagegen – genau genommen – nicht plastisch, sondern viskos. (Wenn man beim Pressen, Spritzgießen usw. einen recht erheblichen Druck anwendet, so geschieht das im Hinblick auf die gewünschte Schnelligkeit des Arbeitsablaufes, auch wegen einer guten Verdichtung und der einwandfreien Ausbildung aller Formkonturen usw., hat aber mit dem Überschreiten einer Mindestspannung im Sinne des plastischen Fließens nichts zu tun.)

6.5.2.4. Überlagerung der verschiedenen Formänderungsarten in der Praxis

Die vorstehend erläuterten drei Möglichkeiten der Formänderung treten bei keinem festen Material in völlig reiner Form auf. Sie sind zwar je nach Stoffart, Temperatur, Geschwindigkeit usw. zu unterschiedlichen Anteilen am Formänderungsverhalten der Werkstoffe beteiligt, aber immer gleichzeitig vorhanden und überlagern sich gegenseitig. Jedes Material verhält sich bei mechanischer Beanspruchung grundsätzlich folgendermaßen (Bild 51):
Im Augenblick der Belastung tritt zunächst die zeitunabhängige, reinelastische Deformation auf. Wird die Last sofort wieder entfernt, so verschwindet die Formänderung vollkommen. Das ist aber nur dann der Fall, wenn

      a) die Last gering ist, und
      b) in genügend kurzer Zeit aufgebracht und wieder entfernt wird.

Wirkt die Belastung jedoch längere Zeit ein, dann nimmt die Formänderung während dieser Zeit in bestimmter Weise zu. Dieser Vorgang ist auf die viskoelastische und viskose Formänderungskomponente zurückzuführen und wird als „Kriechen", manchmal auch als „kalter Fluß" bezeichnet. Geschwindigkeit und Ausmaß des Kriechens sind natürlich abhängig von Werkstoff, Temperatur, Belastung usw. Es kann unter entsprechenden Umständen so stark werden, daß nach gewisser Zeit das Material sogar bricht.
Wenn allerdings die Belastung vor Eintritt des Bruches aufgehoben wird, so geht im Augenblick der Entlastung der reinelastische Anteil der Deformation sofort zurück. Anschließend führt die visko-elastische Komponente zu einer weiteren, zeitlich verzögerten Erholung und zum Schluß bleibt – so weit vorhanden – die viskose Formänderung, d. h. eine bleibende Deformation zurück.
Selbstverständlich kann je nach Stoffart und Belastungsbedingungen die eine oder andere Komponente der Formänderung unmeßbar klein oder doch so gering sein, daß sie praktisch vernachlässigt werden kann. So zeigt z. B. Stahl bei Raumtemperatur nahezu völlig

6.5. Langzeitverhalten

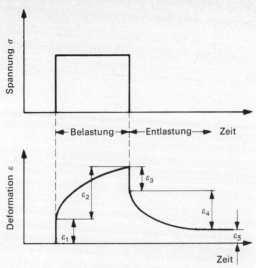

Bild 51 Reales Formänderungsverhalten

ε_1 = reinelastische (spontane) Deformation
ε_2 = viskoelastische/viskose (verzögerte) Deformation
ε_3 = reinelastische (spontane) Erholung
ε_4 = viskoelastische (verzögerte) Erholung
ε_5 = bleibende Deformation

rein-elastische Formänderungen und geht erst bei höheren Temperaturen bzw. nach Überschreiten der Fließgrenze zu viskosen bzw. plastischen Formänderungen über. Bei vielen Kunststoffen ist dagegen das Kriechen unter Belastung schon bei Raumtemperatur so ausgeprägt, daß man anschaulich vom „kalten Fluß" spricht. Erst bei tiefen Temperaturen zeigen sie mehr und mehr rein-elastisches Verhalten.

Kunststoffe verhalten sich bei normalen Temperaturen in mancher Hinsicht ähnlich wie Metalle bei höheren Temperaturen. Oder umgekehrt: je tiefer man mit den Temperaturen geht, umso mehr nähern sich die Kunststoffe dem gewohnten Verhalten der Metalle. Wenn man eine solche allgemeine Aussage auch nicht zu wörtlich nehmen darf, so kann sie doch ein recht gutes Gefühl für die manchmal als ungewöhnlich betrachteten mechanischen Eigenschaften der Kunststoffe vermitteln.

Zusammenfassend also ist Folgendes festzustellen: Bei ausreichend tiefen Temperaturen und/oder hohen Beanspruchungsgeschwindigkeiten verhalten sich alle Werkstoffe überwiegend rein-elastisch. Je höher die Temperatur ansteigt und/oder je geringer die Beanspruchungsgeschwindigkeit (bzw. je länger die Belastungszeit) wird, umso mehr überwiegen die viskoelastischen und viskosen Komponenten des Formänderungsverhaltens. Der Temperaturbereich, in dem dieser Übergang stattfindet, ist allerdings für die einzelnen Werkstoffe sehr verschieden, manchmal auch gar nicht realisierbar, nämlich dann, wenn ein Werkstoff schon vor Erreichen der erforderlichen Temperaturen sich zersetzt. Bei den meisten Kunststoffen ist jedenfalls schon bei Raumtemperatur der Einfluß der viskoelastischen und viskosen Formänderungskomponenten so groß, daß für sie die Frage nach dem Zeitstandverhalten von besonderer Bedeutung ist.

Dem Ingenieur, der im allgemeinen nur mit den Eigenschaften der traditionellen Werkstoffe wie Stahl und Beton vertraut ist, mag es eigenartig erscheinen, daß die mechanischen Eigenschaften der Kunststoffe derart zeitabhängig sind. Dieses Verhalten läßt sich jedoch zwanglos aus ihrer molekularen Struktur erklären.

Unvernetzte Kunststoffe (Thermoplaste) bestehen aus langen Molekülketten. Die Bindungskräfte innerhalb der Kette sind chemische Hauptvalenzkräfte, untereinander werden die Kettenmoleküle durch schwächere Kräfte zusammengehalten. Das Kriechen solcher Materialien beruht darauf, daß unter der Wirkung der äußeren Spannung und mit Unterstützung durch die atomare und molekulare Wärmebewegung die Querbindungskräfte örtlich zusammenbrechen.

Die Atome und Moleküle eines Materials befinden sich aufgrund ihrer thermischen Energie in dauernder Schwingung (Vibration), die im Mittel umso heftiger ist, je höher die Temperatur ist. Die thermische Energie des einzelnen Atoms bzw. Moleküls oder Molekülsegments unterliegt aber statistischen Schwankungen, ist also einmal größer und einmal kleiner, allerdings so, daß der Gesamtenergie-Inhalt des Materials konstant bleibt. Die zu einem bestimmten Zeitpunkt auf eine bestimmte Nebenvalenz einwirkende Kraft resultiert also aus der von außen einwirkenden Spannung und der augenblicklichen thermischen Schwingungsenergie. Ist diese Kraft kurzzeitig größer als die Nebenvalenzkraft, dann wird diese Nebenvalenz aufbrechen, und die ursprünglich benachbarten Kettenteile können ein Stück voneinander abgleiten, bis sie von den Nebenvalenzkräften anderer Kettenteile wieder festgehalten („eingefangen") werden. Man nennt diesen Vorgang deshalb auch „Platzwechsel". Solche Platzwechsel treten umso häufiger ein, je öfter die erforderliche Schwingungsenergie zur Verfügung steht, d.h. je höher die Temperatur ist.

Unter solchen Umständen können im Laufe der Zeit einzelne Molekülsegmente oder ganze Moleküle aneinander vorbeigleiten. Dabei werden aber nicht alle zwischen benachbarten Kettensegmenten wirkenden Nebenvalenzen oder van der Waals'schen Bindungen gleichzeitig gebrochen oder beeinflußt, sondern nacheinander; ein Vorgang löst den andern aus. Man könnte dies in entfernter Weise mit der Fortbewegungsart einer Raupe vergleichen. In jedem Augenblick sind die meisten Nebenvalenzen einer Kette intakt, einige wenige sind aber momentan aufgehoben und die zugehörigen Kettenelemente rutschen gerade ein Stückchen weiter. Unter dem Einfluß der äußeren Spannung finden fortlaufend Platzwechselvorgänge zwischen Atomgruppen und Kettensegmenten statt, und so kommt es zu einer sukzessiven Deformation des makroskopischen Körpers, die auch nach Entlastung mindestens teilweise erhalten bleibt. Die Langzeitbeanspruchbarkeit von Thermoplasten wird meist durch das Ausmaß der anwendungstechnisch tragbaren Verformung begrenzt. Da die Wärmebewegung der Atome und Moleküle hierbei eine wesentliche Rolle spielt, wird es verständlich, daß die Temperatur von zentraler Bedeutung für das Formänderungsverhalten von Thermoplasten ist.

Unvernetzte Polymere sind umso widerstandsfähiger gegen Kriechen, je größer die Kettenlänge, d.h. je höher ihr Molekulargewicht ist. Ferner wird das Kriechen behindert, wenn die Ketten mit großen Seitenatomen bzw. sperrigen Seitengruppen ausgerüstet oder stark verzweigt sind. Auch zunehmende Kristallisation setzt Kriechneigung herab.

Von entscheidender Bedeutung für das Kriechen ist Vernetzung der Makromoleküle, schon die lose Vernetzung der Elastomeren. Bei diesen weichgummiartigen Stoffen tritt die viskose Formänderungskomponente stark hinter der viskoelastischen Komponente zurück, weil sich das weitmaschige Netzwerk bei ausreichender Temperatur unter dem Einfluß äußerer Kräfte zwar beträchtlich deformieren („strecken") läßt, die Ketten aber wegen der gegenseitigen primären Verknüpfungspunkte nicht völlig voneinander abgleiten können.

Noch steifer und widerstandsfähiger gegen Kriechen sind die stark vernetzten (duroplastischen) Kunstharze mit ihrem aus starken primären Bindungen gebildeten engmaschigen Netzwerk. Es ist in sich so verfestigt und verspannt, daß auch bei höheren Temperaturen keine wesentlichen Deformationen möglich sind. Das dennoch vorhandene geringe Kriechvermögen dieser Kunstharze ist wahrscheinlich das Ergebnis relativer Bewegungen der wenigen Segmente des Netzwerkes, welche nicht durch primäre Bindungen, sondern durch die schwächeren Nebenvalenzen zusammengehalten werden. Diese Bewegungsmöglichkeiten werden aber schon durch relativ kleine Kriechdehnungen ausgeschöpft, so daß eng vernetzte Duroplaste auch bei Langzeitbeanspruchung sich hartelastisch mit geringer Bruchdehnung verformen.

Das Kriechen von Kunststoffen mit verstärkenden Einlagen wird weitgehend beeinflußt von den Kriecheigenschaften des verstärkenden Materials wie z. B. Glasfasern. Die Hauptfunktion des Kunstharzes besteht in diesem Fall darin, die verstärkenden Fasern aneinander zu binden. Das Harz verteilt die von außen einwirkenden Spannungen auf die einzelnen Fasern; es wird also selbst diesen Spannungen unterworfen. Damit geht auch sein Formänderungsverhalten in die Kriecheigenschaften der verstärkten Kunststoffe ein. Die Kriech- und Bruchvorgänge sind bei solchen Materialien komplexer Natur.

6.5.3. Statische Langzeit-Prüfungen

6.5.3.1. Zwei verschiedene Prüfungsarten

Beim statischen Langzeitversuch handelt es sich darum, das Last-Formänderungsverhalten der Werkstoffe bei Dauerbelastung zu ermitteln. Dementsprechend werden Prüfverfahren benötigt, bei denen eine der Veränderlichen (Last oder Formänderung) konstant gehalten und die andere in Abhängigkeit von der Zeit gemessen wird.

Hält man die Last konstant und beobachtet die Formänderung als Funktion der Zeit, so spricht man vom *Kriechversuch* – manchmal auch *Retardationsversuch* genannt – (Retardation = Verzögern, Verlangsamen). Er läßt sich am einfachsten bei Zugbelastung durchführen, kommt aber auch in Form von Dauerdruck- und Dauerbiegeversuch zur Anwendung.

Wird dagegen die Formänderung konstant gehalten und die Verminderung der Spannung als Funktion der Zeit beobachtet, so spricht man vom Spannungsabfall- bzw. *Spannungsrelaxationsversuch* (Relaxation = Nachlassen, Ermüden).

Dabei wird also der Probekörper zunächst ruckartig um ein bestimmtes Maß verformt (gedehnt, gebogen, gestaucht oder tordiert) und diese Deformation durch eine geeignete Vorrichtung konstant gehalten, welche gleichzeitig die zugehörige Spannung in Abhängigkeit von der Zeit zu messen gestattet. Dieser Versuch ist besonders für solche Stoffe interessant, welche auch im praktischen Einsatz eine Verformung erleiden und dabei eine bestimmte Spannung erzeugen bzw. aufrecht erhalten müssen, z. B. als Dichtungen, Unterlegscheiben, Federelemente, Schrauben, Nieten usw. verwendet werden. Da die Spannungsmessung bei diesem Versuch aus naheliegenden Gründen „weglos" erfolgen muß, (d. h. ohne Verformung der Probe), werden am besten elektronische Kraftaufnehmer (z. B. Dehnungsmeßstreifen) eingesetzt. Der Relaxationsversuch ist schwieriger und apparativ aufwendiger als der Kriechversuch und deshalb weit weniger verbreitet.

Bei beiden Prüfarten kann man zu jedem Zeitpunkt aus der gerade vorhandenen Spannung σ und der zugehörigen Formänderung ε den Quotienten $\frac{\sigma}{\varepsilon}$ bilden, der formal dem

Elastizitätsmodul entspricht. Um aber anzudeuten, daß dieses Verhältnis zeitabhängig ist, jeder Meßwert also nur für einen bestimmten, von den Versuchsbedingungen (u. a. der Temperatur) abhängenden Zeitpunkt Gültigkeit hat, nennt man es *Deformations*- bzw. *Relaxationsmodul* oder auch Kriech- bzw. Entspannungsmodul. Im Falle des Kriechversuches, bei welchem die Dehnung die zeitabhängige und die Spannung die zeitunabhängige Variable ist, wird auch manchmal das umgekehrte Verhältnis, d. h. $\frac{\varepsilon}{\sigma}$ gebildet und als *Kriechnachgiebigkeit* bezeichnet.

6.5.3.2. Zeit-Verformungs-Diagramm und Dehngrenzkurven

Zur Auswertung der Ergebnisse des Kriechversuches werden die Meßwerte am einfachsten in ein Diagramm eingezeichnet, dessen Abszisse die Zeit (oder der Logarithmus der Zeit) und dessen Ordinate die Formänderung in Prozent bildet. Man erhält so für jede Spannung und Temperatur eine eigene, mehr oder weniger gekrümmte Kriechkurve (Zeitdehnlinie), welche im Zeitpunkt des Probenbruches endet. Spannung und Temperatur sind also Parameter dieser Zeit-Verformungs-Diagramme (Bild 52).

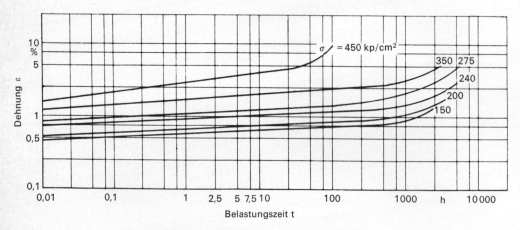

Bild 52 Zeitdehnlinien von E-PVC bei +20 °C

Für den Konstrukteur wesentlich aussagekräftiger ist jedoch ein Schaubild, welches aus der Kurvenschar des Zeitverformungs-Diagramms entwickelt werden kann und die Spannung als Funktion der Belastungszeit im doppelt-logarithmischen Maßstab darstellt. Als Parameter dienen hier Formänderung (Dehnung in %) und Temperatur. Man erhält auf diese Weise (in den meisten Fällen nahezu geradlinige) *Dehngrenzkurven*, welche unmittelbar abzulesen gestatten, bei welcher Spannung nach welcher Zeit eine bestimmte Dehnung erreicht wird (Bild 53). Die Schar dieser Dehngrenzkurven wird nach oben begrenzt durch die Zeitbruchkurve (Linie der Zeitstandfestigkeit), welche die Spannungen angibt, die nach bestimmter Zeit zum Bruch der Proben führt. Diesem Diagramm kann

6.5. Langzeitverhalten

der Konstrukteur also unmittelbar die höchstzulässigen Spannungen entnehmen, wenn das Bauelement innerhalb der geforderten Lebensdauer eine bestimmte Deformation nicht überschreiten bzw. nicht zu Bruch gehen darf. Umgekehrt kann er auch bei gegebener Belastung die vermutliche Lebensdauer des Elementes ablesen. – Ähnliche Dienste leisten natürliche Diagramme, welche die Spannung in Abhängigkeit von der Dehnung angeben, wobei Zeit und Temperatur als Parameter fungieren (isochrone Spannungs-Dehnungs-Linien). –

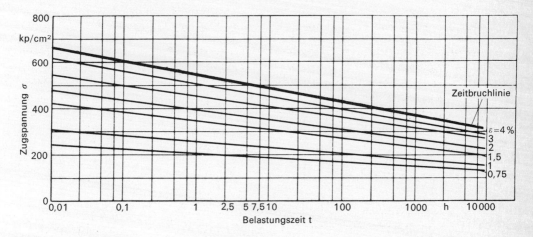

Bild 53 Dehngrenzlinien von E-PVC bei $+20\,°C$

Im Gegensatz zu den meisten Metallen und den duroplastischen bzw. verstärkten Kunststoffen liegen die Zeitbruchlinien bei den Thermoplasten infolge ihrer großen Dehnung häufig sehr weit oberhalb der einzelnen Prozent-Dehngrenzlinien und sind sehr stark geneigt. Das bedeutet: Die konstruktiv ausnutzbaren Zeitstandfestigkeiten liegen bei diesen Kunststoffen erheblich unter den in Kurzzeit-Versuchen gemessenen Festigkeiten.

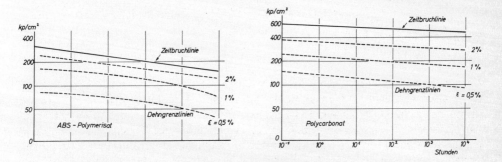

Bild 54 Zeitstandverhalten von zwei verschiedenen Kunststoffen (bei $+20\,°C$)
links: ABS-Polymerisat, rechts: Polycarbonat
(nach Oberbach-Paffrath)

An einigen Abbildungen sollen weitere Erläuterungen gegeben werden: In Bild 54 sind die bei 20 °C ermittelten Kurven für ein ABS-(Acrylnitril-Butadien-Styrol)-Mischpolymerisat und ein Polycarbonat eingetragen. Dehngrenz- und Zeitbruchlinien des ABS-Materials liegen absolut niedriger, d.h. seine Zeitstandfestigkeit ist geringer als die des Polycarbonats. Die größere Neigung der ABS-Kurven bedeutet, daß die Formänderungsgeschwindigkeit größer als bei Polycarbonat ist. Das ABS-Material hat also schon bei geringeren Spannungen einen stärkeren „kalten Fluß".

Eine Darstellung des Zeitdehn- bzw. Zeitstandverhaltens bei Raumtemperatur reicht natürlich nicht aus, wenn die betreffenden Bauteile im Betrieb auch höheren Temperaturen ausgesetzt sind. Bild 55 enthält deshalb die Zeitbruchlinien der beiden vorgenannten Stoffe für mehrere Temperaturen zwischen 20 °C und 80 °C. Der größere gegenseitige Abstand[2]) der ABS-Kurven zeigt, daß dieser Werkstoff im dargestellten Temperaturbereich erheblich temperaturempfindlicher als das Polycarbonat ist.

Mitunter ist nicht die Bruchzeit, sondern das Verformungs- und Rückformungsverhalten eines Werkstoffes von Interesse. In diesem Fall wird der Kriechversuch nicht bis zum Probenbruch weitergeführt sondern nach einer bestimmten Zeit abgebrochen.

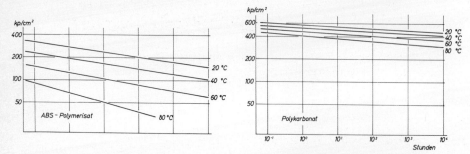

Bild 55 Zeitstandverhalten derselben Kunststoffe in Abhängigkeit von der Temperatur
links: ABS-Polymerisat, rechts: Polycarbonat (nach Oberbach)

In Bild 56 ist ein entsprechendes Diagramm für Polycarbonat dargestellt, welches das Rückstellvermögen dieses Materials erkennen läßt. Die Proben wurden mit verschiedenen Spannungen bis insgesamt 1000 Stunden belastet und dabei ihre Dehnung gemessen (linker Teil des Diagramms). Im Augenblick der Entlastung tritt eine elastische Rückfederung ein, der eine Spanne langsamen Rückkriechens folgt. Sechs Minuten (10^{-1} h) nach der Entlastung wurden die auf der linken Ordinate des rechten Diagrammteiles abzulesenden Restdehnungen gemessen, welche dann im Laufe der Zeit entsprechend dem angegebenen Kurvenverlauf weiter abnahmen. Bei der niedrigsten Spannungsstufe von

---

[2]) Eine Eigenart logarithmisch geteilter Koordinatenachsen ist es, ein bestimmtes Zahlenverhältnis durch gleiche Streckenlängen darzustellen. So entspricht z. B. das Verhältnis 400 kp/cm² : 200 kp/cm² = 2:1 im Diagramm derselben Strecke (bzw. demselben Kurvenabstand) wie das Verhältnis 200 kp/cm² : 100 kp/cm² = 2:1. Oder: die Zeiten 10 h und 100 h stehen im Verhältnis 1:10; die entsprechenden Ordinaten haben denselben gegenseitigen Abstand wie die Ordinaten für 1000 h und 10000 h, deren Verhältnis ebenfalls 1:10 beträgt. Mit anderen Worten: Gleiche Abstände von Meßpunkten in Richtung einer logarithmisch geteilten Koordinatenachse bedeuten gleiche prozentuale Zu- bzw. Abnahme der entsprechenden Meßwerte.

6.5. Langzeitverhalten

150 kp/cm² war zehn Stunden nach der Entlastung praktisch vollkommene Erholung (Restdehnung 0,3°/₀₀) eingetreten. Die darüberliegenden Kurven zeigen aber deutlich, daß selbst 1000 Stunden nach der Entlastung noch ein weiteres Zurückkriechen stattfindet.

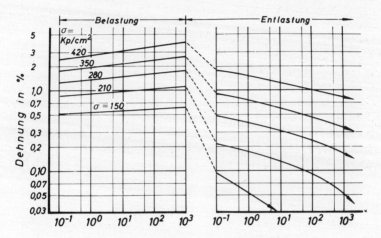

Bild 56 Rückstellverhalten von Polycarbonat (nach Oberbach) (Zeitdehnlinien bei 22 °C)

6.5.3.3. Spezielle Prüfung von Rohren

Wohl eines der ersten Anwendungsgebiete von Kunststoffen, für das die Frage nach dem Langzeitverhalten große Bedeutung gewann, ist das der Kunststoffrohre für Wasserleitungen. Für diese Rohre, welche im praktischen Gebrauch einem dauernden Innendruck unterworfen sind, wird eine Mindestlebensdauer von 50 Jahren gefordert. Der Innendruck erzeugt einen mehrachsigen Spannungszustand in der Rohrwand.

Die größte der drei Spannungskomponenten ist die Umfangsspannung (Tangentialspannung), welche sich aus den Rohrabmessungen und dem Innendruck berechnet nach der Formel

$$\sigma = \frac{p(d_a - s)}{2s} \; (\text{kp/cm}^2)$$

Dabei ist p = Innendruck (kp/cm²)
d_a = Außendurchmesser (cm).
s = Wanddicke (cm).

Die so berechnete Tangentialspannung stellt eine von den Rohrdimensionen unabhängige „Vergleichsspannung" dar und dient als Ordinate der Zeitstand-Schaubilder. Damit werden diese Schaubilder für alle Rohrdimensionen gültig, wobei im Einzelfall allerdings Wanddicke und Außendurchmesser bzw. der zulässige Innendruck nach obiger Formel zu berechnen sind.

Da es sich bei der Beanspruchung von Rohren um einen mehrachsigen Spannungszustand in der Rohrwand handelt, kann man dessen Wirkung nicht mit einem einachsigen Spannungszustand vergleichen und auch nicht etwa durch eine einachsige Beanspruchung von

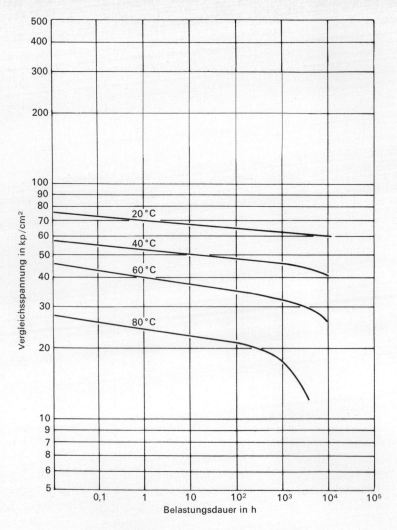

Bild 57 Zeitbruchlinien für Rohre aus Polyäthylen niederer Dichte bei verschiedenen Temperaturen.

Prüfstäben im Zugversuch nachahmen. Will man das Langzeitverhalten von Rohren ermitteln, müssen also tatsächlich Rohrabschnitte unter Innendruck geprüft werden, wobei man – schon weil es sich meistens um Trinkwasserleitungen handelt – die Untersuchungen an wassergefüllten Rohren vornimmt (nach DIN 8061).
Prüfergebnisse an Polyäthylen-(PE)- und Polyvinylchlorid-(PVC)-Rohren bei verschiedenen Temperaturen sind den Bildern 57, 58 und 59 zu entnehmen. Die eingetragenen Zeitbruchlinien basieren auf einer Vielzahl von Versuchen an Rohren unterschiedlicher Dimensionen und stellen die unteren Grenzkurven der Streubereiche der Einzelmessungen dar. Während sie bei PVC-Rohren über den ganzen Zeitbereich weitgehend geradlinig verlaufen, biegen sie bei den PE-Rohren nach bestimmter, mit zunehmender Tem-

6.5. Langzeitverhalten

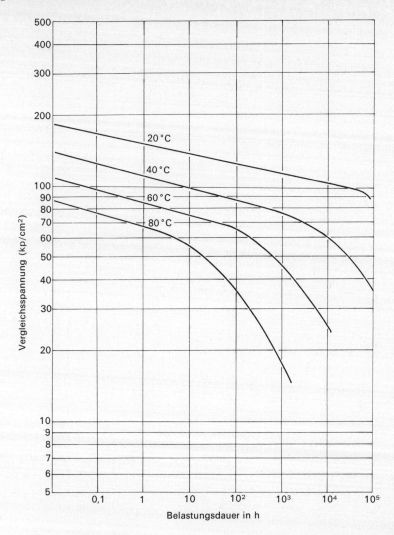

Bild 58   Zeitbruchlinien für Rohre aus Polyäthylen hoher Dichte bei verschiedenen Temperaturen.

peratur immer kürzerer Zeit, steil nach unten ab. Das Abknicken der Kurven ist mit einem Wechsel des Bruchmechanismus verbunden. Im oberen flachen Teil treten Brüche im Zusammenhang mit einer Materialverformung auf: ehe der Bruch erfolgt, wölbt sich die Rohrwand blasenförmig auf. Im steil abfallenden Teil der Kurve – und das heißt bei entsprechend geringeren, aber länger andauernden Beanspruchungen – tritt der Bruch plötzlich, ohne jegliche Verformung ein. Es bildet sich lediglich ein Riß, der manchmal so fein ist, daß man ihn kaum erkennt. Die erste Art von Brüchen nennt man daher auch Verformungsbruch, die andere Sprödbruch.

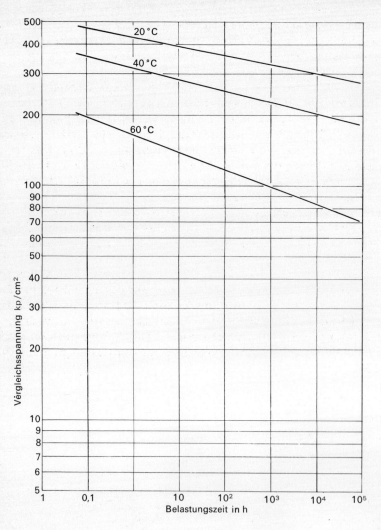

Bild 59   Zeitbruchlinien für Rohre aus Hart-PVC bei verschiedenen Temperaturen

6.5.3.4.   Zeitraffende Möglichkeiten

Gerade das Beispiel der Rohre, für die eine Gebrauchstüchtigkeit über sehr lange Zeiträume gefordert wird, zeigt, daß man Zeitstandprüfungen eigentlich über Jahrzehnte ausdehnen müßte. Dies ist jedoch aus mehreren Gründen nicht tragbar: Einerseits würden die Prüfungen einen kaum vertretbaren räumlichen und personellen Aufwand erfordern. Denn bei allen Zeitstanduntersuchungen muß für jedes Material und alle interessierenden Last- und Temperaturstufen eine größere Anzahl von Probekörpern eingesetzt und laufend beobachtet werden, wenn ein ausreichend gesichertes Zeitstandschaubild erstellt werden soll. Andererseits würden bei diesem Vorgehen brauchbare Ergebnisse erst nach entsprechend langen Zeiten verfügbar und damit bei Abschluß der Prüfungen vermutlich

6.5. Langzeitverhalten

längst überholt sein, weil die fortschreitende Entwicklung inzwischen zu neuen Konstruktionen und neuen Werkstoffen geführt hat. Man ist deshalb darauf angewiesen, aus relativ kurzen Versuchszeiten auf längere Gebrauchszeiten zu schließen, und zwei Umstände bieten dazu tatsächlich entsprechende Voraussetzungen:

1. Es wurde schon erwähnt und an Hand von Bild 53 gezeigt, daß im doppelt-logarithmischen Zeitstandschaubild die Dehngrenz- bzw. Zeitbruchlinien über weite Bereiche nahezu geradlinig verlaufen. Entsprechend der Eigenart der logarithmisch geteilten Zeitachse, die in diesem Falle besonders interessierenden langen Zeiten stark zu „komprimieren", kann deshalb ohne allzu großes Risiko auf Gebrauchszeiten extrapoliert werden, welche mindestens eine Zehnerpotenz höher liegen als die tatsächlichen Versuchszeiten: Man braucht nur den über einige Dekaden durch Meßpunkte belegten Verlauf der Geraden um eine weitere Dekade zu verlängern.

2. Jede Temperaturerhöhung vergrößert die Formänderungsgeschwindigkeit. Man wird also die an sich erforderliche Versuchsdauer abkürzen können, wenn es gelingt, die Ergebnisse bei höheren Temperaturen und kürzeren Zeiten auf normale Temperaturen und längere Zeiten zu übertragen.

Im allgemeinen äußert sich die Erhöhung der Temperatur in einer Verschiebung der Kriechkurven bzw. Dehngrenz- und Zeitbruchlinien entlang der logarithmischen Zeitachse nach links (zu kurzen Versuchszeiten) ohne Änderung der Kurvenform. Ist das Ausmaß dieser Verschiebung im Einzelfall durch entsprechende Versuche festgestellt, dann kann man also aus den bei erhöhten Temperaturen und kurzen Prüfzeiten gewonnenen Ergebnissen auf das Werkstoffverhalten bei Normaltemperatur und langen Standzeiten schließen (Bild 60).

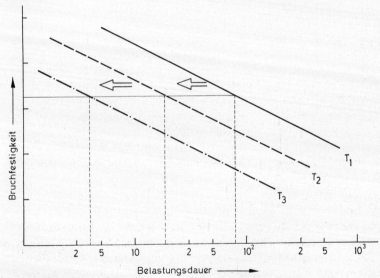

Bild 60: Parallelverschiebung der Zeitdrucklinien mit zunehmender Temperatur $T_1 < T_2 < T_3$ (schematisch).

Für die gleiche Bruchfestigkeit ergeben sich bei tiefen Temperaturen (T_1) lange Bruchzeiten, bei mittleren Temperaturen (T_2) mittlere Bruchzeiten und bei höheren Temperaturen (T_3) kurze Bruchzeiten (Zeitachse logarithmisch aufgetragen).

Ein besonders schönes Beispiel dafür ist Bild 58: Die für 80 °C, 60 °C und 40 °C ermittelten Zeitbruchkurven zeigen das mit abnehmender Temperatur immer später eintretende Abknicken (Übergang von Verformungsbruch zum Sprödbruch), die Raumtemperatur-Kurve verläuft im untersuchten Bereich noch völlig geradlinig. Aus dem gleichen, nur gegeneinander verschobenen Verlauf der erstgenannten Kurven ist aber mit Sicherheit zu schließen, daß auch die 20 °C-Kurve bei noch längeren Zeiten in der gleichen Weise abknicken wird.

Übrigens bietet diese, inzwischen durch viele Versuche abgesicherte Verschiebung der Zeitstandkurven erst die Möglichkeit, bei Kunststoffrohren eine sinnvolle Qualitätskontrolle durchzuführen und die erforderliche Garantie für ihre Lebensdauer abzugeben: Durch relativ kurzzeitige Prüfungen bei erhöhter Temperatur wird bewiesen, daß sie den langfristigen Praxisanforderungen genügen.

Dennoch darf nicht übersehen werden, daß derartige abkürzende Verfahren und Extrapolationen nur dann zulässig sind, wenn sichergestellt ist, daß das Material während der geforderten Lebensdauer keinen Bedingungen und Umwelteinflüssen unterliegt, welche bei der verkürzten Prüfung nicht auftreten oder nicht berücksichtigt werden können. Es besteht keine Veranlassung, bei Kunststoffen weniger vorsichtig zu sein als bei anderen Werkstoffen, denn es ist nie auszuschließen, daß neben Umwelteinflüssen auch materialbedingte Alterungsvorgänge mit chemischen und strukturellen Veränderungen einen abnormalen Festigkeitsabfall und damit ein vorzeitiges Abknicken der Zeitbruchlinien bewirken können.

6.5.4. *Dynamische Langzeit-Prüfungen*

6.5.4.1. Wechselnde Beanspruchungen, Wöhlerkurven

Wenn periodisch wechselnde Kräfte auftreten, was besonders im Maschinen- und Fahrzeugbau oft der Fall ist, darf man deren Wirkung auf die einzelnen Konstruktionselemente nicht mit der einer gleichbleibenden statischen Last vergleichen. Um die Werkstoffeigenschaften unter dem Einfluß solcher periodischer Kräfte und Spannungen kennenzulernen, werden dynamische Prüfungen durchgeführt, welche durch schnell und häufig wechselnde Belastung zur „Zerrüttung" der Probekörper führen und damit das Ermüdungsverhalten der Werkstoffe kennzeichnen. Als Prüfmöglichkeiten bieten sich in Übereinstimmung mit den im täglichen Gebrauch vorkommenden Beanspruchungen *Zug/Druck-*, *Wechselbiege-* und *Wechselverdreh-Versuche* an.

Für all diese Prüfarten stehen handelsübliche Prüfmaschinen zur Verfügung, die aber teilweise recht aufwendig und deshalb nur in größeren Laboratorien anzutreffen sind. Die Probekörper werden im allgemeinen einer sinusförmig[3] verlaufenden Kraft bzw. Spannung unterworfen (Bild 61 a), eine volle Sinusschwingung wird als Lastspiel bezeichnet. Von besonderer Bedeutung ist die Mittelspannung σ_m, welche sozusagen das mittlere Niveau der mechanischen Beanspruchung darstellt. Dieser mittleren Vorspannung überlagert sich die eigentliche Wechselspannung mit der Amplitude σ_a. Je nach Größe der Mittelspannung σ_m und der Spannungsamplitude σ_a kann man verschiedene Beanspruchungsarten unterscheiden (Bild 61 b):

[3] Die graphische Darstellung einer Sinus-Funktion – wie man sie im Mathematik-Unterricht kennenlernt – ergibt eine regelmäßige Wellenlinie. Daher nennt man solche Wellenlinien „sinusförmig"; (womit aber nicht gesagt ist, daß alle „regelmäßigen Wellenlinien" auch Sinus-Kurven sind).

6.5. Langzeitverhalten

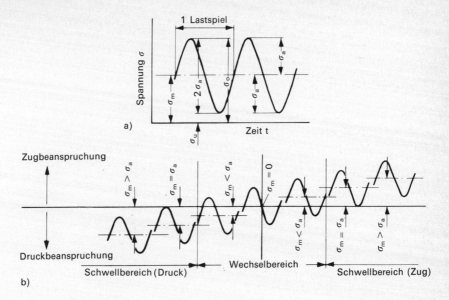

Bild 61 Dauerschwingungsversuch – Begriffe und Zeichen
  a) Spannungs-Zeit-Schaubild
  b) Beanspruchungsbereich
  σ_m = Mittelspannung
  σ_a = Amplitude der Wechselspannung
  σ_o = Oberspannung = höchster auftretender Spannungswert
  σ_u = Unterspannung = niedrigster auftretender Spannungswert

1. $\sigma_m > \sigma_a$. In diesem Falle wirkt die resultierende Spannung in einer Richtung, d. h. sie wechselt während des ganzen Lastspiels nicht das Vorzeichen, der Probekörper erfährt z. B. nur eine an- und abschwellende Zugspannung. Dieser Beanspruchungsbereich wird daher „*Schwellbereich*" genannt. Ist insbesondere $\sigma_m = \sigma_a$, dann wechselt die Zug- (oder Druck-)Spannung zwischen dem Wert 0 und dem Maximalwert $2 \cdot \sigma_a$.

2. $\sigma_m < \sigma_a$. Bei dieser Prüfart wirkt auf den Probekörper eine Spannung, welche im Laufe eines Lastspiels zweimal das Vorzeichen ändert, also z. B. von Zug- nach Druckspannung und wieder zurück wechselt. Dieser Beanspruchungsbereich wird deshalb als „*Wechselbereich*" bezeichnet. Wenn $\sigma_m = 0$ ist, dann handelt es sich um eine reine Wechselbeanspruchung ohne Vorspannung.

In allen Fällen wird eine größere Anzahl von Proben bei verschiedenen Spannungsamplituden σ_a so lange beansprucht, bis sie zu Bruch gehen. Für jede dieser Proben wird die Lebensdauer (d. h. die zum Bruch führende Lastspielzahl) in ein Diagramm eingetragen, dessen Ordinate die Spannungsamplitude σ_a und dessen Abszisse den Logarithmus der Lastspielzahl darstellt. Durch die einzelnen Versuchspunkte kann eine ausgleichende Kurve gelegt werden. Sie wird als *Wöhlerkurve* bezeichnet. Prof. Wöhler, Karlsruhe, hatte die praktische Bedeutung der Werkstoffermüdung erkannt und erstmalig – allerdings an Eisenbahn-Achsen aus Stahl – dynamische Langzeitprüfungen durchgeführt.

6.5.4.2. Dauerschwingfestigkeit

Von den Metallen ist man gewöhnt, daß sich die Wöhlerkurve mit zunehmender Bruch-Lastspielzahl asymptotisch[4]) einer Grenzspannung nähert, die als *Dauerschwingfestigkeit* bezeichnet wird. (Die einzelnen Begriffe für Dauerschwingversuche sind in DIN 50100 zusammengestellt.) Bei Spannungsamplituden, welche unterhalb dieses Grenzwertes liegen, kann das Material unbegrenzt hohe Lastspielzahlen ohne Ermüdungsbruch vertragen.

Kunststoffe lassen im allgemeinen keinen solchen Grenzwert der Spannung erkennen, wenn auch die Wöhlerkurve mit abnehmender Spannung immer flacher verläuft. Für Kunststoffe kann also nur eine Schwingfestigkeit angegeben werden, die auf eine bestimmte Lebensdauer (z.B. 10^7 Lastspiele) bezogen wird. Bei Kunststoffproben wurden Ermüdungsbrüche noch nach $7 \cdot 10^7$ Lastspielen beobachtet! Grundsätzlich liegt bei Kunststoffen – ebenso wie bei Metallen – die zulässige Belastungsgrenze bei Wechselbeanspruchung wesentlich niedriger als bei statischer Beanspruchung. Die Dauerschwingfestigkeit der Kunststoffe kann – wenn man keine unangenehmen Überraschungen erleben will – mit etwa 20 bis 30% der Reißfestigkeit angesetzt werden; bei Metallen liegt sie immerhin zwischen 60 und 80%. Bild 62 zeigt Kurven der Biegewechselfestigkeit einiger Thermoplaste, Bild 63 und 64 zeigt Wöhler-Kurven von S-PVC und E-PVC zum Vergleich.

Bei Dauerschwingprüfungen an Kunststoffen sind einige Gesichtspunkte zu berücksichtigen, welche sich aus ihrem schon beschriebenen mechanischen Verhalten ergeben: Würde man ein rein elastisches Material einer Wechselbeanspruchung unterwerfen, so

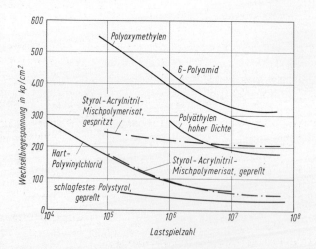

Bild 62 Biegewechselfestigkeit einiger Thermoplaste (nach Hachmann)

---

[4]) Asymptotisch heißt „nicht zusammenfallend". Eine Asymptote ist in der Geometrie die Gerade, auf die eine Kurve allmählich zuläuft, wobei die Abstände zwischen beiden zwar immer kleiner werden, aber Kurve und Gerade sich erst im Unendlichen berühren. Die Asymptote entspricht also dem Endwert.

6.5. Langzeitverhalten

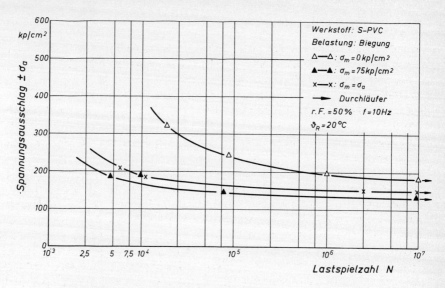

Bild 63   Wöhler-Kurven von S-PVC (nach Taprogge)

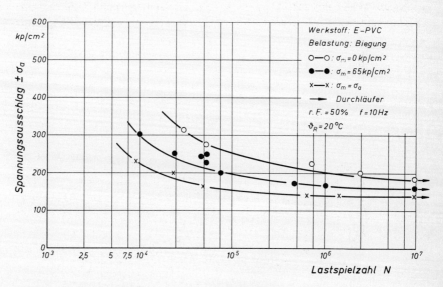

Bild 64   Wöhler-Kurven von E-PVC (nach Taprogge)

würde sich – weil der Zusammenhang zwischen Spannung und Verformung streng linear ist – im Spannungs-Verformungsdiagramm eine Gerade ergeben, die bei jedem Lastspiel hin und zurück durchlaufen wird. Die in der einen Grenzlage (= Zustand größter Verformung) im Probekörper gespeicherte Energie (= Formänderungsarbeit) wird bei der Umkehrung der Verformung sofort und restlos zurückgewonnen, d. h. die während eines Lastspiels aufzuwendende Arbeit ist insgesamt Null, es geht keine mechanische Energie verloren.

Handelt es sich aber um ein Material mit viskoelastischer und viskoser Formänderungskomponente, dann ist – wie im vorhergehenden Abschnitt erläutert wurde – die Verformung zeitabhängig und hinkt hinter der Spannung her (siehe auch DIN 53513 Bestimmung der visko-elastischen Eigenschaften von Gummi). Bei der Wechselbeanspruchung solcher Werkstoffe ergibt sich also im Spannungs-Verformungs-Diagramm nicht mehr eine Gerade, sondern eine irgendwie „geschwungene" geschlossene Kurve – eine „Hysterese-Schleife" –, welche eine bestimmte Fläche einschließt (Bild 65). Das

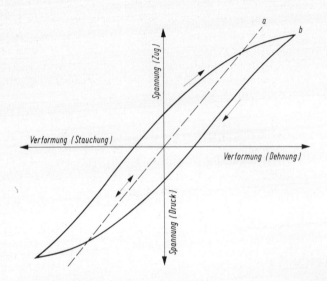

Bild 65 Spannungs-Verformungs-Diagramm (schematisch) bei Wechselbeanspruchung
a) für ein rein elastisches Material (gestrichelte Gerade)
b) für ein Material mit viskoelastischer Formänderungskomponente (Hystereseschleife)

Auftreten der Hysterese-Schleife kann auch so erklärt werden, daß das viskoelastische Material bei der schnellen Wechselbeanspruchung nicht genügend Zeit hat, sich frei zurückzuformen. Die in der einen Grenzlage des Probekörpers gespeicherte Verformungsarbeit wird bei der Rückformung nicht völlig zurückgewonnen, sondern es muß für die Rückverformung zusätzliche Arbeit aufgewendet werden. Bei jedem Lastspiel wird also eine bestimmte Verformungsarbeit vom Probekörper aufgenommen. Sie ist der von der Hysterese-Schleife eingeschlossenen Fläche proportional und wird in Wärme umgesetzt.

Da Kunststoffe im allgemeinen schlechte Wärmeleiter sind, kann die im Probekörper entstehende „Verformungswärme" nicht schnell genug an die Umgebung abgegeben werden. Die Temperatur des Probekörpers erhöht sich also während der Prüfung und zwar umso mehr, je viskoelastischer das Material ist, je geringer die Wärmeleitfähigkeit und je höher

6.5. Langzeitverhalten

die Lastspielfrequenz ist. Mit anderen Worten: So erwünscht aus Gründen der Zeitersparnis eine hohe Lastspielfrequenz auch ist, bei Kunststoffen muß man sehr darauf achten, daß sich die Probenerwärmung in tragbaren Grenzen hält. Es sind kaum höhere Frequenzen als 50 Hz möglich, in manchen Fällen muß man noch tiefer gehen; daher sind die Prüfungen sehr zeitaufwendig.

Auf die Probenerwärmung ist besonders auch dann zu achten, wenn die Wechselbeanspruchung im Schwellbereich, also mit merklicher Vorspannung erfolgt. Diese Vorspannung führt zu einer Kriechverformung der Probekörper, welche durch die Probenerwärmung begünstigt wird und die Meßergebnisse u. U. stark verfälscht.

Die Tatsache, daß viskoelastische Werkstoffe Verformungsarbeit in Wärme umwandeln, d.h. mechanische Energie vernichten, hat aber auch einen positiven Aspekt: Der absorbierte und in Wärme verwandelte Anteil der Schwingungsenergie steht weder zur Weiterleitung noch zur Rückübertragung auf das schwingungserzeugende System zur Verfügung. Das bedeutet aber, daß auf Kunststoffe übertragene mechanische (und damit auch akustische) Schwingungen eine Dämpfung erfahren, welche mehr als hundertfach größer als diejenige von Stahl ist. Kunststoffe werden deshalb bevorzugt dann eingesetzt, wenn „geräuschloser" Lauf von Maschinenteilen, z. B. Zahnrädern, gefordert wird oder Klappern und Dröhnen infolge Erschütterungen vermieden werden soll.

6.5.4.3. Dauerknickversuch bei Folien

Zum Abschluß dieses Kapitels noch kurz ein Hinweis auf die Prüfung von Folien im Dauerknickversuch, bei dem es um eine besondere Art des Zeitstandverhaltens geht (Bild 66). DIN 53359 befaßte sich ursprünglich nur mit der Prüfung von Kunstleder. Die

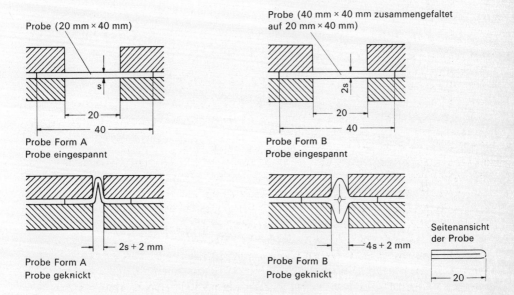

Bild 66   Dauer-Knickversuch bei Folien DIN 53359

dort vorgesehenen Prüfungen werden aber auch für Kunststoff-Folien angewandt. Es geht darum festzustellen, wie oft das betreffende Material sich hin und her knicken läßt, und gemessen wird deshalb eine sog. „Knickzahl". Das ist die Anzahl der Knickungen, die man machen kann, ehe der erste Riß an der Probe sichtbar wird, und zwar betrachtet durch eine Lupe mit sechsfacher Vergrößerung. Es werden aus der Folie an verschiedenen Stellen Proben von 20 mm × 40 mm genommen und in eine Apparatur eingespannt, die diese Proben mit einer Frequenz von 200 Hüben pro Minute zusammendrückt und dabei knickt, wie es aus Bild 66, Probe Form A, ersichtlich ist. Eine andere, quasi mehrachsige Beanspruchung ergibt sich bei Anwendung der Probe Form B, die dadurch zustandekommt, daß man Folienabschnitte von 40 × 40 mm einfach zusammenfaltet und in dieser Form in die Knickapparatur einspannt.

6.6. Härteprüfungen

Prüfmethoden

DIN 53 454	Prüfung von Kunststoffen. Druckversuch
ASTM D 695	Compressive Strength
DIN 53 463	Spaltversuch an Schichtpreßstoff-Tafeln
DIN 53 421	Prüfung von harten Schaumstoffen. Druckversuch
DIN 53 514	Prüfung von Kautschuk und Gummi. Bestimmung der Deformationshärte
DIN 53 577	Prüfung weich-elastischer Schaumstoffe. Druckversuch. Bestimmung der Federkennlinie
DIN 53 572	Prüfung von Elastomeren. Bestimmung des Druckverformungsrestes
ASTM D 1055	Test for Latex Foam Rubbers
DIN 51 224	Härteprüfgeräte mit Eindrucktiefen-Meßeinrichtung
DIN 51 351	Härteprüfung nach Brinell
BS 240	Brinell Hardness
DIN 50 103	Rockwell Härte
ASTM D 785	Rockwell Hardness
BS 891	Rockwell Hardness
DIN 53 456	Härteprüfung durch Eindruckversuch
DIN 53 505	Härteprüfung nach Shore A, C und D
DIN 53 519	Bestimmung der Kugeldruckhärte von Weichgummi
DIN 53 576	Prüfung weich-elastischer Schaumstoffe. Bestimmung der Härtezahl beim Eindruckversuch
DIN 51 955	Prüfung von Fußbodenbelägen. Eindruckversuch zur Ermittlung des Resteindruckes
DIN 51 963	Prüfung von Fußbodenbelägen. Verschleißprüfung.
ASTM D 1300	Taber Abraser

Man könnte geneigt sein, als Härte eines Materials seinen Widerstand gegen eine Verformung durch Druckkräfte zu bezeichnen. In diesem Falle wäre die Druckfestigkeit bzw. noch besser der aus dem Druckversuch ermittelte E-Modul gleichzeitig ein Maß für die Härte eines Werkstoffes. Leider ist aber der so einfach erscheinende Begriff der Härte gar nicht klar definiert, und wenn man einmal genauer überlegt, was man unter dieser Eigenschaft verstanden haben möchte und wie man sie bestimmen soll, dann wird man je nach Art der Fragestellung oder der vorgesehenen Werkstoff-Anwendung zu sehr unterschiedlichen Antworten und damit zu verschiedenartigen Prüfmethoden kommen.

6.6.1. *Mohs-Härte-Skala*

Eine seit langer Zeit bekannte Härte-Skala ist die sog. *Mohs-Härte*, welche 10 Stufen umfaßt. Sie ist aus der Mineralogie hergeleitet und beginnt mit Talk = 1, Gips = 2, usw.; sie endet mit Korund = 9 und Diamant = 10. Als Maßstab dient also die Härte einiger willkürlich ausgewählter Mineralien, und die Einstufung eines anderen Materials erfolgt nach dem Gesichtspunkt, daß ein Stoff bestimmter Härte jeden Stoff geringerer Härte ritzen kann bzw. von jedem Stoff höherer Härte selbst geritzt wird. Der von dieser Härteskala überdeckte Bereich ist zwar sehr groß, die einzelnen Stufenunterschiede werden dadurch aber sehr grob und sind zudem gar nicht gleichabständig. Für eine Anwendung in der Technik kommt daher die Mohs-Härte-Skala nicht in Betracht.
Immerhin ist bei dieser Härteskala ein Gesichtspunkt berücksichtigt, der im weiteren Sinne die Grundlage für eine Härteangabe bilden kann: Als Härte eines Stoffes wird der Widerstand angesehen, den er dem Eindringen eines bestimmten Körpers entgegensetzt. Damit ist natürlich noch keine eindeutige Definition der Härte gegeben, denn es ist weder etwas über den eindringenden Körper selbst noch über die Kraft gesagt, mit der er eingedrückt werden soll. Man muß also damit rechnen, daß es viele Möglichkeiten gibt, die Härte zu messen. Tatsächlich ist es auch so, daß selbst auf einem so begrenzten Werkstoffgebiet wie dem der Metalle oder der Kunststoffe die unterschiedlichsten Härteangaben auf diesem Prinzip beruhen.

6.6.2. *Druckfestigkeit*

Zunächst soll jedoch von der eigentlichen Druckfestigkeit gesprochen werden. Wenn im Zugversuch die Verformungseigenschaften der Werkstoffe unter Zugbeanspruchung ermittelt werden, so kann man ähnliche Untersuchungen auch unter Druckbeanspruchung durchführen.
Beim Druckversuch nach DIN 53454 werden würfel- oder zylinderförmige Probekörper zwischen den Platten einer Druckprüfmaschine zusammengedrückt und die Verformung (Stauchung) in Abhängigkeit von der einwirkenden Kraft beobachtet. Wie beim Zugversuch interessiert auch hier die an der Kraftmeßeinrichtung abgelesene Höchstkraft, denn als *Druckfestigkeit* wird die auf den Anfangsquerschnitt der Probe bezogene Höchstkraft bei Druckbeanspruchung bezeichnet. Tritt die Höchstkraft im Augenblick des Bruches auf, dann sind „Druckfestigkeit" und „Bruchfestigkeit" identisch, im anderen Falle sind beide Werte unterschiedlich. Ein eindeutiger, schlagartiger Probenbruch tritt aber nur bei sprödharten Werkstoffen auf, vornehmlich bei duroplastischen Preß- und Schichtpreßstoffen. (DIN 53454 ist ursprünglich auch nur für diese Werkstoffe aufgestellt worden.)
Bei den zähharten Thermoplasten, für die eine eigene Norm noch aussteht, kommt es im Laufe des Druckversuches zu einer Art Fließgrenze, die aber nicht immer so klar ausgebildet ist wie beim Zugversuch. Meist treten spätestens beim Erreichen der Fließgrenze Risse im Probekörper auf, die sein Verhalten unter Druckbeanspruchung in unkontrol-

lierbarer Weise verfälschen, und dies ist einer der Gründe dafür, daß dem Druckversuch bei der Prüfung von Kunststoffen keine größere Bedeutung beigemessen wird. Für weiche Stoffe, deren Deformation mit zunehmendem Druck stetig zunimmt ohne zu einer deutlichen Fließgrenze oder gar zum Bruch zu führen, ist seine Anwendung ohnehin wenig sinnvoll.

Im übrigen liegen aber ganz analoge Verhältnisse vor wie beim Zugversuch: Man kann auch beim Druckversuch Kraft-Verformungs-Kurven aufnahmen, welche zunächst geradlinig ansteigen (Proportionalitätsbereich) um dann mehr und mehr von dieser Geraden abzuweichen. Der Anstieg ist umso steiler, je größer die Verformungsgeschwindigkeit ist. Die Ergebnisse des Druckversuches, insbesondere Höhe und Lage der Fließgrenze bei zähharten Stoffen, sind also – ähnlich wie beim Zugversuch – auch stark von der Prüfzeit abhängig.

6.6.3. *Spaltlast*

Im Zusammenhang mit der Druckfestigkeit ist kurz noch die Prüfung der *Spaltlast* zu erwähnen. Der Spaltversuch nach DIN 53463 wird an duroplastischen Schichtpreßstoffen durchgeführt und soll den Widerstand dieser Werkstoffe (Hartpapier, Hartgewebe usw.) gegen Schichtentrennung durch eine Spaltbeanspruchung angeben. Dazu werden aus den mindestens 10 mm dicken Tafeln Probekörper der Größe 10 mm × 15 mm × 15 mm herausgearbeitet, so daß die 10 mm × 15 mm Flächen senkrecht zur Schichtrichtung liegen. Auf eine dieser Flächen wird – parallel zu den Schichten und in ganzer Breite auf der Probe aufliegend – ein Stahlkeil mit einem Öffnungswinkel von 60° und 0,5 mm Rundungshalbmesser aufgesetzt. Dieser Keil wird mit gleichbleibender Vorschubgeschwindigkeit in die Probe eingedrückt, bis sie sich spaltet. Die höchste dabei gemessene Druckkraft wird als Spaltlast bezeichnet (Bild 67).

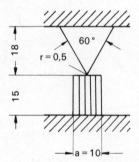 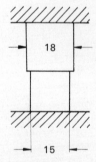

Bild 67   Spaltversuch an Schichtpreßstoff-Tafeln DIN 53463

6.6.4. Deformationshärte, Stauchhärte, Druckverformungsrest

Bei gummiähnlichen und geschäumten Stoffen wird die Härte zwar auch nach Art des Druckversuches ermittelt, aber doch nach einem anderen Prinzip, weil es ja nicht zu einem Bruch kommt.

Die Probekörper werden zwischen zwei sie seitlich überragenden Platten gestaucht; als Maß für die Härte wird die eine bestimmte Formänderung hervorrufende Last oder Druckspannung angegeben.

So wird bei der Bestimmung der *Deformationshärte* von Gummi nach DIN 53514 die Druckkraft gemessen, welche erforderlich ist, um eine zylindrische Probe von 10 mm Durchmesser und 10 mm Höhe bei 80 °C innerhalb von 30 s auf 40 % ihrer ursprünglichen Höhe zusammenzudrücken. Die Prüfung wird zur Beurteilung der Verarbeitbarkeit durchgeführt.

Aus dem Druckversuch nach DIN 53577 geht die *Stauchhärte* von weichelastischen Schaumstoffen hervor. Dabei wird ein quadratischer Probekörper von 80 mm Kantenlänge und 50 mm Dicke zwischen zwei Platten zusammengedrückt und die zu einer bestimmten Stauchung (z.B. 40%) erforderliche Kraft gemessen. Nach Umrechnen auf die geprüfte Fläche ergibt sich der Federwert bzw. die Stauchhärte des Schaumstoffes in p/cm^2. Mißt man die Druckkraft nicht nur bei einer bestimmten Deformation, sondern zeichnet

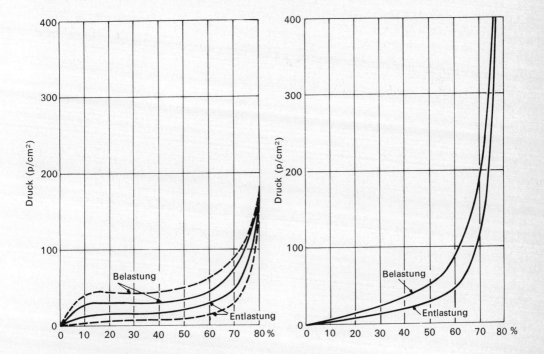

Bild 68   Federkennlinien bei Stauchung
links: Polyurethan-Schaumstoffe (Polyester ----)
rechts: Weich-PVC-Schaum   (Polyäther ——)

den gesamten Verformungsvorgang als Kraft- (bzw. Spannungs-) Verformungsdiagramm auf, dann erhält man die sog. Federkennlinie. Eine solche Federkennlinie (Bild 68) verläuft nur in beschränkten Bereichen annähernd linear. Man kann also aus der bei einer bestimmten Deformation ermittelten Stauchhärte nicht auf das Verhalten bei anderen Verformungswerten schließen. Schaumstoffe werden daher am besten nicht durch eine Stauchhärte, sondern durch die Angabe des ganzen Kraft-Verformungs-Diagrammes gekennzeichnet.

Dabei zeigt sich denn auch, daß die den Belastungs- und den Entlastungsvorgang darstellenden Kurven sich nicht decken, weil die Rückstellung verzögert erfolgt. Man erhält die schon bekannte schleifenförmige Kurve (Hysterese), deren eingeschlossene Fläche ein Maß für die elastische Dämpfung des Schaumstoffes liefert. Beides, die Stauchhärte und die Dämpfung sind für den Einsatz der Schaumstoffe in der Fahrzeug- und Polstermöbelindustrie von praktischer Bedeutung. Für eine Sitzbelastung ist z. B. eine Stauchhärte von 35–45 p/cm^2 (bei 40% Stauchung) zu niedrig, weil sich dann das Sitzpolster zu stark durchsitzt.

Das Kurzzeitverhalten ist aber nicht allein ausschlaggebend, mindestens ebenso interessiert den Anwender, ob nach längerer Belastung eine merkliche Verformung zurückbleibt. Der Beantwortung dieser von der Praxis diktierten Frage dient die Bestimmung des *Druckverformungsrestes* nach DIN 53572. Er kennzeichnet den plastischen Verformungsanteil eines druckbelasteten, weichelastischen Schaumstoffes nach konstanter Verformung. Prüfkörper von 36 mm Durchmesser und 20 mm Höhe werden zwischen feststehenden Platten auf 10 mm, also auf 50% ihrer ursprünglichen Höhe zusammengedrückt. Nach 70 Std. Verformungsdauer werden sie herausgenommen um sich wieder zu erholen. 30 Min. nach Entlastung wird dann die Höhe der Proben gemessen und der Druckverformungsrest in % der angewendeten Zwangsverformung ausgedrückt[5]). Dieser Wert ist natürlich von der Entlastungszeit abhängig, so daß es auch in diesem Falle besser ist, nicht nur nach einer bestimmten Entspannungsdauer zu messen, sondern den ganzen Vorgang als Verformungs-Zeit-Kurve (Relaxationskurve) aufzunehmen.

Bei der Bestimmung des Druckverformungsrestes von Kautschuk und Gummi nach DIN 53517 werden andere Probekörper und andere Zwangsverformungen, sowie verschiedene Temperaturen und Zeiten angewendet. Das Prinzip der Prüfung ist aber das gleiche wie bei Schaumstoffen. Allerdings wird hier nicht nur ein Druckverformungsrest nach konstanter Verformung, sondern auch nach konstanter Belastung ermittelt.

6.6.5. Eindruck-Härten

6.6.5.1. Härteprüfungen bei Metallen

Die wichtigsten Härteprüfungen beziehen sich bei Kunststoffen genau so wie bei Metallen auf die Feststellung der Eindruckhärte, und die bei Kunststoffen angewandten Prüfungen sind von denen abgeleitet, die man ursprünglich für Metalle entwickelt hatte.

---

[5]) Druckverformungsrest $R_{DV} = \dfrac{h_0 - h_2}{h_0 - h_1} \cdot 100\,(\%)$

mit h_0 = Höhe der Druckproben vor dem Versuch
h_1 = Höhe der Druckproben während der Zwangsverformung
h_2 = Höhe der Druckproben 30 Min. nach Entlastung.

6.6. Härteprüfungen

Die bekanntesten Prüfmethoden auf dem Metallgebiet sind die *Rockwell-*, *Brinell-* und *Vickers-Härte*. Sie unterscheiden sich durch die Gestalt des Eindringkörpers (Kugel, Pyramide) und durch die Prüflast. In allen Fällen wird die Härte beurteilt nach dem Eindruck, welcher nach Entlastung und Wegnahme des Eindringkörpers infolge plastischer Verformung im geprüften Material zurückbleibt. Als Maß der Härte wird entweder der Quotient aus Prüflast und Eindruckfläche (Brinell, Vickers) oder eine mit der Eindrucktiefe in Zusammenhang stehende dimensionslose Zahl (Rockwell) angegeben.

Die Rockwell-Methode, bei der eine Stahlkugel bestimmten Durchmessers in das Material eingedrückt und nach Wegnahme der Last die Tiefe des Eindruckes gemessen wird, ist vor allem in den angelsächsischen Ländern auch in der Kunststoffprüfung weit verbreitet.

Der vollständigen Übersicht halber werden nachstehend kurz die bekanntesten Härteprüfmethoden für Metalle geschildert:
Bei der *Brinell-Härte* wird eine Stahlkugel ($\varnothing = 10$ mm) mit sehr hoher Last (500 kp) auf die Probe gedrückt, damit ein bleibender Eindruck entsteht. Nach der Entlastung wird der Durchmesser der als Eindruck entstandenen Kugelkalotte optisch gemessen und deren Oberfläche errechnet. Die Brinell-Härte ist dann gleich dem Quotienten aus der Druckkraft und der Eindruckfläche und wird in kp/mm^2 angegeben. Auch bei Ermittlung der *Rockwell-Härte* wird eine Stahlkugel (3.18, 6.35 oder 12.7 mm $\varnothing$ – je nach Härte des zu prüfenden Stoffes –) benutzt. Sie wird mit einer Vorlast von 10 kp auf die Probe gedrückt, der Nullwert eingestellt und dann die Hauptlast von 60 bzw. 100 kp aufgebracht. Wenn der Eindringvorgang zum Stillstand gekommen ist, wird die Hauptlast wieder entfernt und die Tiefe des Eindruckes gemessen. Die Einheit der Rockwellskala ist 0,02 mm. Die Härte wird nach dieser Skala, die von 0 bis 130 reicht, als dimensionslose Zahl angegeben. Bei sehr harten Stoffen wird eine Diamantkugel als Eindruckkörper benutzt.

Die *Vickers-Methode* benutzt eine vierseitige Diamant-Pyramide (136°). Nach Eindruck und Entlastung wird die Diagonale des bleibenden Eindruckes mit dem Mikroskop gemessen. Nach Berechnung der Eindruckoberfläche kann wie bei der Brinell-Härte die Vickers-Härte HV in kp/mm^2 angegeben werden.

Bei der von *Knoop* aus der Vickers-Härte entwickelten Methode wird durch Benutzung einer rhombischen Diamant-Pyramide die Meßgenauigkeit gegenüber der Vickers-Methode noch erhöht.

Nun muß aber deutlich gesagt werden, daß bei allen Eindruck-Versuchen – ebenso wie bei anderen mechanischen Prüfungen – die Zeit eine große Rolle spielt. Es folgt nämlich der spontanen (reinelastischen) Verformung eine zeitlich verzögerte Formänderung, die sich aus visko-elastischen und viskosen Anteilen zusammensetzt:
Bei *Metallen* ist die viskoelastische Formänderungskomponente von ganz untergeordneter Bedeutung. Deshalb ist die im Eindruck-Versuch erzeugte Deformation teils elastisch (reversibel), wegen der hohen spezifischen Belastung jedoch vorwiegend plastisch (irreversibel). Das bedeutet, daß der erzeugte Eindruck auch nach Entlastung und Wegnahme des Eindringkörpers weitgehend erhalten bleibt, und daher kann er ohne Vorbehalt und vor allem unabhängig von der Zeit ausgemessen werden.

6.6.5.2. Kugeleindruckhärte bei harten Kunststoffen

Kunststoffe haben dagegen eine ausgeprägte viskoelastische Verformungskomponente. Wird der Eindringkörper entlastet, dann geht der elastische Anteil der Deformation augenblicklich, anschließend der viskoelastische Anteil allmählich zurück. Damit würde aber die gemessene Eindrucktiefe (bzw. die daraus berechnete Härtezahl) nicht nur von der Belastungszeit, sondern auch von der Zeitspanne abhängig, die nach der Entlastung verstrichen ist (Bild 69). Man geht deshalb bei Kunststoffen besser so vor, daß man den Eindringkörper eine gewisse Zeit belastet und dann unter Last die gesamte (elastische, viskoelastische und viskose) Eindringtiefe mißt. Nach diesem Prinzip wird sowohl die modifizierte α-*Rockwell-Härte*, als auch die in Deutschland gebräuchliche *Kugeleindruckhärte* ermittelt.

Selbstverständlich können die Ergebnisse von Prüfmethoden, bei denen der Gesamteindruck gemessen wird (α-Rockwell, Kugeleindruckhärte) nicht verglichen werden mit Ergebnissen, denen der bleibende Eindruck zugrundeliegt (Rockwell-, Brinell-, Vickers-Härte). Es handelt sich um zwei grundsätzlich verschiedene Prüfarten.

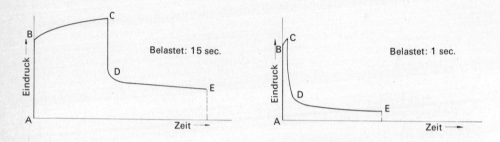

Bild 69   Eindrucktiefe in Abhängigkeit von der Zeit

　　　　AB = spontaner (elastischer) Eindruck (Belastung)
　　　　BC = viskoelastische Verformung (Belastungsdauer links 15 s, rechts 1 s)
　　　　CD = elastische Erholung (Entlastung)
　　　　DE = viskoelastische (verzögerte) Erholung

Die ursprünglich in VDE 0302 beschriebene, später in DIN 53456 übernommene und dabei leicht abgewandelte Prüfung der Kugeleindruckhärte verwendet als Eindringkörper eine Kugel von 5 mm Durchmesser. Sie wird unter bestimmter Last (5; 13,5; 36,5 oder 98 kp je nach Härte des Kunststoffes) in die Probe eingedrückt. Nach 10 s und nach 60 s Belastung wird die Eindringtiefe unter Last gemessen und damit auch der Zeiteinfluß, d. h. die „Kriechneigung" des Materials erfaßt. Die Härte berechnet sich dann nach der Formel

$$H = \frac{P}{D \cdot \pi \cdot t} \text{ (kp/cm}^2\text{) mit}$$

P = Prüflast (kp)
D = Kugeldurchmesser (cm)
t = Eindringtiefe (cm).

Anmerkung: $2r \cdot \pi \cdot t = D \cdot \pi \cdot t$ ist der mit dem Probematerial in Berührung stehende Teil der Kugeloberfläche. Die Berührungsfläche ist also proportional der Eindringtiefe. Die Kugeleindruckhärte stellt somit den Quotienten aus Prüflast und Berührungsfläche dar und hat deshalb die Dimension kp/cm².

6.6. Härteprüfungen

Tabelle 6 *Kugeldruckhärte* verschiedener thermoplastischer und duroplastischer *Kunststoffe*. Zum Vergleich dazu *Brinell-Härte* einiger *Metalle*, jedoch auf kp/cm² umgerechnet (nämlich mit 100 multipliziert, da Brinell-Härten normalerweise in kp/mm² angegeben werden).
Zahlenmäßig kann man die Kugeldruckhärten der Kunststoffe und die Brinell-Härten der Metalle nicht miteinander vergleichen. Der Größenunterschied allein ist aber lehrreich.

Polyäthylen niederer Dichte	140–	200 kp/cm²
Polyäthylen hoher Dichte	180–	300 kp/cm²
Polypropylen	650–	800 kp/cm²
Celluloseacetat	300–	600 kp/cm²
Celluloseacetobutyrat	450–	750 kp/cm²
Poystyrol		1 100 kp/cm²
Polyvinylchlorid hart		1 200 kp/cm²
Polycarbonat		1 000 kp/cm²
Polyamid 6/6	600–	800 kp/cm²
Acetalharz		1 450 kp/cm²
Acrylharz		1 800 kp/cm²

} Thermoplaste

Phenolharz (Preßteile)		1 300 kp/cm²
Harnstoffharz		1 400 kp/cm²
Melaminharz		1 800 kp/cm²
Polyesterharz	1 300–	2000 kp/cm²
Epoxidharz	1 500–	1 800 kp/cm²

} Duroplaste

Rein-Aluminium	1 500–	3 500 kp/cm²
Aluminium-Legierung	9 000–	11 000 kp/cm²
Messing	7 000–	14 000 kp/cm²
Bronze	6 000–	18 000 kp/cm²
Gußeisen	14 000–	24 000 kp/cm²
Stahl gehärtet	13 000–	25 000 kp/cm²

} Metalle

6.6.5.3. Shore-Härte bei weichen Kunststoffen

Bei gummiähnlichen oder weichgemachten Kunststoffen ist die sehr einfache, aber nicht allzu genaue *Shore-Härte-Prüfung* gebräuchlich, welche als Eindringkörper einen Stahlstift verwendet. Er hat die Form eines Kegelstumpfes (Shore A und C) bzw. einer abgerundeten Kegelspitze (Shore D) und wird mit bestimmter Federkraft in das Material eingedrückt (Bild 70). Die Eindringtiefe wird auf einer einfachen Meßuhr abgelesen und in Shore-Härte-Einheiten angegeben, deren Skala von 0 (= kein Widerstand, maximaler Eindruck) bis 100 (= sehr hoher Widerstand, kein Eindruck) reicht. Da das Gerät sehr handlich ist, kann die Prüfung nicht nur im Labor, sondern auch in Werkstatt und Betrieb durchgeführt werden (DIN 53505).

Tabelle 7 *Versuch einer vergleichenden Gegenüberstellung von Härtezahlen* (nach Reichherzer; einige Werte extrapoliert). Eine exakte Umrechnung und Zuordnung der nach verschiedenen Prüf-Verfahren ermittelten Meßwerte und Härteskalen ist natürlich nicht möglich.

Shore-Härte „A" DIN 53505	Shore-Härte „C" DIN 53505	Shore-Härte „D" DIN 53505	α-Rockwell- Härte ASTM D 785 „B"	Kugel- eindruckhärte DIN 53456 kp/cm^2
40	–	–	–	–
45	–	–	–	–
50	–	–	–	–
55	–	–	–	–
60	–	–	–	–
65	–	17	–	–
70	36	22	–	–
75	43	28	–	–
80	50	30	–	48
85	57	34	–	60
90	65	38	–	85
–	70	43	–	110
93	75	48	–	130
–	80	51	–	150
–	85	53	–	185
–	90	55	–	200
–	–	57	–	250
–	–	59	46	300
–	–	61	–	350
–	95	64	–	400
–	–	67	–	450
–	–	71	85	500
–	–	74	88	600
–	–	77	90	700
–	–	80	93	800
–	–	83	96	900
–	–	86	97	1000
–	–	90	100	1200
–	–	–	103	1400
–	–	–	106	1600
–	–	–	109	1800
–	–	–	113	2000
–	–	–	117	2200
–	–	–	122	2400

6.6. Härteprüfungen

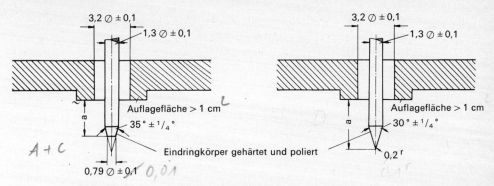

Bild 70   Härteprüfung nach Shore A, C und D (DIN 53 505)

Shore-Härten werden grundsätzlich nur für weiche Stoffe gemessen. Bei Kunststoffen beschränkt man sich in der Regel auf die Shore-Härte *A*. Die Skalen *C* und *D* werden für Materialien benutzt, die zwar auch noch weich, aber doch verhältnismäßig steif sind und wo man innerhalb der härteren Bereiche deutlicher differenzieren möchte.

6.6.5.4.   Eindruckverhalten von Fußbodenbelägen

Besondere Bedeutung hat die Prüfung des *Eindruckverhaltens* von *Fußbodenbelägen*. Hier kommt es darauf an festzustellen, ob die Beanspruchung mit Schuhabsätzen oder die Belastung durch Möbel bleibende Eindruckstellen verursacht. Nach den Richtlinien des „Industrieverbandes Kunststoff-Boden- und Wandbeläge e. V." wird laut DIN 51955 als Eindringkörper ein zylindrischer Stempel von 1 cm^2 Grundfläche verwendet und dieser unter einer Last von 50 kp 24 Stunden lang auf die Probe aufgesetzt. 24 Stunden nach Entlastung wird gemessen, wie sich die Probendicke an der Belastungsstelle verändert hat. In den Güterichtlinien ist gefordert, daß der bleibende Eindruck nach dieser Zeit höchstens 0,2 mm betragen darf. Damit ist sichergestellt, daß auch bei relativ hohen Lasten keine störenden Unebenheiten auf der Bodenfläche entstehen. Dieser Fall ist typisch für eine Prüfmethode, die ganz auf die praktischen Anforderungen ausgerichtet ist.

6.6.6.   *Oberflächenhärte, Abrieb, Reibwert*

In manchen Fällen wird als Kriterium für die Härte eines Materials nicht das Eindruck- bzw. Stauchverhalten herangezogen, vielmehr wird die „Härte" eines Werkstoffes nach seiner Kratzempfindlichkeit oder nach seinem Widerstand gegen Abnutzung und Verschleiß beurteilt. Dies trifft vor allem dort zu, wo irgendwelche Oberflächen durch Aufbringen einer Fremdschicht verschönert, vergütet oder gebrauchstüchtiger gemacht werden, z. B. durch Streichen, Lackieren, Beschichten usw. In diesem Falle spricht man dann aber besser von „Oberflächenhärte", wenn man es nicht überhaupt vorzieht, diesen Fragenkomplex mit „Kratz- bzw. Verschleißfestigkeit" oder „Abriebverhalten" zu kennzeichnen.

Am wenigsten geklärt sind die Ritz- oder Kratzprüfungen, welche ein Maß für die Verschrammbarkeit einer Oberfläche liefern sollen und damit dem Begriff der Oberflächenhärte am nächsten kommen. Sie werden z. B. mit Bleistiftspitzen verschiedener Härtegrade oder mit belasteten Stahl- oder Diamantnadeln ausgeführt, wobei es häufig erforderlich ist, die erzeugten Kratzspuren mikroskopisch zu betrachten und auszumessen. Die Aussagekraft solcher Prüfungen ist aber so umstritten und der Übergang zu den echten Abrieb- und Verschleißprüfungen mit wägbarem Materialverlust so fließend, daß sich bis heute keine einheitliche Auffassung durchgesetzt hat. Es kann deshalb gar nicht erwartet werden, daß allgemein anerkannte und auf eine Vielzahl von Werkstoffen anwendbare Prüfmethoden zur Verfügung stehen. Man hat es eben hier mit Eigenschaften zu tun, die physikalisch nicht mehr exakt zu erfassen sind, so daß sich die Prüfmethoden ausschließlich an den Erfordernissen der Praxis orientieren.

Wie schwierig die Verhältnisse sind, kommt schon darin zum Ausdruck, daß für die Messung der Abriebfestigkeit von Kunststoffen in einer 1965 erschienenen Zusammenstellung[6]) nicht weniger als 44 verschiedene Vorrichtungen beschrieben sind, die teils mit einem massiven Abriebkörper, teils mit losen Schleifmitteln und unter den verschiedensten Bedingungen arbeiten. In der Regel wird die nach einer bestimmten Beanspruchungszeit bzw. die nach einer bestimmten Anzahl von Arbeitszyklen abgeriebene Materialmenge gemessen und der Beurteilung zugrunde gelegt.

Einen festen Abriebkörper verwendet z.B. der „*Taber-Abraser*", ein amerikanisches Gerät, welches u.a. bei der Prüfung von dekorativen Schichtpreßstoffen eingesetzt wird (ASTM D 1300), um die Gebrauchstüchtigkeit der Oberfläche zu beurteilen. Dabei wird gefordert, daß pro 100 Arbeitszyklen nur eine bestimmte Materialmenge abgerieben und die eigentliche dekorative, durch einen Harzfilm geschützte Schicht erst nach einer gewissen Anzahl von Arbeitszyklen merklich angegriffen werden darf.

Ein weiteres Produkt, dessen *Verschleißfestigkeit* von besonderem Interesse ist, sind die *Fußbodenbeläge*. Auch hier sind viele Prüfmöglichkeiten untersucht worden, ohne daß es zu einer absolut befriedigenden Lösung gekommen ist. Weitgehend eingeführt ist die in DIN 51963 beschriebene, von Egner entwickelte Prüfung, weil sie sich für die verschiedensten Bodenbeläge eignet und in umfassenden Versuchen den besten Vergleich mit den unter Praxisbedingungen auftretenden Verhältnissen lieferte. Der wesentliche Teil der Prüfvorrichtung ist ein künstlicher „Fuß", dessen „Sohle" mit verschiedenen Abriebstoffen (feines oder grobes Schmirgelpapier, Sohlenkernleder etc.) belegt werden kann. Dieser Fuß bewegt sich unter bestimmter Belastung drehend auf dem zu prüfenden Belag hin und her und ahmt dadurch die natürliche Abnutzung durch Begehen nach.

Die in den Güterichtlinien des „Verbandes der Deutschen Bodenbelags-, Kunststoff-Folien- und Beschichtungs-Industrie e.V." geforderte Prüfung umfaßt mehrere Abschnitte mit unterschiedlichen Beanspruchungen, wobei auch Befeuchtung usw. eingeschaltet wird. Nach diesen Güterichtlinien wird am Ende der vorgesehenen 20 Prüfzyklen die Dicke der abgenutzten Schicht ermittelt.

Ursprünglich hatte man sogar nach 10 bzw. 22 Prüfzyklen die Dicke der abgenutzten Schicht ermittelt und daraus eine „Verhältniszahl" gebildet, indem man die ursprüngliche Nutzschichtdicke des Belages durch die abgenutzte Schichtdicke dividierte. Hatte ein Bodenbelag z.B. eine Nutzschicht von 3 mm Dicke und wurde während 22 Zyklen eine 0,1 mm dicke Schicht abgerieben, dann ergab sich eine Verhältniszahl $\eta_{22} = \frac{3,0}{0,1} = 30$. Ist die Nutzschicht eines Bodenbelages nur 0,5 mm, so lautete bei gleichem Abrieb die Verhältniszahl $\eta_{22} = \frac{0,5}{0,1} = 5$. Diese Verhältniszahl stellte also einen relativen, die Dicke des Belages berücksichtigenden Verschleißwiderstand dar und gab un-

---

[6]) „Zur Bestimmung der Abriebfestigkeit von Erzeugnissen aus Kunststoff" von Dr. H. Haldenwanger, Kunststoff-Rundschau 1965, Heft 1 und 2.

6.6. Härteprüfungen

mittelbar an, wie oft die genannte Prüfung durchgeführt werden kann, bis die ganze Nutzschicht durchgewetzt ist. In der Praxis hat sich dieses Verfahren nicht durchgesetzt.

Alle diese Abriebprüfungen kranken u. a. daran, daß die Prüfmittel – Schmirgel etc. – nie in ihren Eigenschaften gleich sind. Selbst wenn die Unterschiede nur geringfügig erscheinen, so können sie doch zu großen Streuungen der Prüfergebnisse führen. Zudem werden die Prüfungen sowohl hinsichtlich der Beanspruchungsart als auch der Umweltbedingungen unter vereinfachten Verhältnissen vorgenommen. Ein direkter Vergleich mit dem Verhalten eines Werkstoffes in der Praxis ist daher nur selten möglich. Man sollte die Ergebnisse deshalb auch nicht überbewerten und man muß sogar sehr vorsichtig sein, daß nicht irgendwelche unkontrollierten Einflüsse (z. B. ein Zusetzen bzw. Verschmieren des Abriebkörpers mit abgeriebenem Material und dergleichen) zu völlig falschen Werten führen. Vor allem darf man nicht den Schluß ziehen, ein Werkstoff mit hoher Abriebfestigkeit (= „Oberflächenhärte") müsse auch eine hohe Eindruckhärte haben und umgekehrt. Häufig ist gerade das Gegenteil richtig, weil ein verhältnismäßig weicher elastischer Stoff dem verschleißenden Angriff der Schmirgelkörner besser ausweichen kann und damit einen geringeren Abrieb liefert als ein spröder, harter Werkstoff. Eindruckhärte und Oberflächenhärte sind eben zwei völlig verschiedene, voneinander weitgehend unabhängige Eigenschaften.

Nur in losem Zusammenhang mit Härte und Abriebfestigkeit steht der für manche technischen Anwendungen wichtige *Reibwert* oder *Reibungskoeffizient*. Gleiten zwei sich flächig berührende Körper aneinander ab (z. B. ein Quader auf einer schiefen Ebene), so tritt eine die Bewegung hemmende Kraft auf, die man als Reibungskraft R bezeichnet. Bei der näheren Untersuchung des Reibungsvorganges kann man feststellen, daß diese Reibungskraft abhängig ist

      a) von der Kraft K, mit der die beiden Flächen aufeinander gedrückt werden,
      b) von dem Material, aus dem die beiden Körper bestehen,
      c) von der Beschaffenheit der sich berührenden Flächen.

Bemerkenswert ist, daß die Reibungskraft nur wenig von der relativen Geschwindigkeit der beiden Körper und der Größe der reibenden Flächen abhängt. Man kann also schreiben $R = \mu \cdot K$. Das heißt: Je größer die Kraft K ist, umso größer ist die Reibungskraft R, welche erforderlich ist, um den Bewegungsvorgang aufrecht zu erhalten. R und K sind einander proportional; die Proportionalitätskonstante μ heißt Reibwert oder Reibungskoeffizient.

Der gleiche Zusammenhang gilt auch für die Haftreibung, welche zwischen sich berührenden, aber zunächst noch ruhenden Flächen auftritt. Sie äußert sich darin, daß die beiden Flächen erst dann aufeinander zu gleiten beginnen, wenn die treibende Kraft eine bestimmte Größe überschreitet. Sie wird experimentell als Tangens des Neigungswinkels einer schiefen Ebene ermittelt, bei dem ein Versuchsklotz gerade zu gleiten beginnt.

Gleitreibwert und Haftreibwert sind abhängig von der Materialart und von der Oberflächenbeschaffenheit. Sie sind also keine Materialkonstanten, sondern müssen für jede Werkstoffpaarung gesondert bestimmt werden und variieren dann noch mit der Oberfläche. Man kann somit nicht „den" Reibwert eines Stoffes angeben. In jedem Falle ist aber die Haftreibung größer als die Gleitreibung. Die Reibung wird im allgemeinen besonders groß, wenn beide Flächen aus dem gleichen Werkstoff bestehen, weil dann die Erscheinung des sog. Einfressens auftritt.

Haft- und Gleitreibung können durch Schmiermittel, welche eine unmittelbare Berührung der festen Flächen verhindern, sehr stark vermindert werden. An ihre Stelle tritt dann die wesentlich kleinere innere Reibung im Schmiermittel (Flüssigkeitsreibung).

Die Gleitreibung ist meistens eine höchst unerwünschte Erscheinung, weil mit diesem Vorgang ein Energieverlust verbunden ist: Mechanische Energie wird vernichtet und in Wärme – natürlich auch in Verschleiß der reibenden Flächen – umgesetzt.

Für den Einsatz von Kunststoffen ergeben sich daraus zwei wichtige Forderungen:
1. Gleitlager oder Buchsen aus Kunststoffen sollen möglichst dünn sein, um ausreichende Wärmeableitung zu gewährleisten. Aus dem gleichen Grunde bleibt die Lagerlänge zweckmäßig unter $1,2 \cdot D$, wenn D der Durchmesser des Wellenzapfens ist.
2. Die Reibung muß durch entsprechende Werkstoffpaarung und/oder den Einsatz von Schmiermitteln so klein gehalten werden, daß die zulässige Gebrauchstemperatur des Kunststoffes nicht überschritten wird.

Die Gleitreibwerte einiger bekannter Gleitwerkstoffe gegenüber Stahl liegen in der nachfolgend angegebenen Größenordnung (Tabelle 8). Die Haftreibwerte müssen etwa 20 bis 25 % höher angesetzt werden.

Tabelle 8 Gleitreibwerte einiger bekannter Gleitwerkstoffe

Phenolharz-Hartgewebe	trocken	0,30–0,40
	Wasserschmierung	0,10–0,15
	Ölschmierung	0,05–0,10
Polyamid	trocken	0,15–0,30
	Wasserschmierung	0,10–0,20
	Ölschmierung	0,05–0,10
Acetalharz	trocken	0,10–0,30
	Wasserschmierung	0,10–0,20
	Ölschmierung	0,05–0,10
Hartholz	trocken	0,35–0,40
	Wasserschmierung	nicht zu empfehlen
	Ölschmierung	0,15–0,20
		(dickflüssiges Öl und Fett)
Bronze	trocken	nicht zu empfehlen
	Wasserschmierung	
	Ölschmierung	0,02–0,10
Polytetrafluoräthylen	trocken	0,09–0,19
(z. B. Teflon)	Wasserschmierung	0,07–0,11
	Ölschmierung	0,02–0,06

Aus der Zusammenstellung ist ersichtlich, daß Kunststoffe bei Beachtung gewisser Vorsichtsmaßregeln, welche ihre geringe Wärmeleitfähigkeit und Festigkeit berücksichtigen, tatsächlich als Gleitwerkstoffe sehr geeignet sind. Vor allem stellt vielfach schon Wasser ein recht brauchbares Schmiermittel dar, wodurch eine besonders gute Kühlung des Lagers erzielt werden kann. Nicht zu übersehen sind ferner die Notlaufeigenschaften, die in relativ niedrigen Reibwerten bei Trockenlauf zum Ausdruck kommen.

6.6. Härteprüfungen

Jeder Reibungsvorgang ist mit einer Abnutzung der aufeinander reibenden Flächen verbunden, über die aber der Reibwert nichts aussagen kann. Der Reibwert ist zwar ein Maß für den auftretenden Energieverlust, liefert aber keinen Hinweis für den Verschleiß und damit letztlich für die Lebensdauer einer bestimmten Werkstoffpaarung. Reibung und Verschleiß dürfen nicht miteinander verwechselt werden. Ein Kunststoff mit niedrigen Reibwerten muß noch lange nicht abriebfest sein, ein Umstand, der häufig nicht ausreichend berücksichtigt wird. Außerdem wäre immer zu prüfen, 1. ob die Druckfestigkeit des Materials ausreicht, 2. ob bei der unvermeidlich entstehenden Reibungswärme die Wärmeformbeständigkeit nicht überschritten wird. Die Gleiteigenschaften als solche mögen noch so gut sein; wenn z. B. bei großen Geschwindigkeiten eine sehr hohe Wärme entsteht oder wenn ein zu hoher Druck vorhanden ist, dann fallen die meisten Kunststoffe aus. Allenfalls kommen sie in Verbindung mit Sinterbronze oder dergleichen als Verbundwerkstoff in Betracht.

7. Thermisches Verhalten

Schon bei der Besprechung der mechanischen Eigenschaftswerte ist immer wieder zum Ausdruck gekommen, welch wichtige Einflußgröße die Temperatur darstellt. Sie ist in der Tat von so großer Bedeutung, daß man sagen kann: Aus der Kenntnis des thermischen Verhaltens der Kunststoffe gewinnt man den Schlüssel zum Verständnis der Kunststoffe überhaupt und ganz besonders in den Fällen, wo ihre Eigenschaften ungewöhnlich erscheinen. Veränderliche Temperaturen treten – gewollt oder ungewollt – sowohl bei der Verarbeitung, als auch bei der Anwendung der Kunststoffe auf, und besonders bei der Anwendung ist es wiederum nicht gleichgültig, ob bestimmte Temperaturen nur kurzzeitig oder über längere Zeiträume auf die Werkstoffe einwirken. Für den Anwender steht in den meisten Fällen das mechanisch-thermische Verhalten im Vordergrund des Interesses, häufig sind aber auch die rein thermischen Kenngrößen wie Wärmeausdehnung und Wärmeleitfähigkeit von ausschlaggebender Bedeutung für Wert und Einsatzfähigkeit eines bestimmten Kunststoffes. Das Thema ist also sehr weit gespannt.

Sowohl Verarbeiter wie auch Anwender müssen sich mit dem thermischen Verhalten der Kunststoffe auseinandersetzen. Den Verarbeitern ist die Kenntnis der Verarbeitungstemperaturen am wichtigsten. Die Maschinentechniker wollen vorzugsweise wissen, bis zu welchen Temperaturen sie Kunststoffelemente und -konstruktionen beanspruchen können. Die Bauingenieure fragen nach den Werten für Wärme- bzw. Kälteisolierung und nach dem Brandverhalten der Kunststoffe. Das besondere Interesse zielt zwar auf verschiedene Komplexe, aber alle sind begründet in dem speziellen Verhalten der Kunststoffe in der Wärme.

7.1. Abhängigkeit der mechanischen Eigenschaften von der Temperatur

Nicht ohne Grund wird bei allen mechanischen Prüfungen die Prüftemperatur immer genau vorgeschrieben – in der Regel $+23\,°C$. Schon relativ geringfügige Abweichungen von der Solltemperatur können die Prüfergebnisse beeinflussen und zu falschen, nicht reproduzierbaren Eigenschaftsangaben führen. Ganz allgemein kann man sagen, daß die Kunststoffe mit abnehmender Temperatur fester, härter und spröder werden, mit zunehmender Temperatur dagegen „erweichen", d.h. an Festigkeit und Härte einbüßen, und an Zähigkeit gewinnen.

Selbstverständlich ist dieser Temperatureinfluß bei den einzelnen Kunststoffen und je nach Lage des fraglichen Temperaturbereiches unterschiedlich stark und verschieden geartet. Als Faustregel kann der Satz gelten: Kunststoffe verhalten sich bei normalen Temperaturen ähnlich wie Stahl bei Temperaturen von rund $500\,°C$ und darüber. Das will zugleich besagen: Die Temperaturabhängigkeit der mechanischen Eigenschaften der Kunststoffe ist schon nahe bei Raumtemperatur sehr ausgeprägt.

Von ihrer molekularen Struktur her wird man bei Duroplasten erwarten müssen, daß sie weniger stark auf Temperaturänderungen reagieren als die unvernetzten Thermoplaste. Wie stark bei letzteren eine solche Änderung im Bereich zwischen 20 und $100\,°C$ wirken

7.1. Abhängigkeit der mechanischen Eigenschaften von der Temperatur

kann, geht aus Spannungs/Dehnungs-Diagrammen eines Acryl-Nitril-Copolymers (Bild 71) und eines harten Polyvinylchlorids (Bild 72) hervor, die bei verschiedenen Temperaturen aufgenommen wurden. Die Streckgrenze im Zugversuch nimmt mit ansteigender Temperatur stark ab, während die Gesamtdehnung größer wird. Bei PVC hart ist an der Diagrammform für Temperaturen oberhalb 75 °C der Übergang in den gummielastischen Zustand abzulesen. Dieser Übergangsbereich liegt bei den meisten harten, nicht-kristallinen thermoplastischen Kunststoffen zwischen 70 °C und 100 °C.

Im allgemeinen wird nun allerdings nicht das gesamte Spannungs-Dehnungs-Diagramm dargestellt, sondern nur die Zugfestigkeit oder Biegefestigkeit (gegebenenfalls die Streckgrenze bzw. Grenzbiegespannung) in Abhängigkeit von der Temperatur angegeben.

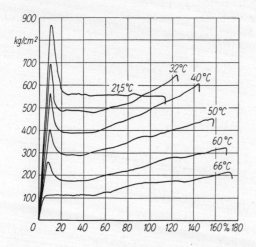

Bild 71 Spannungs-Dehnungs-Kurven eines Acryl-Nitril-Copolymers bei verschiedenen Temperaturen (nach Taprogge)

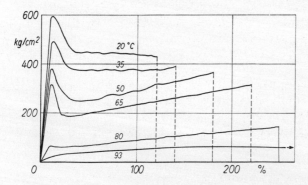

Bild 72 Spannungs-Dehnungs-Kurven eines harten Polyvinylchlorids bei verschiedenen Temperaturen (nach Taprogge)

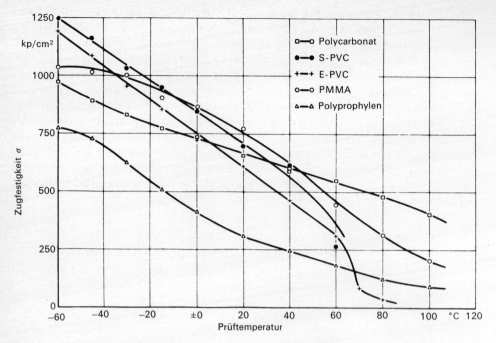

Bild 73 Abhängigkeit der Zugfestigkeit verschiedener Thermoplaste von der Temperatur

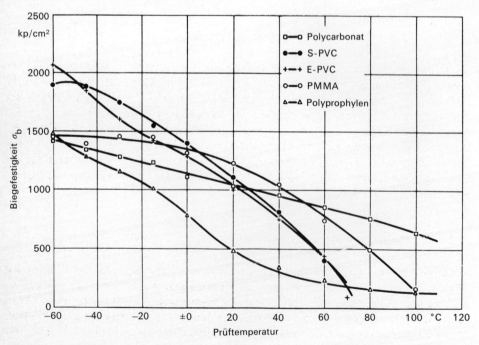

Bild 74 Abhängigkeit der Biegefestigkeit verschiedener Thermoplaste von der Temperatur

7.2. Zustands- und Übergangsbereiche

Solche Festigkeitswerte, gemessen an fünf bekannten thermoplastischen Kunststoffen im Kurzzeitversuch zwischen $-60\,°C$ und $+100\,°C$, sind in den Diagrammen Bild 73 und 74 eingetragen. Hier zeigt sich zunächst, daß sowohl die Werte der Zugfestigkeit wie auch die der Biegefestigkeit mit steigender Temperatur schlechter werden, aber die Veränderung ist durchaus nicht gleichmäßig. Daß die Werte bei den einzelnen Stoffen unterschiedlich sind, war zu erwarten. Wenn man aber annehmen möchte, die Werte der Zugfestigkeit würden im gleichen Maße abnehmen wie die der Biegefestigkeit, so stimmt das nicht – wie ein Vergleich der beiden Diagramme zeigt. Noch deutlicher wird das, wenn man in Prozentzahlen die Änderung der Zugfestigkeit und die der Biegefestigkeit bei einer Temperaturerhöhung von $+20\,°C$ auf $+60\,°C$ errechnet und vergleicht. Bei diesen in Tabelle 9 aufgeführten Zahlen handelt es sich zwar nur um Näherungswerte, doch zeigen sie vielleicht noch besser als die Kurven, wie wichtig die Temperaturverhältnisse sowohl bei der Prüfung wie auch bei der Anwendung zu bewerten sind.

Tabelle 9   Abfall der Zug- und Biegefestigkeit einiger thermoplastischer Kunststoffe bei Temperaturerhöhung von $+20\,°C$ auf $+60\,°C$ in Prozent der Werte bei $+20\,°C$.

Werkstoff	Änderung der Zugfestigkeit	Änderung der Biegefestigkeit
PC	ca. 15 %	ca. 20 %
S-PVC	ca. 60 %	ca. 60 %
E-PVC	ca. 50 %	ca. 55 %
PMMA	ca. 40 %	ca. 35 %
PP	ca. 40 %	ca. 50 %

Wenn nun umgekehrt mit abnehmender Temperatur die Festigkeit steigt, so ist das vom konstruktiven Standpunkt aus als günstig zu bezeichnen. Man muß allerdings berücksichtigen, daß mit der Festigkeitszunahme im allgemeinen ein sehr hoher Abfall der Schlag- und Kerbschlagzähigkeit verbunden ist, die erhöhte Festigkeit wird mit einer Versprödung erkauft. Den Bildern 75 und 76 ist zu entnehmen, daß Einsatzpunkt und Ausmaß dieser Versprödung sehr unterschiedlich sein können. Liegt der Steilabfall der Schlag- und Kerbschlagzähigkeit wie bei PP knapp unterhalb der Raumtemperatur, so kann der Einsatz eines Kunststoffes bei Kältetemperaturen trotz ausreichender Festigkeit auch von dieser Seite her schon problematisch werden.

7.2. Zustands- und Übergangsbereiche

Angaben über die mechanischen Eigenschaften in Abhängigkeit von der Temperatur müssen für jeden Kunststoff vorliegen, über dessen mechanisch-thermisches Verhalten man sich ein Bild machen will. Die Vielfalt der Einzelerscheinungen kann in charakteristische Gruppen eingeteilt werden, die mit dem molekularen Aufbau der Kunststoffe in engem Zusammenhang stehen und unter einheitlichen Gesichtspunkten beschrieben werden.

Niedermolekulare Stoffe durchlaufen beim Übergang von tiefen zu hohen Temperaturen verschiedene Aggregatzustände (fest – flüssig – gasförmig), wobei der Übergang von einem Zustand zum anderen bei einer ganz bestimmten Temperatur erfolgt (Schmelzpunkt, Siedepunkt). Auch die Kunststoffe ändern ihren Zustand mit steigender Temperatur. Die dabei eintretenden Veränderungen gehen jedoch nicht plötzlich vor sich, sondern vollziehen sich allmählich. Man kann deshalb hier nicht von Aggregatzuständen und Übergangspunkten sprechen, sondern kennzeichnet Zustands- und Übergangsbereiche, die nachfolgend erläutert werden sollen.

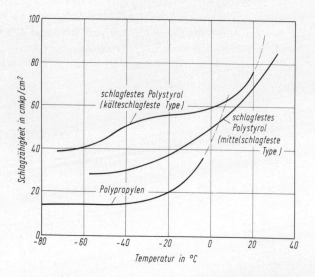

Bild 75   Abhängigkeit der Schlagzähigkeit von der Temperatur (nach Hachmann)

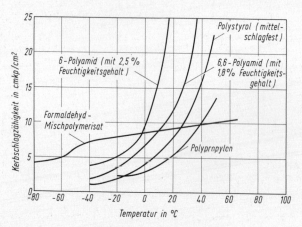

Bild 76   Abhängigkeit der Kerbschlagzähigkeit von der Temperatur (nach Hachmann)

7.2. Zustands- und Übergangsbereiche

7.2.1. Amorphe Thermoplaste

In Bild 77 ist die Zugfestigkeit und Dehnung eines amorphen, nicht kristallisierenden Thermoplasten über einen größeren Temperaturbereich (von etwa $-100\,°C$ bis etwa $+300\,°C$) schematisch dargestellt. Bei tiefen Temperaturen ist die Zugfestigkeit verhältnismäßig hoch und die Dehnung gering. Ermittelt man in diesem Bereich zusätzlich die Schlag- und Kerbschlagzähigkeit, so stellt man fest, daß die Probekörper glasartig brechen, also sehr spröde sind. Dies rührt daher, daß bei tiefen Temperaturen die Makromoleküle in ihrer gegenseitigen Lage fest und starr fixiert sind und sich auch unter dem Einfluß äußerer Kräfte nicht gegeneinander bewegen können. Anders ausgedrückt: Bei tiefen Temperaturen ist die thermische Energie der Moleküle sehr gering, die einzelnen Atome können nur kleine Schwingungen um ihre Ruhelage ausführen und dabei die zur Überwindung der Nebenvalenzkräfte erforderliche Schwingungs-Energie nur äußerst selten erreichen (s. S. 27). Man sagt daher recht anschaulich, die Moleküle sind „eingefroren" und bezeichnet diesen Zustand als „Glaszustand".[7])

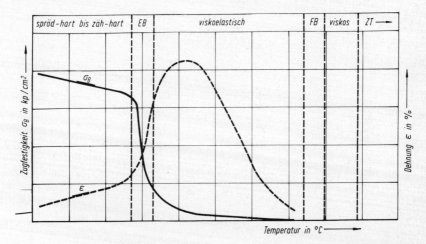

Bild 77 Zustandsdiagramm amorpher Thermoplaste – schematisch dargestellt am Temperaturverlauf der Zugfestigkeit und der Dehnung über einen Temperaturbereich von etwa -100 bis $+300\,°C$
EB = Einfrierbereich
FB = Fließbereich
ZT = Zersetzungstemperatur

Steigt die Temperatur an, dann nimmt die thermische Energie zu, die atomaren Schwingungen werden größer und größer, bis schließlich ihre Energie ausreicht, um kurzzeitig die Nebenvalenzkräfte zu überwinden, welche die Ketten zusammenhalten. In diesem

---

[7]) Glas ist als amorpher Stoff allgemein bekannt; es verhält sich ähnlich wie die Kunststoffe: Es ist bei tiefen Temperaturen spröd-hart, erweicht bei steigender Temperatur in zunehmendem Maße und bildet bei hoher Temperatur eine zähe Schmelze.

Temperaturbereich können unter dem Einfluß äußerer Kräfte ganze Kettenstücke ihre gegenseitige Lage verändern: Die Moleküle „tauen" zunehmend auf. Die dadurch möglichen Platzwechsel finden zunächst nur in kleinen Bereichen statt, die ganze Molekularstruktur wird aber dadurch so beweglich und „weich", daß man wiederum anschaulich von der „Erweichungstemperatur" spricht. (Wenn man von höheren zu tieferen Temperaturen übergeht, sagt man auch „Einfriertemperatur" oder „Glastemperatur"; Erweichungs-, Einfrier- und Glastemperatur sind also gleichwertige Bezeichnungen). Da der Übergang innerhalb eines größeren Temperaturbereiches zeitabhängig vor sich geht, wählt man besser die Bezeichnung „Erweichungsbereich" bzw. „Einfrierbereich", oder ganz allgemein „Übergangsbereich".

In diesem Übergangsbereich, der bei amorphen, aus einheitlichen monomeren Molekülen aufgebauten Stoffen eine Breite von ~50 °C hat, ändern sich die mechanischen Eigenschaften sehr stark mit der Temperatur, die Zugfestigkeit fällt steil ab, die Dehnung steigt an. An den Übergangsbereich kann sich aber auch noch ein längerer oder kürzerer Bereich anschließen, in dem eine Art gummielastisches Verhalten vorherrscht, welches durch niedrigen Elastizitätsmodul und hohe reversible Dehnung charakterisiert ist. Dies ist dadurch zu erklären, daß die langen Moleküle nicht nur in sich, sondern auch gegenseitig verschlauft sind und diese Verschlaufungen in gewissem Umfang wie die Vernetzungsstellen der Elastomere wirken.

Man spricht hier von einem „quasi-gummielastischen" Bereich; er ist umso ausgeprägter, je länger die Molekülketten sind, je stärker sie also verschlaufen können. (Der Zugversuch ist nur in den wenigsten Fällen geeignet, diesen quasigummielastischen Zustand festzustellen. Im allgemeinen müssen dazu empfindlichere, auch bei niedrigen Festigkeiten anwendbare Prüfmethoden herangezogen werden, wie z. B. der Torsionsschwingungsversuch, s. S. 140). Da es sich aber bei den Verschlaufungen um keine echte Vernetzung handelt, die Moleküle also letztlich doch voneinander abgleiten können, überlagert sich dem gummielastischen Verhalten ein Fließen, das mit weiter ansteigender Temperatur stärker wird, bis auch diese Stoffe im „Fließbereich" in den Zustand überwiegend viskosen oder plastischen Fließens übergehen. Nur bei sehr langen und sperrigen Molekülketten kann es vorkommen, daß ein viskoses Fließen ausbleibt; der quasi-gummielastische Bereich reicht dann bis zur Zersetzungstemperatur (Beispiel: gegossenes Acrylglas). Daß amorphe Thermoplaste bei Auflockerung des Molekülgefüges zunächst „quasi-gummielastisch" werden, ist in doppelter Hinsicht praktisch wichtig:

In diesem Zustand erhöhter Temperatur können thermoplastische Halbzeuge, die bei Raumtemperatur hart sind, mit geringen Kräften nachgeformt werden; Rohre z. B. lassen sich von Hand biegen; Tafeln werden durch Vakuum auf Tiefziehmaschinen verformt. Solche Formungen im „thermo-elastischen" Zustand müssen durch Abkühlen unter Spannung bis unterhalb des Einfrierbereiches eingefroren werden. Beim Wiedererwärmen auf die Formungstemperatur gehen sie – anders als die Formungen im „thermo-plastischen" Zustand oberhalb des Fließbereiches – völlig zurück, sind also weniger wärmeformbeständig als diese.

Selbstverständlich wird oberhalb des Fließbereiches die zunächst sehr hochviskose Schmelze mit zunehmender Temperatur immer dünnflüssiger. Bei den meisten Stoffen nähert man sich aber dann sehr schnell dem Bereich, in dem die Moleküle in kurzer Zeit thermisch geschädigt, d. h. abgebaut und zersetzt werden. In diesem Temperaturbereich ist die thermische Energie der Moleküle so hoch, daß durch die Schwingungen und Zusammenstöße der Atome nicht nur die Nebenvalenzkräfte, sondern auch die innerhalb der Ketten wirkenden Hauptvalenzkräfte überwunden werden können. Jeder derartige Vorgang führt zum irreversiblen Kettenbruch und somit zum sukzessiven Abbau, der sich zunächst in einer Verringerung des Molekulargewichtes und letztlich in der völligen Zersetzung der Makromoleküle auswirkt. Die Schädigung tritt in diesem mit „Zersetzungstemperatur" gekennzeichneten Bereich innerhalb der unter normalen Bedingungen für die Verarbeitung erforderlichen Zeit auf. Die Zersetzung – also der Abbau der Moleküle – ist allgemein nicht nur von der Höhe der Temperatur sondern auch von der Dauer ihrer Einwirkung abhängig. So kann es auch schon bei Temperaturen unter dem „Zersetzungsbereich" zum Abbau der Moleküle kommen, und die Abbauprodukte beschleunigen womöglich den Prozeß weiter. (Ursprünglich bei PVC eine sehr gefürchtete Erscheinung, die man dann aber durch „thermische" Stabilisatoren stark eindämmte.)

7.2.2. Kristalline Thermoplaste

Die Unterschiede im Aufbau amorpher und kristalliner Thermoplaste sind grundsätzlich schon dargestellt worden. Sie machen sich vor allem bemerkbar, wenn man einerseits die amorphen und andererseits die kristallinen Thermoplaste in ihren Zustands- und Übergangsbereichen verfolgt.

Polyolefine, Polyamide und Polyacetale sind die wichtigsten Vertreter jener Hochpolymeren, die wegen ihrer regelmäßigen Kettenstruktur zur Kristallisation befähigt sind, aber nicht völlig auskristallisieren. Man muß sich vielmehr vorstellen, daß mehr oder weniger stark ausgeprägte kristalline (geordnete) Bereiche in amorphen (ungeordneten) Bereichen eingebettet liegen. Dabei ist es keineswegs so, daß ein bestimmtes Kettenmolekül nur einem bestimmten Kristallit oder einem bestimmten amorphen Bereich angehört. Die Molekülketten können mehrere Kristallite durchlaufen und in den amorphen Zwischengebieten mit anderen Ketten verknäuelt und verschlauft sein. Es existiert also eine bestimmte Anordnung von steifen Kristalliten, die durch weniger steife amorphe Gebiete wie durch Gelenke miteinander verbunden sind.

Mit Hilfe dieses Bildes der verbindenden Gelenke läßt sich nun das von den amorphen Thermoplasten etwas abweichende Verhalten der kristallinen Thermoplaste einfach und doch treffend erklären: Bei tiefen Temperaturen befinden sich die kristallisierenden Thermoplaste in einem eingefrorenen Zustand, der sich vom Glaszustand der amorphen Thermoplaste nicht unterscheidet (Bild 78), es sei denn, daß die kristallisierenden Thermoplaste in diesem Zustand besonders spröde sind. Mit zunehmender Temperatur tritt meist noch unterhalb des Gebrauchstemperaturbereichs und zwar weit unter 0°C, ein Übergangsbereich (Einfrierbereich) auf, in dem die amorphen Bestandteile – die „Gelenke" – eine gewisse Beweglichkeit erhalten und zunehmend viskoelastisch werden. Die Temperatur reicht aber noch nicht aus, um die festgefügten kristallinen Bereiche zu erweichen. Während also ein nichtkristallines Material in diesem Temperaturbereich bereits seinen molekularen Zusammenhalt und damit seine Zugfestigkeit schnell verliert, wird bei den kristallisierenden Stoffen dieser Festigkeitsabfall durch die versteifende Wirkung der kristallinen Bereiche weitgehend abgefangen. Der Werkstoff wird oberhalb des Einfrierbereiches zwar weicher, behält aber seinen formsteifen Charakter bis nahe an den Kristallitschmelzpunkt; das heißt: die Zugfestigkeit sinkt zunächst nur wenig ab. Die Gelenkbeweglichkeit in Verbindung mit den festen kristallinen Anteilen der Molekülketten

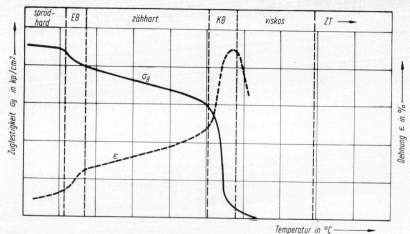

Bild 78 Zustandsdiagramm teilkristalliner Thermoplaste EB = Einfrierbereich; KB = Kristallitschmelzbereich; ZT = Zersetzungstemperatur.

erklärt die besonders hohe Zähigkeit dieser Thermoplastgruppe. Anders als bei den amorphen Thermoplasten, deren Gebrauchswert *unterhalb* des Einfrierbereiches liegt, liegt der Gebrauchswert der kristallinen Thermoplaste *oberhalb* des Einfrierbereiches. Man darf sich durch die unterschiedliche Bedeutung des Einfrierbereiches bei den beiden Gruppen nicht verwirren lassen. Der Gebrauchswert der kristallinen Thermoplaste hängt also davon ab, daß der Einfrierbereich genügend tief, der Kristallit-Schmelz-Bereich jedoch genügend hoch liegt. – Erst in der Nähe des Kristallitschmelzpunktes, und zwar innerhalb eines recht engen Temperaturbereiches, schmelzen die Kristallite auf, und der Stoff geht in den thermoplastischen, d. h. viskosen Zustand über.

7.2.3. Elastomere und Thermoelaste

Auch die als Elastomere bezeichneten, schwach vernetzten, amorphen Hochpolymeren – unterscheiden sich im Glaszustand grundsätzlich nicht von den amorphen Thermoplasten. Bei diesen Werkstoffen schließt sich jedoch an den Übergangsbereich (Einfrierbereich), der gummielastische Zustand an, in welchem sie eine hohe reversible Dehnbarkeit aufweisen. Die Zugfestigkeit behält trotz weiter ansteigender Temperatur ein gewisses Niveau bei oder steigt sogar leicht an, bis die Zersetzungstemperatur erreicht ist (Bild 79). Ein thermoplastischer (viskoser) Zustand tritt bei diesen Stoffen nicht mehr auf.

In jüngster Zeit wird zwischen Elastomeren und Thermoelasten genauer unterschieden, obwohl beide bis zur Zersetzungstemperatur weitmaschig vernetzte hochpolymere Werkstoffe sind. *Elastomere* werden sie genannt, wenn die Glasübergangstemperatur (bei amorphen Polymeren) *unter 0 °C liegt*. Thermoelaste werden sie genannt, wenn die Glasübergangstemperatur bzw. Schmelztemperatur *über 0 °C liegt*.

Die Gummielastizität ist eine notwendige Folge der gegenseitigen Verknüpfung der Molekülketten: Wird ein elastomerer Werkstoff (z. B. Weichgummi) oberhalb der Einfriertemperatur durch äußere Kräfte belastet, dann wird das weitmaschige Netz aus verknäuelten Kettenmolekülen „gestreckt", und dadurch wird ein Spannungszustand erzeugt (Bild 80). Wegen der gegenseitigen Verknüpfung können nun die Moleküle aber

7.2. Zustands- und Übergangsbereiche

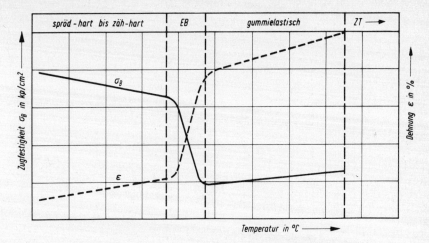

Bild 79   Zustandsdiagramm von Elastomeren bzw. Thermoplasten.
EB = Einfrierbereich; ZT = Zersetzungstemperatur.

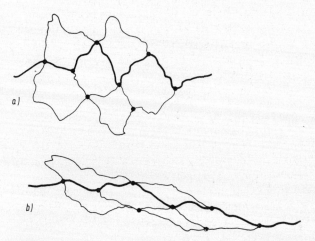

Bild 80   Schematische Darstellung der Gummi-Elastizität
a) Molekülnetz im Normal-Zustand; b) Molekülnetz im gestreckten Zustand.
Die dunkle Linie verdeutlicht die Verstreckung (Bild 80 entspricht an sich dem Bild 9, doch ist hier das Schema der Verstreckung betonter)

nicht wie die Ketten der unvernetzten Thermoplaste voneinander abgleiten und so den Spannungszustand langsam abbauen. Die innere Spannung bleibt vielmehr erhalten, bis die Moleküle nach Wegnahme der äußeren Belastung wieder in den alten verknäuelten, ungespannten Zustand zurückkehren. Die Dehnung ist verzögert reversibel, es tritt kein viskoses Fließen und damit keine bleibende Formänderung ein.

7.2.4. Duroplaste

Wenn man von der Verarbeitung der klassischen Duroplaste – Phenolharze, Harnstoffharze und Melaminharze – ausgeht, dann ist festzustellen, daß Preßmassen oder harzgetränkte Papiere, Gewebe, Furniere beim Start der letzten Herstellungsphase noch nicht ausgehärtet sind. Unter dem Einfluß von „Druck und Wärme" fließen die Harze, um anschließend an die Formgebung zu vernetzen und auszuhärten, wobei die Füllstoffe und verstärkenden Mittel gleichsam in den duroplastischen Verband eingeschlossen sind. Die letzte Verarbeitungsstufe ist also nicht nur der physikalische Vorgang der Formgebung, sondern zugleich der chemische Vorgang der Vernetzung. – Die neueren Reaktionsharze – ungesättigte Polyesterharze und Epoxidharze – bestehen überwiegend aus zunächst nicht-makromolekularen flüssigen Ausgangsprodukten, die also auch leicht gegossen bzw. verpreßt werden können. Unmittelbar im Anschluß an die Formgebung setzt aber auch hier die Vernetzung – sprich „Aushärtung" – ein.

Im räumlich vernetzten Endzustand stellen Duroplaste praktisch ein einziges Molekül dar. Eine übereinandergleitende Bewegung der Moleküle, d. h. ein Schmelzen und Fließen ist gar nicht mehr möglich. Bei steigender Temperatur ist selbst ein stärkeres Schwingen der Moleküle im Mikrobereich fast völlig unterbunden. Zwar besitzen auch die Duroplaste einen an den Glaszustand anschließenden Übergangsbereich, aber er ist nur andeutungsweise vorhanden und durch Messung der Zugfestigkeit und Dehnung nicht mehr festzustellen (Bild 81). Beide Eigenschaften bleiben von tiefen bis zu mittleren Temperaturen weitgehend konstant und ändern sich frühestens in der Nähe der Zersetzungstemperatur. So kommt es ohne Ausbildung thermischer Übergangsbereiche schließlich zur Zersetzung.

Dieses gegenüber Thermoplasten und Elastomeren völlig abweichende Verhalten ist bedingt durch die in relativ engen Abständen vorhandenen Querverbindungen zwischen den Molekülketten, welche ein starres Raumnetz entstehen lassen. Jede äußere mechanische Beanspruchung wird sofort durch die Valenzkräfte aufgenommen; dadurch ist auch bei erhöhten Temperaturen die Möglichkeit zum „Strecken" des Raumnetzes und damit zur vollen Ausnutzung aller Valenzkräfte stark eingeengt.

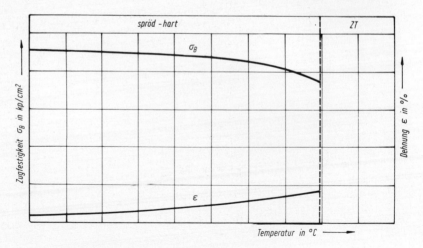

Bild 81   Zustandsdiagramm ausgehärteter Duroplaste

7.2. Zustands- und Übergangsbereiche

Die Zugfestigkeit der Duroplaste kann daher nicht sonderlich hoch sein, und die Dehnung ist sehr klein. Dennoch sind sie wegen ihrer bei allen Temperaturen geringen Dehnung als Bindemittel im Verbund mit Verstärkungen zur Herstellung vielseitiger Kunststoffprodukte hoher Festigkeit geeignet. Reaktionsharze haben das Einsatzgebiet der Duroplaste noch dadurch sehr erweitert, daß sie je nach Bedarf gebrauchsgerecht auf unterschiedliche engere oder weitere Vernetzung eingestellt werden können und dann eine größere Streifigkeit oder eine gewisse Schmiegsamkeit sichern.

7.2.5. Temperaturabhängigkeit von Schubmodul und Dämpfung

Die beschriebenen Zustands- und Übergangsbereiche allein mit Hilfe der Zugfestigkeit und Dehnung festzustellen, wäre ein sehr aufwendiges und zudem nicht einmal sehr genaues Verfahren. Wie schon angedeutet wurde (S. 87), ist für solche Zwecke die Messung des Schubmoduls im Torsionsschwingungsversuch weit besser geeignet. Jeder hochpolymere Werkstoff besitzt nämlich eine für ihn charakteristische Abhängigkeit des Schubmoduls (und Elastizitätsmoduls) von der Temperatur, so daß die zeichnerische Darstellung dieser Temperaturfunktion als eine Art „Kennkarte" angesehen werden kann, aus der die wichtigsten mechanisch-thermischen Eigenschaften des Materials zu entnehmen sind. Diese Tatsache wird in DIN 7724 E folgerichtig sogar zur Klassifizierung und Begriffsbestimmung hochpolymerer Werkstoffe herangezogen.

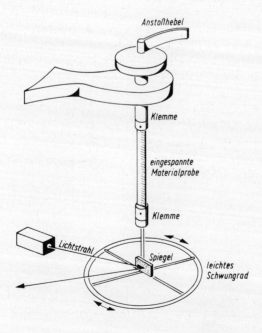

Bild 82 Torsionsschwingungsversuch nach DIN 53445

Beim Schubmodul und der Schwingungsdämpfung handelt es sich nicht um technologische, sondern um physikalische Eigenschaftswerte. Deshalb ist ihre Ermittlung nicht an ein bestimmtes apparatives Verfahren oder eine bestimmte Form des Probekörpers gebunden. Die in DIN 53445 vorgeschlagene Versuchsanordnung hat den Vorteil, mit relativ kleinen Probekörpern auszukommen (Dicke 1 mm, Breite 10 mm, Länge 60 mm) und *ein* Probekörper reicht aus, um die ganze Temperaturfunktion zu messen. Besonders günstig ist, daß nur mit kleinen Kräften gearbeitet wird (Probenbelastung < 1 kp/cm^2). Die Meßwerte können deshalb bis in unmittelbare Nähe des Schmelz- bzw. Zersetzungsbereiches verfolgt werden, was mit Hilfe der üblichen mechanischen Prüfungen schon aus apparativen Gründen kaum möglich wäre.

Der sorgfältig hergestellte und gegebenenfalls konditionierte Probekörper wird an seinem oberen Ende in einer Einspannklemme festgehalten (Bild 82) und trägt am unteren Ende eine geeignete Schwungmasse (im allgemeinen ein Schwungrad aus Leichtmetall), so daß ein Torsionspendel (Drehpendel) entsteht.

Am Schwungkörper ist ein kleiner Spiegel angebracht, über den mit Hilfe eines Lichtzeigers die Schwingungen des Torsionspendels auf einem lichtempfindlichen Registrierstreifen aufgezeichnet werden können (Bild 83).

Setzt man nun das Pendel in eine Temperierkammer, wo der Probekörper gleichmäßig temperiert werden kann, dann braucht man bei der gewünschten Temperatur das Pendel nur in geeigneter Weise anzustoßen, um auf dem ablaufenden Photopapier eine Darstellung des Schwingungsvorganges zu erhalten. Dieser Aufzeichnung kann dann Frequenz und Dämpfung der Schwingung entnommen und daraus der Schubmodul (G) und das logarithmische Dekrement der Dämpfung (Λ)bzw. der mechanische Verlustfaktor (d) berechnet werden. Der Schubmodul ist ein Maß für die Steifheit des Werkstoffes (über den Zusammenhang mit dem E-Modul s. S. 87), das logarithmische Dekrement bzw. der Verlustfaktor kennzeichnen die durch innere Energieverluste verursachte Abnahme der Schwingungsamplitude. Die Frequenz ändert sich mit der Temperatur etwa im Bereich von 0,1 Hz bis 20 Hz, wobei die hohen Frequenzen bei harten Proben (tiefe Temperaturen, Glaszustand), die niedrigen Frequenzen bei weichen Proben (höhere Temperaturen, gummielastischer Zustand) auftreten.

Aus den Temperaturkurven des Schubmoduls und der Dämpfung können die schon erläuterten Zustands- und Übergangsbereiche entnommen werden. Hohe Modulwerte und geringe Dämpfung kennzeichnen den eingefrorenen Zustand, starke Temperaturabhängigkeit der Modulwerte tritt in den Übergangsbereichen auf. Besonders vorteilhaft

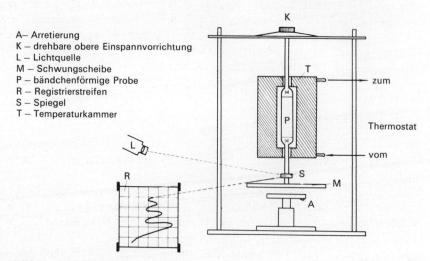

Bild 83   Detail des Torsionsschwingungsversuches (perspektivisch gezeichnet)

7.2. Zustands- und Übergangsbereiche

wirkt sich aus, daß die Dämpfung gerade in diesen Übergangsbereichen ein Maximum durchläuft, wodurch eine relativ genaue Festlegung der Übergangstemperaturen ermöglicht wird. Zu beachten ist allerdings, daß im Torsionsschwingungsversuch diese Übergangstemperaturen „dynamisch", d. h. mit relativ hoher Beanspruchungsgeschwindigkeit ermittelt werden. Die „dynamische" Einfrier- bzw. Glasübergangstemperatur liegt im allgemeinen um *rund* 20 °C höher als die bei quasi-statischer Beanspruchung im Zug- oder Biegeversuch ermittelte Glastemperatur. Auch hier kommt eben zum Ausdruck, daß ein Werkstoff bei hoher Beanspruchungsgeschwindigkeit – nämlich mit hoher Frequenz – steifer erscheint als in einem mehr oder weniger statischen Versuch.

Die statisch gemessene Glastemperatur wird gewöhnlich mit dem Kurzzeichen T_g angegeben, die dynamisch gemessene im Unterschied dazu mit dem Kurzzeichen T_g^* – gesprochen: *T-g*-Stern; T_g^* gibt also die Temperaturlage des Hauptmaximums der mechanischen Dämpfung an. Der Stern erinnert daran, daß es sich um die im Torsionsschwingungsversuch gemessene Glasübergangstemperatur handelt und nicht um die mit einer quasi-statischen Methode bestimmte und daher tiefer liegende Glasübergangstemperatur T_g. Entsprechend bezeichnet man die Schmelz-Temperatur bzw. den Schmelzbereich je nach Art der Messung mit T_s bzw. T_s^*. Die Schmelztemperatur T_s^* ist im Torsionsschwingungsversuch in der Regel durch einen steilen Abfall des Schubmoduls charakterisiert.

Während die Bilder 77, 78, 79 und 81 schematische Zustandsdiagramme zeigen, die nach den Werten der Zugfestigkeit und Dehnung gezeichnet sind, zeigen die Bilder 84a bis e die entsprechenden Diagramme nach dem Temperaturverlauf des Schubmoduls G und des mechanischen Verlustfaktors d, wie sie auch in der DIN 7724 E enthalten sind. In allen Fällen geht es natürlich nur um eine möglichst klare Erläuterung des Prinzips. Genaue Kurven für die einzelnen Kunststoffarten und Modifikationen können erhebliche Abweichungen von diesen Ideal-Kurven aufweisen.

Mit Hilfe der Torsionsschwingungsversuche kann auf relativ einfache und schnelle Weise der Einfluß bestimmter Faktoren auf das mechanisch-thermische Verhalten ermittelt und deutlich gemacht werden. Solche Faktoren können sowohl in der Struktur der Makromoleküle als auch in Form äußerer Einflüsse auftreten. So verschiebt z. B. eine sterische Hinderung der Kettenbeweglichkeit ebenso wie eine Erhöhung des Molekulargewichtes die Lage des Glasüberganges nach höheren Temperaturen. Umgekehrt gibt sich ein Zusatz von Weichmachern oder eine das molekulare Gefüge auflockernde Feuchtigkeitsaufnahme in einer Erniedrigung der Übergangstemperatur zu erkennen. Besonders interessant ist auch, daß sich bei Mischungen aus mehreren Hochpolymeren (Polyblends) die Übergangsbereiche der einzelnen Komponenten im Zustandsdiagramm wiederfinden.

7.2.6. *Abgrenzung der Zustandsbereiche polymerer Stoffe*

Als Abschluß des Kapitels sollen die bisherigen Erläuterungen zu den charakteristischen Kurven der Temperaturfunktionen des Schubmoduls und der Dämpfung kurz zusammengefaßt werden:

1. Im eingefrorenen Zustand verhalten sich alle hochpolymeren Werkstoffe überwiegend hart-elastisch (metallelastisch). Die Werte des Schubmoduls liegen in diesem Bereich zwischen 10^4 und 10^5 kp/cm^2; reversible (elastische) Verformungen bis zu 1 % sind möglich.
2. Mit steigender Temperatur werden die Makromoleküle beweglicher. Die Werkstoffe

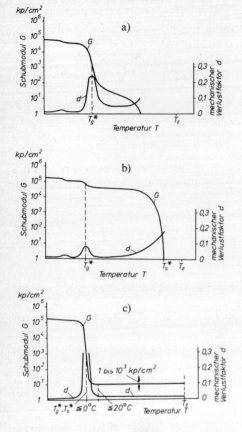
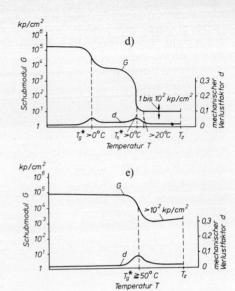

Bild 84 Schematische Darstellung des Temperaturverlaufes von Schubmodul G und Verlustfaktor d bei
a) amorphen Thermoplasten
b) teilkristallinen Thermoplasten
c) Elastomeren
d) Thermoelasten
e) Duromeren (Duroplasten).
(nach DIN 7724 Entwurf – Erklärung siehe Text)

durchlaufen einen Temperaturbereich, der durch einen charakteristisch absinkenden Schubmodul und ein Maximum der mechanischen Dämpfung gekennzeichnet ist. Dieser Glasübergang ist nicht scharf. Er tritt je nach Art des Werkstoffes bei sehr unterschiedlichen Temperaturen auf. Er kann also sowohl unterhalb der Raumtemperatur liegen (solche Stoffe sind bei Raumtemperatur zähhart – siehe Abschnitt 3 – oder gummielastisch – siehe Abschnitt 4 – bzw. viskos), er kann aber auch erst oberhalb der Raumtemperatur erreicht werden (solche Stoffe sind bei Raumtemperatur hart-elastisch – siehe Abschnitt 5 und 6).

3. Teilkristalline Stoffe verhalten sich auch oberhalb des Glasübergangsbereichs des amorphen Anteiles noch weitgehend hart-elastisch. Je nach Stoff und Kristallisationsgrad sinkt im Temperaturgebiet zwischen Glastemperatur und Kristallitschmelzpunkt der Schubmodul im Bereich von 10^5 bis 10^4 kp/cm^2 ab. Oberhalb des Kristallitschmelzbereiches sind sie relativ niederviskose Schmelzen.

4. Relativ schwach vernetzte Stoffe mit Glastemperaturen unter 0 °C (Elastomere) sind im Gebrauchstemperaturbereich gummielastisch. Der Schubmodul liegt in diesem Bereich in der Größenordnung von 1 bis 10^3 kp/cm^2 und bleibt bis zur Zersetzungstemperatur nahezu konstant; die reversible gummielastische Verformung der Werkstoffe kann Beträge von mehreren 100 % erreichen.

7.3. Formbeständigkeit in der Wärme

5. Als „Thermoelaste" werden chemisch nicht sehr eng oder physikalisch stark vernetzte Kunststoffe (z. B. Acrylglas) bezeichnet, die bei Gebrauchstemperatur hartelastisch sind und bei höherer Temperatur gummielastisch, aber nicht plastisch fließbar werden.

6. Liegt bei amorphen Thermoplasten die Glas-Übergangstemperatur erheblich über Raumtemperatur, so sind sie mit Schubmodulen von 10^5 bis 10^4 kp/cm^2 bis nahe zum Glasübergang als hartelastische Werkstoffe brauchbar, allerdings nehmen die Festigkeitswerte mit wachsender Temperatur ab. Oberhalb der Glasübergangstemperatur sind sie in einem gewissen Temperaturbereich quasi-gummielastisch mit allmählichem Übergang zum Temperaturbereich thermoplastischer Fließbarkeit. Weichmacherzusatz setzt die Glasübergangstemperatur herab.

7. Ausgehärtete, eng vernetzte Duroplaste sind unschmelzbar, sie erweichen allenfalls wenig unterhalb der Zersetzungstemperatur bis zur Grenze elastomeren Verhaltens.

7.3. Formbeständigkeit in der Wärme

Prüfmethoden

DIN 53458	Prüfung von Kunststoffen. Formbeständigkeit in der Wärme nach Martens
DIN 53462	Prüfgerät für die Bestimmung der Formbeständigkeit in der Wärme nach Martens
ASTM D 648	Test for Deflection Temperature of Plastics under Load (Heat DistortionTemperature)
ISO/R 75	Determination of Temperature of Deflection under Load
DIN 53461	Bestimmung der Formbeständigkeit in der Wärme nach ISO/R 75 (Heat Distortion Temperature)
DIN 53460	Bestimmung der Vicat-Erweichungstemperatur von nichthärtbaren Kunststoffen

7.3.1. *Begriffsbestimmung*

Das Kapitel über die mechanisch-thermischen Eigenschaften der Kunststoffe wäre nicht vollständig ohne die Beschreibung einiger technologischer Prüfverfahren, die unter dem Begriff „Formbeständigkeit in der Wärme" bekannt sind. Es kommt ihnen zwar ein geringerer Aussagewert zu als der Temperaturfunktion des Schubmoduls. Sie sind aber in der Werkstoffprüfung der Kunststoffe seit langem eingeführt, und die mit ihrer Hilfe ermittelten Kennwerte erscheinen in jeder Eigenschaftstabelle.

Unter „Formbeständigkeit in der Wärme" versteht man die Fähigkeit einer Probe, unter bestimmter Beanspruchung ihre Form bis zu einer bestimmten Temperatur weitgehend zu bewahren. Sie wird deshalb an Probekörpern ermittelt, welche bei konstanter mechanischer Beanspruchung steigender Temperatur ausgesetzt werden. Mit diesen technologischen Prüfungen erhält man aber – im Gegensatz zu Schubmodul und Dämpfung – keine allgemein gültigen physikalischen Stoffwerte, sondern Prüfergebnisse, die an bestimmte Prüfgeräte gebunden und nur unter bestimmten Prüfbedingungen zu erzielen sind.

7.3.2. Martens-Verfahren

Das *Martens-Verfahren* wurde schon vor etwa 40 Jahren in die Kunststoffprüfung eingeführt und findet vornehmlich bei der Güteüberwachung duroplastischer Formmassen Anwendung. Als Probekörper dient meistens der Normstab mit den Abmessungen 120 mm × 15 mm × 10 mm. Er wird – senkrecht stehend – mit seinem unteren Ende in einen Einspannkopf eingesetzt und am oberen Ende mit einem zweiten Einspannkopf versehen, an dem ein 240 mm langer Hebel mit einem verschiebbaren Gewichtsstück befestigt ist. Die beiden Einspannköpfe wirken derart, daß der Normstab einer Vierpunkt-Belastung ausgesetzt ist (Bild 85a), die eine Biegespannung von 50 kp/cm² erzeugt; sie läßt

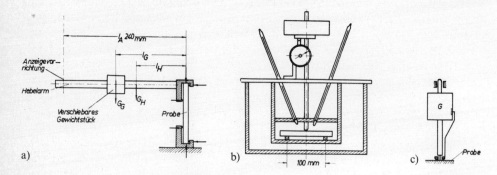

Bild 85   Bestimmung der Formbeständigkeit in der Wärme
a) nach Martens (DIN 53462)
b) nach ISO R 75 (DIN 53461)
c) nach Vicat (DIN 53460)

Bild 86   Prüfeinrichtung nach Martens

7.3. Formbeständigkeit in der Wärme

sich durch Verschieben des Gewichtsstückes genau einstellen. Die so eingespannten und belasteten Probekörper (Bild 86) werden bei Raumtemperatur in einen Wärmeschrank gebracht, dessen Temperatur allmählich zunehmend um 50 °C pro Stunde gesteigert wird. Während der Erwärmung biegt sich der Probekörper unter dem Einfluß der Last zunehmend weiter durch, und als Folge davon kippt der zunächst waagerecht stehende Hebel langsam nach unten. Das Ende der Prüfung ist erreicht, wenn das freie Ende des Hebels um 6 mm abgesunken ist. In diesem Augenblick wird die Temperatur des Wärmeschrankes abgelesen und damit für den betreffenden Werkstoff die „Formbeständigkeit nach Martens" oder kurz die „Martenstemperatur" festgestellt. Das Martens-Verfahren ist eine typische „Ein-Punkt-Prüfung", bei der aus der Temperatur-Zeit-Funktion des Elastizitätsmoduls nur ein ganz bestimmter Punkt herausgegriffen wird – ohne Rücksicht darauf, welchen Wert der Elastizitätsmodul des geprüften Werkstoffes bei anderen Temperaturen und Prüfzeiten annimmt. Hinzu kommt, daß das Prüfergebnis nicht erkennen läßt, ob die Durchbiegung des Probekörpers vorwiegend elastisch erfolgt oder einen merklichen viskosen, also irreversiblen Anteil enthält. Von den Bedürfnissen des Konstrukteurs her gesehen ist es dringend zu wünschen, daß sich die in jüngster Zeit abzeichnende Tendenz verstärkt fortsetzt, den Werkstoff-Eigenschafts-Tabellen die Temperaturkurven des Elastizitäts- oder Schub-Moduls beizufügen und nicht nur den beschränkt aussagefähigen Martens-Wert anzugeben.

Daß die Martens-Temperatur die obere Grenze des Gebrauchs-Temperaturbereiches angibt, ist eine – man möchte fast sagen zufällig gültige – Faustregel; und bei Materialvergleich und Werkstoffauswahl sollte man sich nicht auf solche Ein-Punkt-Werte verlassen, sondern nach Möglichkeit die ganze Temperaturfunktion heranziehen. Reale Bedeutung haben die Ein-Punkt-Prüfungen aber bei der Fertigungskontrolle und bei der Überwachung der Gleichmäßigkeit der Erzeugnisse von Lieferung zu Lieferung. Dort ist man schon aus Zeitgründen auf einfache und schnelle Prüfverfahren angewiesen, und für diesen Zweck ist die Aussagekraft der Martens-Temperatur ausreichend.

7.3.3. „Heat Distortion Temperature"

Was allgemein für die Martensprüfung gesagt wurde, gilt gleichermaßen auch für die in mancher Hinsicht ähnliche Bestimmung der „Heat Distortion Temperature".
Dieses Prüfverfahren geht auf ASTM D 648 zurück, ist in etwas abgewandelter Form als ISO-Empfehlung R 75 veröffentlicht worden und hat inzwischen als sogenanntes ISO-Flüssigkeitsverfahren in DIN 53461 auch Eingang in das deutsche Normenwerk gefunden (Bild 85b). Der Probekörper ist ebenfalls stabförmig, er wird aber waagerecht nach Art der Biegeprüfung auf zwei Auflager gelegt und in Dreipunktbelastung mit einer Biegespannung von wahlweise 18,5 kp/cm^2 (Prüfverfahren A) oder 4,6 kp/cm^2 (Prüfverfahren B) beansprucht. Da die Biegespannungen merklich geringer sind als bei der Martens-Prüfung, ist das ISO-Verfahren für Thermoplaste besser geeignet als das Martens-Verfahren. Der belastete Probekörper wird in ein Flüssigkeitsbad gebracht und dieses mit einer Temperatursteigerung von 120 °C pro Stunde aufgeheizt. (Die Erwärmung im Flüssigkeitsbad ergibt einen besseren Wärmeübergang als bei der Martensprüfung, so daß die Aufheizgeschwindigkeit größer sein kann, ohne die gleichmäßige Temperierung des Probekörpers zu gefährden.) Die Prüfung ist beendet, wenn der Probekörper eine bestimmte, von der Probendicke abhängige Durchbiegung erreicht hat. In diesem Augen-

blick wird die Temperatur des Flüssigkeitsbades abgelesen und als „Formbeständigkeit in der Wärme" oder kurz ISO-Temperatur (bzw. in der angelsächsischen Literatur als HDT = Heat Distortion Temperature) des geprüften Werkstoffes angegeben.

Es bedarf keiner besonderen Betonung, daß Martens-Temperatur und ISO-Temperatur nicht miteinander übereinstimmen, obwohl beide Werte als Formbeständigkeit in der Wärme ausgewiesen werden. Aus den Prüfbedingungen ergibt sich, daß die ISO-Temperatur immer höher liegen muß als die Martens-Temperatur – allein schon deshalb, weil im ersten Fall eine Belastung von 50 kp/cm^2 angewendet wird, im zweiten Fall nur eine solche von 18,5 kp/cm^2, die Prüfungsdauer aber ist bei beiden Methoden ungefähr gleich. Die Differenz zwischen den Werten der einen und der anderen Prüfung ist vom geprüften Werkstoff abhängig und damit sehr verschieden. Nicht einmal eine einfache Umrechnung der beiden Temperaturen ineinander ist möglich, obwohl beide Verfahren nach ähnlichen Prinzipien arbeiten.

7.3.4. Vicat-Verfahren

Noch weniger kann es überraschen, wenn die völlig anders geartete Vicat-Prüfung eine weitere, mit den vorgenannten Werten nicht übereinstimmende Temperaturangabe für die Formbeständigkeit in der Wärme liefert. Bei diesem Prüfverfahren wird auf einen ebenen Probekörper eine mit 1 oder 5 kp belastete, zylinderförmige „Nadel" von 1 mm^2 Querschnitt aufgesetzt und die ganze Anordnung entweder im Flüssigkeitsbad oder im Wärmeschrank mit einer Temperatursteigerung von 50 °C pro Stunde erwärmt. Dabei erweicht der Probekörper, und der Endpunkt der Prüfung ist erreicht, wenn die Nadel 1 mm tief in den Probekörper eingedrungen ist. Die in diesem Augenblick im Flüssigkeitsbad bzw. im Wärmeschrank herrschende Temperatur wird als „Formbeständigkeit in der Wärme nach Vicat" oder als „Vicat-Erweichungspunkt VSP/A bzw. VSP/B" oder kurz als „Vicat-Temperatur" angegeben (Bild 85c).

Bei diesem Verfahren wird der Probekörper also nicht einer Biegebeanspruchung unterzogen sondern durch die eindringende Nadel einer Druck-Scher-Beanspruchung. Während beim Martens- und ISO-Versuch die Durchbiegung des Prüfstabes noch weitgehend elastisch erfolgen kann, muß im Endpunkt der Vicat-Prüfung eine Formänderung mit erheblichem viskosen (irreversiblen) Anteil vorliegen. Die Vicat-Temperatur eines Stoffes ist also immer höher als seine ISO-Temperatur und erst recht Martens-Temperatur, weil die erforderliche viskose Formänderung erst bei höheren Temperaturen eintritt. Die Vicat-Prüfung kann nur auf thermoplastische Stoffe, nämlich auf Stoffe angewandt werden, die bei höheren Temperaturen viskose Formänderungen erleiden. Die stark vernetzten Duroplaste entziehen sich dieser Prüfart, da es nicht zu der erforderlichen Fließverformung kommt.

Um es zusammenfassend nochmals deutlich zu machen: Alle drei Prüfverfahren liefern Temperaturangaben für die „Formbeständigkeit in Wärme", welche unter sich nicht vergleichbar sind und als „Einpunkt-Werte" vornehmlich der Qualitäts- und Fertigungskontrolle dienen. Der Konstrukteur kann nur sehr bedingt mit diesen Angaben arbeiten und sollte – soweit wie möglich – die Temperaturfunktion des Schub- bzw. Elastizitätsmoduls zu Rate ziehen. Dabei darf er aber nicht übersehen, daß es sich in allen Fällen um Werte für kurzzeitige Temperatureinwirkungen handelt, die über das langzeitige Verhalten eines Stoffes bei erhöhter Temperatur nichts auszusagen vermögen.

7.4. Dauertemperaturverhalten

„Wärmebeständigkeit" und „Formbeständigkeit in der Wärme" sind nicht dasselbe. Der Begriff der „Wärmebeständigkeit" bezieht sich auf länger dauernde Temperatureinwirkung. Wenn er mitunter auf die schon besprochene Temperaturbeständigkeit der mechanischen Eigenschaften, zuweilen sogar anstelle der „Formbeständigkeit in der Wärme" angewendet wird, so ist das falsch; denn in beiden Fällen handelt es sich nur um das Verhalten der Werkstoffe bei kurzzeitiger Erwärmung; die Zeit spielt also dabei keine Rolle. Der Begriff „Beständigkeit" beinhaltet aber den Faktor Zeit, so daß die Bezeichnung „Dauertemperaturverhalten" eindeutiger ist. Aber auch hierbei müssen – insbesondere hinsichtlich der Prüftechnik – zwei Fälle unterschieden werden: a) das mechanische Verhalten bei gleichzeitiger (andauernder) mechanischer und thermischer Beanspruchung – hierüber ist im Abschnitt „Langzeitverhalten" das Nötige gesagt worden; b) die Beständigkeit der Eigenschaftswerte bei Wärmealterung – und darauf soll nun eingegangen werden.

7.5. Beständigkeit der mechanischen Werte bei Wärmealterung

Wenn ein Werkstoff hinsichtlich seines Verhaltens bei Wärmeeinwirkung beurteilt werden muß, dann haben – vor allem im Bereich der Kunststoffe – die üblichen Kurzzeitversuche nur orientierenden Sinn. Sie liefern zwar wichtige Hinweise auf die thermischen Einsatzgrenzen eines Materials, eine genauere Einstufung ist aber erst möglich, wenn die Temperatureinwirkung über längere Zeit ausgedehnt wird.

Der thermische Einsatzbereich der Thermoplaste wird nach oben durch ihre Erweichung und den damit verbundenen Festigkeitsabfall begrenzt. Die obere Grenze liegt meist zwischen 60 und 120 °C, nur für wenige Thermoplaste höher. Für die Duroplaste, bei denen keine Erweichung eintritt, ist die obere Grenztemperatur durch die beginnende Zersetzung festgelegt. Sie erreicht Werte zwischen 150 und 250 °C, in Einzelfällen darüber. Entscheidend dafür, bis zu welchen Temperaturen man in der Praxis gehen kann, ist – neben sonstigen Umwelteinflüssen, die besonders zu berücksichtigen sind – die Zeitdauer der Beanspruchung. Das Austrocknen, das Verdampfen von Weichmachern oder niedermolekularen Anteilen können im Laufe der Zeit schon bei relativ niedrigen Temperaturen merkliche Schädigungen des Materials wie Festigkeitsabfall oder Versprödung bewirken. Bei höheren Temperaturen hat man mit einer langsamen Zersetzung des Werkstoffes durch thermischen Abbau zu rechnen.

Viele der Grafiken, welche den thermischen Einsatzbereich der Kunststoffe illustrieren, gehen von kurzfristig einwirkenden höheren Temperaturen aus. Bei Langzeitbeanspruchung ist daran zu denken, daß drei Faktoren, nämlich a) die eigentliche thermische Belastung, b) die mechanische Beanspruchung und c) die Zeit in ihrer Wirkung sich addieren. Infolgedessen kann man sie zwar nacheinander betrachten, muß sie aber stets miteinander berücksichtigen.

Ein relativ gutes Bild vom Verhalten eines Kunststoffes kann man durch die in DIN 53446 beschriebenen „Bestimmung der Temperatur-Zeit-Grenze" bekommen. Unter der Temperatur-Zeit-Grenze wird diejenige höchste Temperatur verstanden, die der Kunststoff bei langdauernder Wärmeeinwirkung (ohne anderweitige, z. B. mechanische Beanspruchung) eine bestimmte Zeit lang aushält, ohne daß die betrachtete Eigenschaft einen

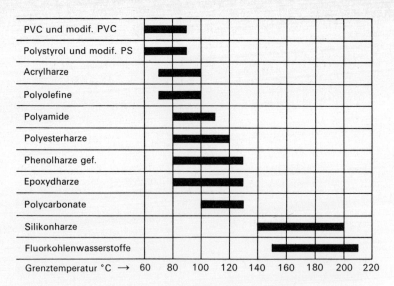

Bild 87 Grenztemperaturbereiche verschiedener Kunststoffe in Anlehnung an DIN 53446

bestimmten Grenzwert unter- bzw. überschreitet. Aus dieser Definition wird ersichtlich, daß vor der Bestimmung einer Temperatur-Zeit-Grenze in jedem Falle erst festgelegt werden muß, für welche Eigenschaft und für welche Zeitspanne sie gelten soll, und wie hoch der betreffende Eigenschaftswert nach der Wärmeeinwirkung noch sein muß bzw. höchstens sein darf. Für einen bestimmten Werkstoff gibt es nicht nur eine bestimmte Temperatur-Zeit-Grenze; denn die Grenzwerte der einzelnen Eigenschaften richten sich nach dem vorgesehenen Anwendungszweck und können deshalb von Fall zu Fall sehr verschieden sein. (Bild 87).
Die Prüfung nach DIN 53446 erfordert eine größere Anzahl von Probekörpern, welche in Wärmeschränken bei unterschiedlichen Temperaturen gelagert werden. Im allgemeinen sind drei bis fünf, um je 15 °C bis 25 °C gestufte Temperaturen ausreichend; sie werden zweckmäßigerweise so gewählt daß die niedrigste Lagerungstemperatur um eine Temperaturstufe (15 °C bis 25 °C) über der erwarteten Temperatur-Zeitgrenze liegt. Von Zeit zu Zeit werden den Wärmeschränken einige Probekörper entnommen, die man auf Raumtemperatur abkühlen läßt und dann der gewünschten Prüfung unterzieht. Dabei sollen die Entnahmezeiten so festgesetzt werden, daß jede längere Lagerungszeit das Doppelte der vorhergehenden ist, also z.B. 1, 2, 4, 8, 16, 32 Tage oder Wochen usw.
Trägt man die Prüfergebnisse in Abhängigkeit von der Warmlagerungszeit in ein Diagramm ein, so erhält man Eigenschaftskurven, wie sie in Bild 88 für die Biegefestigkeit eines duroplastischen Formstoffes dargestellt sind. Sie lassen erkennen, daß innerhalb einer gewissen, von der Alterungstemperatur abhängigen Zeit die Eigenschaftswerte sich nur wenig ändern. Bei der in diesem Fall geprüften Phenol-Asbest-Preßmasse steigen sie durch Nachhärtung sogar zunächst leicht an, um dann in zunehmendem Maße abzufallen. (Da die Lagerungszeit im logarithmischen Maßstab aufzutragen ist, scheint der

7.5. Beständigkeit der mechanischen Werte bei Wärmealterung

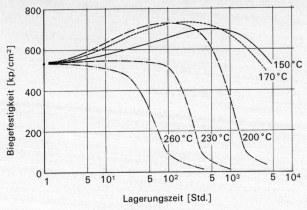

Bild 88 Biegefestigkeit einer Phenol-Asbest-Preßmasse nach Wärmelagerung

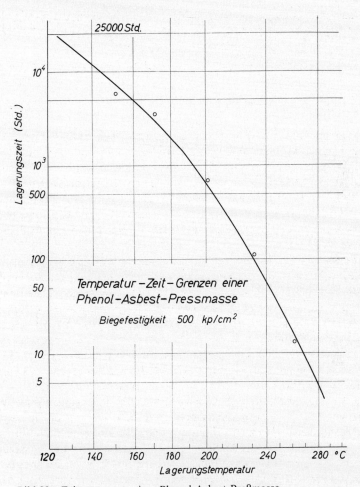

Bild 89 Zeitgrenzwerte einer Phenol-Asbest-Preßmasse

Abfall sehr steil zu sein, man muß aber bedenken, daß er sich über längere Zeit erstreckt!) Kennt man den für den jeweiligen Anwendungszweck erforderlichen Eigenschaftswert, so wird dieser als waagerechte Linie in das Diagramm eingezeichnet. Die Schnittpunkte mit den ermittelten Eigenschaftskurven geben dann die Lagerungszeiten an, nach denen bei den einzelnen Temperaturen der Eigenschaftsgrenzwert erreicht ist, der Werkstoff also gerade noch der gestellten Forderung genügt.

Nimmt man nun diese höchstzulässigen Lagerungszeiten (Zeitgrenzwerte) und trägt sie in einem weiteren Diagramm über den Warmlagerungstemperaturen auf, so erhält man eine Kurve, deren Schnittpunkt mit der waagerechten Linie der festgelegten Zeitspanne die Temperatur-Zeit-Grenze für die geprüfte Eigenschaft angibt. Diese Kurve ist in Bild 89 für die Biegefestigkeit des duroplastischen Formstoffes aus Bild 88 wiedergegeben. Die Temperatur-Zeitgrenze des Formstoffes für eine Biegefestigkeit von 500 kp/cm² und eine Lagerungsdauer von 25000 Stunden beträgt demnach etwa 130 °C.

Es empfiehlt sich, für die Zeitachse (Ordinate) der Temperatur-Zeit-Kurve einen logarithmischen Maßstab zu wählen und auf der Abszisse den Kehrwert der absoluten Temperatur $\frac{1}{T}$ aufzutragen. (Die absolute Temperatur T errechnet sich als T = Lagerungstemperatur in °C + 273 °C). In diesem Falle erhält man annähernd gerade Temperatur-Zeit-Kurven, welche in gewissem Umfange eine Extrapolation der Meßwerte zu niedrigen Temperaturen und längeren Prüfzeiten zulassen.

Die geschilderte Bestimmung der Temperatur-Zeit-Grenze muß für alle interessierenden Eigenschaftswerte eines Werkstoffes gesondert durchgeführt werden. Die Eigenschaftskurven können für verschiedene Eigenschaften sehr unterschiedlich verlaufen. Es ist durchaus möglich, daß z. B. die elektrischen Eigenschaften eines Stoffes auch dann noch völlig ausreichen, wenn die mechanischen Werte schon weit abgefallen sind, und umgekehrt. Müssen gleichzeitig mehrere Eigenschaften in Betracht gezogen werden, dann wird also das Prüfverfahren nicht nur zeitraubend, sondern wegen der erforderlichen großen Anzahl von Probekörpern auch recht kostspielig. Es bietet aber die einzige Möglichkeit, verläßliche Angaben darüber zu erhalten, ab welchen Temperaturen und ab welchen Einwirkungszeiten die Werkstoffkennwerte sich derartig ändern, daß die vorgesehene Anwendung eines Kunststoffes beeinträchtigt oder ganz in Frage gestellt wird. Zu beachten ist noch, daß bei dieser Prüfung nur die Einwirkung warmer Luft berücksichtigt wird. Unterliegt der Kunststoff im Einsatz auch noch anderen Einflüssen, so muß sein Verhalten durch besondere Prüfungen ermittelt werden, welche dem Anwendungsfall angepaßt sind.

Aus derartigen Untersuchungen hat man erkannt, daß – von wenigen Ausnahmen abgesehen – selbst die wärmebeständigsten Kunststoffe oberhalb von etwa 200 °C schnell an Festigkeit einbüßen und sich in zunehmendem Maße zersetzen. Umso erstaunlicher ist es, daß einige Kunststoffe – vor allem die glasfaserverstärkten Duroplaste – gerade dort immer mehr Verwendung finden, wo sehr hohe Temperaturen vorkommen, nämlich beim Überschallflug und in der Raketentechnik. In den Verbrennungsgasen der Triebwerke werden Temperaturen von 3000 bis 4000 °C gemessen, und an der Außenhaut können infolge der Luftreibung sogar Temperaturen bis zu 15000 °C auftreten.

Kein bekanntes Konstruktionsmaterial ist in der Lage, solchen Beanspruchungen auf die Dauer zu widerstehen. Bei der relativ kurzen Einsatzzeit dieser Geräte genügt es aber, wenn die verwendeten Werkstoffe eine begrenzte Lebensdauer aufweisen. Wenn sich die verstärkten duroplastischen Kunststoffe hierbei besonders bewährt haben, so liegt es daran, daß sie ein hohes Wärmeaufnahmevermögen besitzen, große Mengen wärmeabführender Zersetzungsgase entwickeln und vor allem eine sehr niedrige Wärmeleitfähigkeit aufweisen. Die bei den hohen Temperaturen einsetzende Verbrennung und Zersetzung findet nur an der Oberfläche statt und dringt sehr langsam in das Innere des Materials ein. Mit anderen Worten: Die Abbaugeschwindigkeit ist bei den Kunststoffen wesentlich geringer als bei den (schmelzenden!) Metallen. Auf diese Weise ist es z.B. möglich, die metallische Hülle und damit auch das Innere eines Raumschiffes durch einen Wärmeschutzschild aus verstärktem Kunststoff vor den extremen Temperaturen beim Wiedereintritt in die Atmosphäre ausreichend lange zu schützen.

7.6. Brandverhalten der Kunststoffe

Prüfmethoden

DIN 53459	Bestimmung der Glutbeständigkeit
DIN 4102	Widerstandsfähigkeit von Baustoffen
VDE 0304	und Bauteilen gegen Feuer und Wärme
ASTM D 568	Test for Flammability of Plastics 0,050 Inch and under in Thickness
ASTM D 635	Test for Flammability of rigid Plastics over 0,050 Inch Thickness
ASTM D 84	Surface burning Characteristics of building Materials (Tunnel-Test)
BS 476: 1953 (British Standards)	Fire Tests on Building Materials and Structures
NEN 1076: 1957 (Niederlande)	Brandbaarheid, ontvlambaarheid en vlammuitbreidning van bouwmaterialien
Meddelande 123 (1958) (Statens Provningsanstalt Stockholm/Schweden)	Flamspridning hos Ytbeklädnadsmaterial (Det-Norske Veritas – „Box"-Methode)
ASTM D 757	Standard Method of Test for Flammability of Plastics, self extinguishing Type
ASTM D 1692	Test for Flammability of Plastics Foams and Sheeting
ASTM D 1433	Standard Method of Test for Flammability of flexible thin Plastic Sheeting
CS 214–57 (Commercial Standards, USA)	Glass-fiber reinforced, Polyester corrugated, Structural plastics Panels Flammability
Underwriters Lab Subject 484 (USA)	Procedure and Requirements for burning of basic Plastics Materials
Brandschutztechnische Richtlinien für die Verwendung von Kunststoffen in Gebäuden (Schweiz)	Prüfverfahren zur Bestimmung der Feuergefährlichkeit von Kunststoffen (Vereinigung der kantonalen Feuerversicherungsanstalten der Schweiz)

DIN 53 382	Prüfung von Kunststoff-Folien und Kunstleder. Verhalten bei einseitiger Flammeinwirkung
DIN 53 799	Prüfung von dekorativen Schichtpreßstofftafeln
DIN 51 960	Prüfung von Fußbodenbelägen: Beurteilung der Entzündlichkeit
DIN 51 961	Einwirkung glimmender Tabakwaren
VDE 0470/161 § 26	Widerstandsfestigkeit von Isoliermaterialien gegen Hitze und Feuer

Schon seit langem hat man sich bemüht, das Brandverhalten von Kunststoffen zu beschreiben. Zunächst waren es ausschließlich orientierende Laboruntersuchungen; heute reichen die Prüfmethoden vom einfachen Streichholztest bis zum praxisnahen Versuch am natürlichen Objekt. Es ist unmöglich, diese Prüfungen und Verfahren auch nur einigermaßen vollständig zu nennen[8]); nachstehend werden die wichtigsten erläutert. Allein die große Zahl der Prüfmethoden zeigt

    a) wie wichtig das Brandverhalten der Kunststoffe zu bewerten ist,
    b) wie schwer es fällt, eine eindeutige Aussage zu gewinnen.

Als erste interessierte sich die Elektroindustrie für eine definierte Prüfung der von ihr eingesetzten Isolierstoffe. Die in diesem Zusammenhang entwickelte Methode zur Bestimmung der Glutbeständigkeit (DIN 53459) wird auch heute noch angewandt. Bei diesem Verfahren wird eine stabförmige Kunststoffprobe mit dem einen Ende gegen einen hellrot glühenden Glühstab (Temperatur etwa 950 °C) gedrückt, und aus dem in drei Minuten Prüfdauer eintretenden Abbrand (Gewichtsverlust in mg) und der Flammenausbreitung (Flammenweg in cm) wird die Glutbeständigkeit ermittelt. Sie wird angegeben in Gütestufen: 1 bedeutet die niedrigste Stufe (für völlig verbrennende Stoffe) und 5 die höchste Stufe (für unbrennbare Stoffe). Auf diese Weise kann natürlich nur eine verhältnismäßig grobe Charakterisierung des Brandverhaltens gewonnen werden, die zudem auf spezielle Anwendungen ausgerichtet ist.

Die Frage nach der Brennbarkeit, also die Feststellung, wie sich ein Kunststoff im Brand verhält, gewann aktuelle Bedeutung, als die Kunststoffe in das Bauwesen eindrangen. Die meisten der vorliegenden Branduntersuchungen, Prüfmethoden und Vorschriften beziehen sich deshalb auf den Einsatz der Kunststoffe im Bausektor. Leider ist die Handhabung der Bestimmungen in den einzelnen Bundesländern nicht einheitlich; noch weniger kann von internationaler Übereinstimmung gesprochen werden.

Zu einem Teil erklärt sich das daraus, daß eine allgemein gültige Prüfmethode, die alle maßgeblichen Gesichtspunkte erfaßt, bisher nicht gefunden wurde; und das wiederum liegt daran, daß der Verlauf eines Brandes durch eine Vielzahl von Faktoren beeinflußt wird, die eine gesetzmäßige Erfassung und Übertragung auf entsprechende Modellversuche sehr erschweren. So kommt es, daß auch für Kunststoffe eine Vielzahl von Prüfver-

---

[8]) Im Auftrage des Fachnormenausschusses Kunststoffe hat das Institut für Kunststoffverarbeitung der Technischen Hochschule Aachen eine sehr umfassende Literatursammlung angelegt und ausgewertet. Darin sind alle Prüfmethoden, Referate und Veröffentlichungen über Brennbarkeitsuntersuchungen enthalten.

fahren entwickelt wurde, die alle mehr oder weniger auf den speziellen Einsatzzweck und die dabei vorliegende Materialform abgestimmt sind.

Schon die eindeutige Festlegung der das Brandgeschehen kennzeichnenden Begriffe ist mit Schwierigkeiten verbunden. Bezeichnungen wie „leicht brennbar", „schwer entflammbar", „selbstlöschend", „nicht entzündlich", „feuerhemmend" usw. haben sich zwar eingebürgert, bedeuten aber nicht immer dasselbe. Sie können sehr subjektiv ausgelegt werden und sind erst dann objektive, eindeutig definierte Begriffe, wenn sie sich auf ein ganz bestimmtes und in jedem Falle zu nennendes Prüfverfahren beziehen.

Eine allgemeine Grundlage für die Beurteilung des Brandverhaltens von Baustoffen (und daher auch von Kunststoffen für das Bauwesen) liefert die DIN 4102, welche in fünf Blättern Begriffe und Anforderungen für das „Brandverhalten von Baustoffen und Bauteilen" festlegt. Auf ihr beruhen die brandschutztechnischen Vorschriften der Länder-Bauordnungen.

In DIN 4102 wird zwischen *Baustoffen* und *Bauteilen* unterschieden, und zwar sowohl hinsichtlich der Begriffe als auch der Prüfmethoden und Anforderungen. Diese Unterscheidung ist deshalb von Bedeutung, weil es bei den Baustoffen um die Brennbarkeit, bei Bauteilen um die Brandsicherheit geht.

Was die Baustoffe betrifft, so werden sie (nach Blatt 4 der Ausgabe vom September 1965) in zwei Klassen eingeteilt, nämlich

    a) nicht brennbare Baustoffe (Klasse A)
    b) brennbare Baustoffe (Klasse B).

Bei den brennbaren Baustoffen werden wiederum drei Gruppen unterschieden:

    1. schwer entflammbare Baustoffe (Klasse B 1)
    2. normal entflammbare Baustoffe (Klasse B 2)
    3. leicht entflammbare Baustoffe (Klasse B 3).

Für den Einsatz im Bauwesen wird auch von den Kunststoffen der Nachweis der Schwerentflammbarkeit (Klasse B 1) gefordert. Das bedeutet, daß sie der Prüfung im Plattenschlotverfahren (Brandschacht nach Prof. Egner) genügen müssen (Bild 90).

Bei dieser Prüfung werden vier plattenförmige Probekörper mit einer Fläche von je 100×19 cm an einem entsprechenden Metallgerüst so befestigt, daß ein an den vier Ecken offener Schlot entsteht. Diese Plattenanordnung wird in einen Brandschacht mit definierten Abmessungen eingehängt und die Platten an ihrem unteren Ende mit einem quadratischen Gasbrenner 11 Min. lang beflammt. Dabei muß der vorgeschriebene Heizwert des benutzten Gases, der Gasdurchsatz und die Luftzufuhr genau eingehalten werden. Gemessen wird

    a) während des Beflammens die *Rauchgastemperatur* 60 cm über der Oberkante der Platten; sie darf 250 °C nicht überschreiten;
    b) die maximale *Flammhöhe*; sie darf nicht größer als 10 cm sein;
    c) die *Länge der zerstörten Oberfläche* nach dem Versuch; sie muß kleiner als 85 cm sein, und
    d) die *Dauer eines evtl. Nachbrennens* oder Nachglimmens der Platten.

Diese Prüfung war ursprünglich für Holz und Holz-Flammschutzmittel entwickelt worden. Als man sie auch zur Prüfung von Kunststoffen übernahm, ergaben sich teilweise

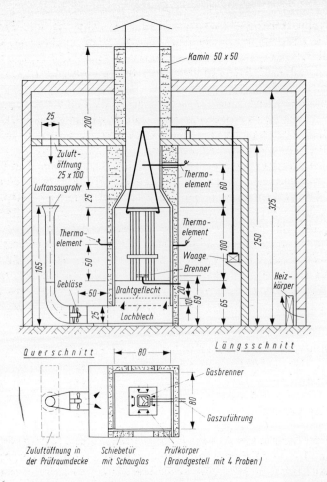

Bild 90 Egner-Brandschacht für die Prüfung des Brandverhaltens von Baustoffen und Bauteilen (DIN 4102)

Resultate, die mit dem praktischen Brandverhalten nicht übereinstimmten. Insbesondere war es die ursprünglich vorgesehene Kontrolle des Gewichtsverlustes, die bei Kunststoffen zu Fehlbeurteilungen führte. Man denke nur an die Thermoplaste, die während der Prüfung erweichen und abschmelzen bzw. abtropfen. Auf die Kontrolle des während des Versuches auftretenden Gewichtsverlustes wird deshalb heute bei Kunststoffen verzichtet. Obwohl eine Vielzahl von Kunststoffen die Prüfung bestanden und das Prüfzeichen für die Eigenschaft „schwer entflammbar gemäß DIN 4102" erhalten haben, wird das Verfahren vielfach als Übergangslösung betrachtet. Besser geeignete Prüfmethoden sind aber trotz umfangreicher Untersuchungen – zum Teil in Anlehnung an ausländische Verfahren – noch nicht gefunden worden.

Unabhängig von der Suche nach geeigneten Prüfverfahren versucht natürlich die Kunst-

7.6. Brandverhalten der Kunststoffe

stoff-Industrie die Brennbarkeit ihrer Produkte zu vermindern. Dies geschieht entweder durch gewisse Zusätze zum fertigen Hochpolymeren oder durch Einbau von Chlor, Brom usw. direkt in die Kettenmoleküle. Dabei wurden schon beachtliche Erfolge erzielt. Leider werden durch derartige Maßnahmen häufig die übrigen Eigenschaften ungünstig beeinflußt und zumindest der Preis erhöht.

Bei der Prüfung von *Bauteilen* geht es primär nicht mehr um die Brennbarkeit, sondern um die Brandsicherheit eines fertigen Bauteiles. Die Prüfung geht so vor sich, daß zwischen zwei Räumen (dem eigentlichen Brandraum und dem Prüfraum) das zu prüfende Bauteil eingebaut wird und zwar in der Form, wie es auch in der Praxis verwendet werden soll. Untersucht wird, wie lange dieses Bauteil (Wandelement, Türe usw.) dem im Brandraum erzeugten Feuer widersteht und seinen Durchtritt in den Prüfraum verhindert. Dabei wird der mittels Ölbrennern imitierte Brand so geleitet, daß die mittlere Temperatur im Brandraum nach der sogenannten Einheitstemperaturkurve ansteigt. Raumabschließende Bauteile dürfen während der festgesetzten Versuchsdauer (30, 90 oder 180 Minuten) auf der dem Feuer abgewandten Seite – d. h. im Prüfraum – keine brennbaren Gase entwickeln und sich an der Oberfläche um höchstens 140 °C erwärmen. Nach Abschluß des Versuches muß mindestens eine Dicke des Bauteiles von 1 cm erhalten sein bzw. es muß dem Aufprall eines Kugelpendels mit 1,25 mkp Schlagarbeit oder einem Löschwasserversuch widerstehen. Je nach der durchgestandenen Versuchsdauer werden die Bauteile eingeteilt in

feuerhemmend	F 30	(Feuerwiderstandsdauer	30 Min.)
	F 60		60
feuerbeständig	F 90		90
	F 120		120
hochfeuerbeständig	F 180		180

Bauteile im Verbund mit Kunststoffen können F 120-Werte erreichen, Kunststoffe können aber maximal nur mit F 60 eingestuft werden, weil – bislang – nach den Vorschriften für höhere Klassifizierung nicht brennbare Baustoffe eine der Voraussetzungen sind.

Wenn man bedenkt, daß Kunststoff-Platten oder -Schäume normalerweise nicht als selbständige Bauteile verwendet werden, sondern in Kombination mit Zement, Asbestplatten usw. zum Einsatz kommen, so ist es nicht allzu erstaunlich, daß Kunststoffe auf dem Wege über derartige Materialkombinationen in Bauelementen für harte Bedachungen, Brüstungen, Verkleidungen usw. die Prüfungen der Feuerwiderstandsklasse F 30 bestehen können. Damit wird also indirekt auch ihr Einsatz in Gebäuden mit verringertem Brandrisiko ermöglicht. Hinzu kommt, daß die Bauaufsichtsbehörden trotz einer verständlichen konservativen Einstellung und der dadurch bedingten Zurückhaltung gegenüber neuen Werkstoffen sich offenbar bemühen, das Brandrisiko, das ja bei einem Einfamilienhaus geringer ist als bei einem Hochhaus oder Theater, realistisch einzuschätzen. Das ändert aber nichts daran, daß auf dem Weg zu einer allseits befriedigenden Klassifizierung des Brandverhaltens von Kunststoffen und ihrer brandtechnischen Einordnung in die herkömmlichen Baustoffe noch manche Schwierigkeiten zu überwinden sein werden. In diesem Zusammenhang sei beiläufig auf die Prüfvorschriften

DIN 51960 Entzündlichkeit von Fußbodenbelägen
DIN 51961 Einwirkung glimmender Zigaretten auf Fußbodenbeläge

hingewiesen. Hier wird versucht, eine Beurteilungsbasis für ein ganz spezielles Anwendungsgebiet zu finden, indem man bewußt die in der Praxis auftretenden Umstände berücksichtigt.

Wenn nun aber ein Brand entsteht, an dem Kunststoffe beteiligt sind, dann bekommen die Dinge ein ganz anderes Gesicht. Daß die Brennbarkeit der Kunststoffe unmittelbar Ursache eines Brandes ist, ist zwar so gut wie nie der Fall – von unsachgemäß gelagerten Mengen Celluloid vielleicht abgesehen. Aber man macht den Kunststoffen zuweilen den Vorwurf, die Brandbekämpfung werde durch die entstehenden Abbauprodukte behindert; ferner: wenn sie den Brand als solchen auch nicht fördern, so sei unter Umständen mit Sekundarschäden zu rechnen, die gravierender seien als die eigentlichen Brandschäden. Was ist dazu zu sagen?

Beim Verschwelen oder Verbrennen aller organischen Stoffe entstehen große Mengen von Kohlenoxid oder anderen toxisch oder reizend wirkenden Gasen, sowie sichtbehindernder Qualm. Wie weit das „Rauchrisiko" durch Kunststoffe als Baustoff beeinflußt wird, ist schwer abzuschätzen. Zeitweilig ist deren Einfluß aufgrund von Stoffanalysen und anderen ungeeigneten „Einpunkt"-Beurteilungsmethoden von nicht sachkundiger Seite stark übertrieben worden. An der „Brandlast", d.h. am brennbaren Material in Innenräumen insgesamt, sind die Kunststoffanteile nur gering beteiligt, und spezifische toxische oder Reizwirkungen spurenweise auftretender Kunststoffzersetzungsprodukte spielen kaum eine Rolle. Für die Beurteilung der Sichtbehinderung ist die in Entwicklung begriffene Methode zur Bestimmung der optischen Rauchdichte nach DIN 53436/7 E geeignet, wonach allerdings nur die verminderte Sichtdurchlässigkeit in % bei der von 50 zu 50° steigenden Temperatur gemessen wird.

Brandgase wirken, insbesondere in Verbindung mit dem Wasserdampf aus dem Löschwasser korrodierend. Ihre Korrosionswirkung kann durch Zersetzungsprodukte chlorhaltiger Kunststoffe erhöht werden, wenn solche, z.B. in Fabrikationsstätten, in ungewöhnlich großer Menge am Brandgeschehen teilhaben. Dann sind die Maßnahmen des allgemeinen vorbeugenden Brandschutzes von Industriebauten (z.B. Sprinkler, hinreichende Raumunterteilung) besonders wichtig. An sich bieten chlorhaltige Kunststoffe, wie das schwer entflammbare Polyvinylchlorid oder durch halogenhaltige Zusätze schwer entflammbar (Klasse B 1) eingestellte Kunststoffe erhöhte Brandsicherheit.

Angesichts des wachsenden Anteils von Kunststoffen, insbesondere PVC, an Einwegpackungen wird in Zukunft für Müllverbrennungsanlagen die korrodierende Wirkung von Kunststoffzersetzungsprodukten berücksichtigt werden müssen. Nach jüngsten Ermittlungen des Bundeswirtschaftsministeriums ist aber derzeit der Anteil von PVC-Verpackungen am Müll noch weit unter 1%, sodaß entsprechende Maßnahmen vor 1980 nicht für erforderlich gehalten werden.

7.7. Thermische Kenngrößen

Normvorschriften

DIN 52612   Bestimmung der Wärmeleitfähigkeit
ASTM C 177   Thermal Conductivity of Materials
ASTM D 696   Linear Thermal Expansion of Plastics
ASTM D 864   Cubical Thermal Expansion of Plastics

7.7. Thermische Kenngrößen

DIN 52614   Wärmeschutztechnische Prüfungen. Bestimmung der Wärmeableitung von Fußböden

DIN 7722 E   Klassifizierung hochmolekularer Werkstoffe aufgrund ihres mechanisch-thermischen Verhaltens.

Nachdem bisher in der Hauptsache die vorübergehenden oder bleibenden Eigenschaftsänderungen der Kunststoffe bei Einwirkung hoher und tiefer Temperaturen besprochen wurden, müssen nun die rein physikalisch definierten thermischen Kennwerte der „spezifischen Wärme", der „Wärmedehnzahl" und der „Wärmeleitfähigkeit" behandelt werden. Auch hierbei bestehen wesentliche Unterschiede zwischen den Kunststoffen und anderen Werkstoffen.

7.7.1. Spezifische Wärme

Unter der spezifischen Wärme versteht man die Wärmemenge (in kcal ausgedrückt[9]), die man 1 kg eines Stoffes zuführen muß, um seine Temperatur um 1°C zu erhöhen. Die Maßeinheit der spezifischen Wärme ist also

$$1 \frac{\text{kcal}}{\text{kg} \cdot {}^\circ\text{C}}.$$

Angaben über die spezifische Wärme werden z. B. dann benötigt, wenn die zur Erwärmung bzw. Abkühlung einer Kunststoffmasse aufzuwendende bzw. abzuführende Energiemenge von Interesse ist. Die spezifische Wärme ist wie alle thermischen Kenngrößen temperaturabhängig, somit können im allgemeinen nur Mittelwerte für einen bestimmten Temperaturbereich vorliegen, der in jedem Falle anzugeben ist. Die Angaben der Tabelle 10 beziehen sich auf das Temperaturintervall von etwa 20°C bis etwa 50°C. Zur Ermittlung der spezifischen Wärme dienen Kalorimeter verschiedener Bauart (s. Nitsche-Wolf, Kunststoffe, Band 2, S. 210ff.).

Die spezifische Wärme der Kunststoffe ist relativ hoch. Das heißt: Kunststoffe besitzen ein hohes Wärmeaufnahmevermögen, welches das der Metalle zum Teil noch weit übersteigt. Zu beachten ist jedoch, daß sie eine wesentlich geringere Dichte aufweisen, und so kommt es, daß das Wärmeaufnahmevermögen der Volumeneinheit bei beiden Stoffgruppen – ganz grob gesehen – etwa gleich ist (s. Tabelle 10).

7.7.2. Wärmedehnzahl – Ausdehnungskoeffizient

Die lineare Wärmedehnzahl α gibt die relative Längenänderung eines Körpers bei Erwärmung um 1°C an. Ihre Dimension ist somit $1/{}^\circ\text{C}$, und es gilt die Gleichung

$$\frac{l - l_0}{l_0} = \alpha \cdot (t - t_0) \quad \text{bzw.} \quad \frac{\Delta l}{l_0} = \alpha \cdot \Delta t; \quad {}^{10})$$

---

[9]) 1 kcal (Kilokalorie) = 1000 cal (Kalorien). 1 kcal ist die Wärmemenge, die nötig ist, um 1 kg Wasser um 1°C zu erwärmen – genau genommen: um dieses kg Wasser von 14,5 auf 15,5°C zu erwärmen.

[10]) Für den Volumenausdehnungskoeffizienten gilt in ähnlicher Weise $\frac{\Delta V}{V_0} = \beta \cdot \Delta t$. Unter der Voraussetzung, daß es sich um einen homogenen, isotropen Körper handelt (d.h. die lineare Wärmedehnzahl α ist in allen Richtungen gleich groß) kann näherungsweise gesetzt werden $\beta = 3\alpha$, siehe auch S.159.

Dabei bedeutet:

α = lineare Wärmedehnzahl ($1/°C$)
l_0 = Länge (cm) bei der Anfangstemperatur t_0 (°C)
l = Länge (cm) bei der Endtemperatur t (°C)
$\Delta l = l - l_0$ = absolute Längenänderung (cm) bei Erwärmung um $\Delta t = t - t_0$ (°C).

Tabelle 10 Spezifische Wärme und Wärmeaufnahmevermögen von Metallen und Kunststoffen

Stoff	Spezifische Wärme (kcal/kg · °C)	Dichte (kg/dm³)	Wärmeaufnahmevermögen/ Volumeneinheit (kcal/dm³ · °C)
Blei	0,031	11,0	0,34
Eisen	0,11	7,8	0,86
Aluminium	0,22	2,7	0,59
Magnesium	0,25	1,8	0,45
Polytetrafluoräthylen (PTFE)	0,25	2,2	0,55
Acetalharz (POM)	0,35	1,43	0,50
Polycarbonat (PC)	0,28	1,20	0,34
Polyamid (PA)	0,44	1,13	0,50
Polystyrol (PS)	0,34	1,05	0,36
Polyäthylen (PE)	0,54	0,94	0,51

Vergleicht man nun die Längsausdehnungs-Koeffizienten der Metalle mit denen der Kunststoffe (Bild 91), so sieht man, daß die Metalle nur einen relativ kleinen Bereich überdecken. Die der Kunststoffe dagegen zeigen auch untereinander verglichen recht erhebliche Unterschiede. Hierzu ein Beispiel:
Ein Stahlstab ($\alpha = 12 \cdot 10^{-6}/°C$) von 1 m Länge dehnt sich bei Erwärmung von 20 °C auf 60 °C ($\Delta t = 40$ °C) um 0,48 mm. Ein gleich langer Stab aus Polyäthylen ($\alpha = 230 \cdot 10^{-6}/°C$) dehnt sich unter den gleichen Bedingungen um 9,2 mm, ein solcher aus Hart-PVC ($\alpha = 60 \cdot 10^{-6}/°C$) um 2,4 mm.
Diese Tatsache ist insbesondere für den Konstrukteur von großer Bedeutung.
Kunststoffe, die außen an Gebäuden als Fassadenelemente, Rolladenprofile, Dachrinnen etc. Verwendung finden, müssen beachtliche Temperaturschwankungen aushalten. Vom Frost bis zu sommerlicher Hitze kann die Differenz immerhin 60 °C betragen. Es ist daher notwendig, durch geeignete konstruktive Maßnahmen dem Material die Möglichkeit zu geben, sich ungehindert in der Wärme auszudehnen und in der Kälte sich wieder zusammenzuziehen.
Die unterschiedliche Wärmedehnung von Kunststoffen und Metallen kann außerdem kritisch werden, wenn Kunststoffe und Metalle im Rahmen einer gemeinsamen Konstruktion miteinander in Berührung stehen.

Schwierigkeiten können besonders dann auftreten, wenn Metallteile (z. B. Stifte, Buchsen usw.) in Kunststoff eingebettet werden. Denn bei Abkühlung zieht sich der Kunststoff stärker zusammen als das eingebettete Metall, er schrumpft also auf das Metall auf und es kann zu Rißbildungen kommen. Hier wirkt sich allerdings der niedrige E-Modul insbesondere der thermoplastischen Kunststoffe recht günstig aus: er bewirkt, daß der Kunststoff den auftretenden Kräften nachgeben kann, somit unzulässig hohe Spannungsspitzen vermieden werden und eine Rißbildung nur in besonders ungünstigen Fällen auftritt. Insofern sind z. B. Spritzgußteile aus Polystyrol mit eingebetteten Metallteilen gefährdeter als solche aus dem weicheren Cellulose-Acetat.

Zur Bestimmung der linearen Wärmedehnzahl von Kunststoffen sind grundsätzlich die bei anderen Werkstoffen, z. B. bei Metallen üblichen Dilatometer geeignet, teilweise wurden eigene Geräte entwickelt (z. B. ASTM D 696 bzw. ASTM D 864). Bei der Messung muß man allerdings Vorsicht walten lassen, denn sie kann durch verschiedene Umstände verfälscht werden. So nehmen die meisten Kunststoffe mehr oder weniger Feuchtigkeit auf oder sie enthalten flüchtige Bestandteile, welche bei der zur Messung notwendigen Erwärmung abgegeben werden. Dadurch können Austrocknungs- bzw. Schwindungsvorgänge eintreten, welche sich der Wärmedehnung überlagern und somit ein falsches Bild liefern. Dasselbe ist möglich, wenn bei der Erwärmung ein chemischer Vorgang, z. B. bei Duroplasten ein Nachhärten auftritt. Grundsätzlich ist zu beachten, daß die Wärmedehnzahl wie alle anderen thermischen Kenngrößen von der Temperatur abhängig ist und deshalb muß der zutreffende Temperaturbereich angegeben werden. (Die Werte der Abb. 91 gelten für die Umgebung der Raumtemperatur.) Dies ist besonders wichtig in der Nähe der thermischen Umwandlungs- und Übergangsbereiche. In diesen Gebieten ändert sich die Wärmedehnzahl mehr oder weniger sprunghaft, so daß Messungen der Wärmedehnzahl bzw. des spezifischen Volumens zur Ermittlung der Umwandlungs- und Übergangspunkte herangezogen werden können.

Anisotrope Kunststoffe (vgl. S. 28) haben in verschiedenen Richtungen unterschiedliche Ausdehnungskoeffizienten. Das kann sowohl von der Verarbeitung herrühren als auch durch Zusatzstoffe bedingt sein. So haben beispielsweise glasfaserverstärkte Schichtpreßstoffe in Richtung der Glasfasern (d. h. in der Plattenebene) einen sehr niedrigen Ausdehnungskoeffizienten, weil das an sich große Ausdehnungsbestreben der Harzmatrix durch die geringe Ausdehnung der fest eingelagerten Glasfasern stark behindert wird. Senkrecht zur Faserrichtung haben die Glasfasern dagegen keine Wirkung, so daß hier die Wärmedehnzahl des Harzes gemessen wird. Bestimmt man also die lineare Wärmedehnzahl eines anisotropen Stoffes aus der Volumenausdehnung (s. Fußnote S. 157), so erhält man einen mittleren Ausdehnungskoeffizienten, der von der in einer bestimmten Richtung gültigen Wärmedehnzahl beträchtlich abweichen kann. Das gleiche gilt auch für andere Schichtpreßstoffe.

7.7.3. *Wärmeleitfähigkeit*

Die Wärmeleitfähigkeit oder Wärmeleitzahl λ ist ein Maß für das thermische Leitvermögen (bzw. Isoliervermögen) eines Stoffes und wird gemessen in kcal/m · h · °C; der Zahlenwert von λ gibt also an, welche Wärmemenge (kcal) stündlich durch einen Würfel von 1 m Seitenlänge von einer Fläche zur gegenüberliegenden Fläche hindurchströmt,

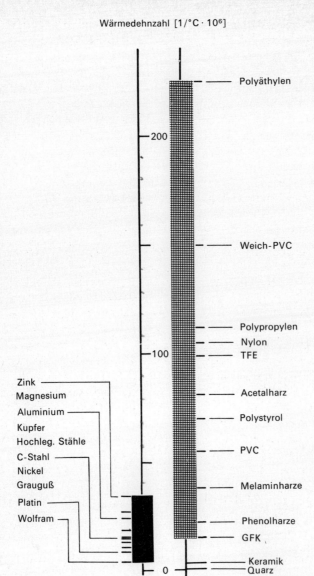

Bild 91 Längenausdehnung von Kunststoffen und Metallen

7.7. Thermische Kenngrößen

wenn die beiden Flächen einen Temperaturunterschied von 1 °C aufweisen. Für die durch eine ebene Platte hindurchtretende Wärmemenge gilt also die Gleichung

$$Q = \lambda \cdot \frac{F}{d} \cdot \Delta t \cdot T,$$

Dabei bedeutet:

Q = Wärmemenge (kcal)
λ = Wärmeleitfähigkeit (kcal/m · h · °C)
F = Fläche (m²)
d = Dicke der Platte (m)
Δt = Temperaturdifferenz zwischen beiden Seiten der Platte (°C)
T = Zeit (h).

Zur Bestimmung der Wärmeleitfähigkeit wird bevorzugt das Zweiplattenverfahren nach Poensgen herangezogen (s. ASTM C 177 und DIN 52612), wobei der Wärmeübergang von einer mittleren, geheizten Metallplatte durch zwei symmetrisch auf beiden Seiten angeordnete Probeplatten zu zwei außenliegenden, gekühlten Metallplatten gemessen wird. Die Probeplatten müssen völlig plane Oberflächen aufweisen und mit den wärmeabgebenden bzw. wärmeaufnehmenden Metallplatten in innigem Kontakt stehen. (Ein einwandfreier Wärmeübergang wird erreicht, wenn man zwischen Probeplatten und Metallplatten eine flüssige Wärmeübertragungsschicht, z.B. Paraffinöl einfügt, deren Wärmeleitzahl bekannt ist und somit rechnerisch berücksichtigt werden kann.)
Da ein Feuchtigkeitsgehalt der Probekörper zu instationärem Wärmeübergang und damit zu Fehlmessungen führen könnte, ist es üblich, die Wärmeleitfähigkeit in feuchtigkeitsfreiem Zustand zu messen, d.h. die Proben vor dem Versuch ausreichend zu trocknen. Auch hier ist zu beachten, daß die Wärmeleitfähigkeit von der Temperatur abhängt. Im allgemeinen müssen die Messungen also bei mehreren Temperaturen durchgeführt werden, welche den Anwendungsbereich des untersuchten Werkstoffes einschließen.
Vergleicht man die Wärmeleitfähigkeit von Kunststoffen und Metallen, so sieht man, daß hier Unterschiede von ganzen Größenordnungen vorliegen. Aus diesem Grunde mußte in Bild 92 ein logarithmischer Maßstab gewählt werden.
Sehr oft interessiert nun aber bei der Kennzeichnung eines Materials gar nicht die hindurchgehende Wärmemenge, sondern vielmehr umgekehrt der Widerstand, den es dem Wärmedurchgang entgegensetzt. Das gilt besonders im Bauwesen für die Prüfung von Isolierstoffen. Also fragt man weniger nach der Wärmeleitfähigkeit λ als nach ihrem Kehrwert $\frac{1}{\lambda} \left(\frac{m \cdot h \cdot °C}{kcal} \right)$. Und will man Vergleiche anstellen, dann ist nicht einmal die als spezifische Stoffeigenschaft ermittelte Kenngröße λ bzw. $\frac{1}{\lambda}$, die von einer Materialdicke von 1 m ausgeht, so wichtig, sondern der Wert, der für die tatsächliche Materialdicke ermittelt wird und zugleich einen normal auftretenden Feuchtigkeitseinfluß berücksichtigt. [So kommt man zu den für die Praxis handlicheren Maßen, der Wärmedurchlaßzahl Λ und dem Wärmedurchlaßwiderstand oder Dämmwert $\frac{1}{\Lambda} \left(\frac{m^2 \cdot h \cdot °C}{kcal} \right)$.]

Tabelle 11 *Wärmeleitzahl* λ und *Wärmedurchlaß-Widerstand – verschiedener Baustoffe* und *Fußbodenbeläge*. Die Werte sind nur ungefähr und schwanken je nach Qualität

Je geringer die Wärmeleitzahl eines Stoffes ist, umso besser eignet er sich als Kälteschutz (erste Spalte). Man muß aber bedenken, daß Baustoffe in sehr unterschiedlichen Dicken gebraucht werden (zweite Spalte). Infolgedessen ergeben sich bei den gebräuchlichen Materialdicken sehr unterschiedliche Wärmedurchlaß-Widerstände (dritte Spalte), und diese sind entscheidend. Je höher der Wert, umso besser.

Material	1. Wärmeleitzahl λ kcal/$m \cdot h \cdot °C$	2. gebräuchliche Materialdicke in cm	3. Wärmedurchlaß- widerstand $\frac{1}{\Lambda}$ $\frac{m^2 \cdot h \cdot °C}{kcal}$ für Schichtdicken der Spalte 2
Baustoffe:			
Buchenholz	0,15	3	0,20
Korkplatten	0,04	3	0,75
Polystyrolschaumstoff	0,035	3	0,86
Phenolharzschaumstoff	0,028	3	0,86
Polyurethanschaumstoff	0,022	3	1,36
Lochziegel	0,4–0,5	24	0,6–0,46
Vollziegel	0,4–0,7	24	0,6–0,35
Bruchsteinmauerwerk	2,0–3,0	30	0,15–0,10
Beton massiv	1,75	10	0,057
Fußbodenbeläge:			
Steinplatten	3,00	2	0,0067
Keramische Fliesen	0,90	1,3	0,0144
Buchenparkett	0,15	2,8	0,187
PVC-Belag massiv	0,14	0,25	0,0125
PVC + Filzunterlage	0,06	0,3	0,51
Linoleum	0,16	0,25	0,0156
Nylon-Teppich	0,06	0,6	0,10

Wenn es sich um zusammengesetzte Schichten handelt – wie das im Bauwesen oft der Fall ist –, dann muß man die Dämmwerte der einzelnen Schichten addieren. Außerdem ist der Wärmeübergang von der Luft an das Bauelement und vom Bauelement an die Luft zu berücksichtigen, der immer eine gewisse Verzögerung im Wärmeaustausch mit sich bringt. Man spricht von der Wärmeübergangszahl α und ihrem Kehrwert, der als Wärme- übergangswiderstand $\frac{1}{\alpha}$ bezeichnet wird. $\left(\frac{1}{\alpha_i}\right.$ ist der Wärmeübergangswiderstand innen –

7.7. Thermische Kenngrößen

also vom Innenraum an das Bauelement –, $\frac{1}{\alpha_a}$ ist der Wärmeübergangswiderstand nach außen).

Der gesamte Wärmedurchgang – die Wärmedurchgangszahl – wird mit k bezeichnet; ihr Kehrwert $\frac{1}{k}$ ist der gesamte Wärmedurchgangswiderstand. Er wird errechnet nach der Formel

$$\frac{1}{k} = \frac{1}{\alpha_i} + \frac{1}{\Lambda_1} + \frac{1}{\Lambda_2} + \frac{1}{\Lambda_3} + \cdots + \frac{1}{\alpha_a} \left(\frac{m^2 \cdot h \cdot °C}{kcal}\right),$$

wobei $\frac{1}{\Lambda_1}$, $\frac{1}{\Lambda_2}$ usw. die Wärmedurchgangswiderstände der einzelnen Schichten darstellen.

Mit diesen Werten rechnen alle Architekten und Bauleute. Es ist nicht schwer, davon ausgehend festzustellen, ob ein Bauwerk genügend gegen Wärme und Kälte geschützt ist. Die entsprechenden Bestimmungen, die nicht grundsätzlich auf Kunststoffe zugeschnitten sind, aber sie natürlich mit erfassen, sind in DIN 4108 „Wärmeschutz im Hochbau" enthalten (sehr gute Erläuterungen findet man in dem „Styropor-Handbuch von E. Neufert). Es ist kein Wunder, daß Kunststoffe allein schon aufgrund ihrer geringen Wärmeleitfähigkeit, vor allem aber als poröse Schaumstoffe zu Wärme-Kälte-Isolierung herangezogen werden. Dies hängt damit zusammen, daß unbewegte Luft (oder andere Gase) nächst völligem Vakuum der beste Wärmeisolator ist. Wenn also die Schaumstoffe am unteren Ende der Wärmeleitfähigkeitsskala stehen (Bild 92), so ist das weniger auf den Kunststoff, als auf das eingeschlossene Gas zurückzuführen. Von der wärmeisolierenden Eigenschaft unbewegter Luft (keine konvektive Wärmeübertragung!) macht man ja auch bei Doppelfenstern und Thermosflaschen Gebrauch[11]).

Im Zusammenhang mit der Wärmeleitfähigkeit muß auch die sog. Fußwärme eines Fußbodens erwähnt werden. Jederman weiß, daß sich ein Stück kaltes Metall kälter anfühlt als ein Stück Holz gleicher Temperatur. Ebenso empfindet ein nackter Fuß auf Steinboden eine tiefere Temperatur als auf einem gleich warmen Teppich. Metall und Stein fühlen sich darum viel kälter an, weil sie infolge ihrer hohen Wärmeleitfähigkeit der Hand bzw. dem Fuß sehr schnell viel mehr Wärme entziehen als dies bei Berührung mit Holz oder Textilien der Fall ist. Je geringer also die Wärmeleitfähigkeit eines Bodenbelages ist, umso angenehmer wird man ihn empfinden.

Es hat sich eingebürgert, die Fußwärme von Bodenbelägen in drei Stufen einzuteilen:

* = nicht ausreichend fußwarm
** = fußwarm
*** = besonders fußwarm.

Holzdielen und Parkett werden als fußwarm bezeichnet. PVC-Beläge auf Dämmschichten (Schaumstoff, Filz, Kork usw.) erhalten die gleiche Note. PVC-Belag auf Asphalt- oder Zementestrich ist schon nicht mehr ausreichend fußwarm. Besonders fußwarm sind dagegen textile Beläge wie Teppiche usw. Diese Einstufung kann aus den Wärmeleitzahlen der Tabelle 11 unmittelbar abgelesen werden.

Bei allen Berechnungen im Bauwesen, wo es auf Wärme- und Kälteschutz ankommt, spielen diese thermischen Kenngrößen eine große Rolle – unabhängig davon, ob Kunststoffe

---

[11]) Den Einsatz der Kunststoffe zu Kälteschutzzwecken und die dabei allgemein zu berücksichtigenden bauphysikalischen Gesichtspunkte behandelt der Artikel von W. Laeis „Bedeutung der Kunststoffe für Wärme- und Kälteschutz" in der Zeitschrift „Plastverarbeiter" 1968, Heft 10.

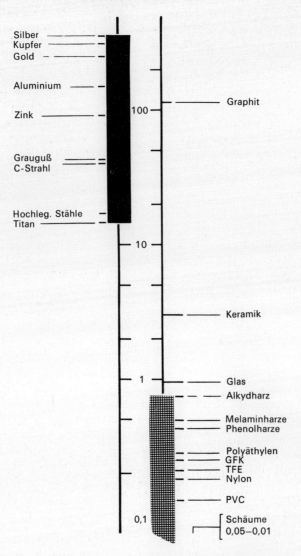

Bild 92   Wärmeleitfähigkeit von Kunststoffen und Metallen

7.7. Thermische Kenngrößen

zusätzlich eingesetzt werden oder nicht. Bewährte Tabellen und schematische Darstellungen von Wärmedurchgangslinien bei Mauern und Decken klären die jeweilige Situation. Auf die Einzelheiten, die zu guter letzt auch nur die Bauingenieure interessieren, kann hier nicht eingegangen werden; zwei Momente indes dürfen kurz erwähnt werden:

1. Es genügt bei den ordnungsgemäßen Vorarbeiten zu einem Bau nicht, bloß die Zusammensetzung und Dicke des Mauerwerks auf Temperaturverlauf zu prüfen; auch die Möglichkeit, daß Wasserdampf von außen nach innen oder umgekehrt in das Mauerwerk eindringt, muß bedacht werden, denn sobald der in der Luft befindliche Wasserdampf durch Abkühlung im Mauerwerk kondensiert (siehe Taupunktdiagramm Bild 93), verschlechtern sich schlagartig die Wärmeverhältnisse – von möglicher Verrottung und Schwammbildung ganz zu schweigen.

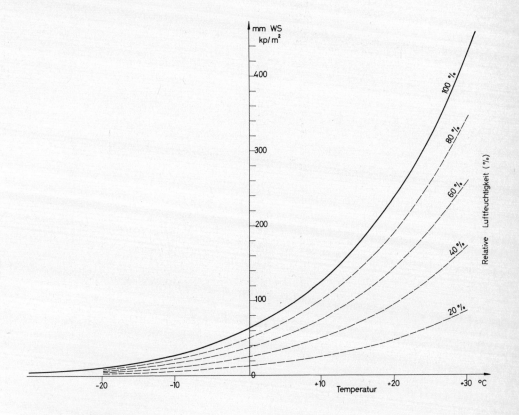

Bild 93 Taupunktdiagramm
Warme Luft kann mehr Wasser aufnehmen als kalte. Bei 100% relativer Luftfeuchtigkeit ist der Taupunkt erreicht. Kühlt warme Luft ab und steigt infolgedessen die relative Luftfeuchtigkeit, so kondensiert bei Erreichung des Taupunktes der überschüssige Wasserdampf und schlägt als Wasser nieder. – In Wohnräumen ist eine rel. Feuchtigkeit von etwa 60% am angenehmsten.

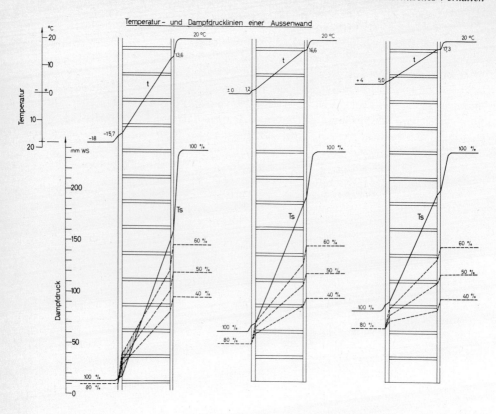

Bild 94 Schematische Darstellung von Wärmedurchgangslinien (T) an einer Mauer bei 3 verschiedenen Außentemperaturen: −18°, 0°, +4°.

T_s sind die Taupunktlinien, bei deren Erreichen der Wasserdampf als Wasser kondensiert; unten sind die Dampfdrucklinien dargestellt, wie sie sich ergeben, wenn außen eine rel. Luftfeuchtigkeit von 80%, innen eine solche von 60, 50 und 40% herrscht. Der jeweilige Dampfdruck ist in mm Wassersäule errechnet.

Die Wand setzt sich wie folgt zusammen: 2 cm Außenputz, 24 cm Bimsmauerwerk, 1,5 cm Innenputz. Im Innern des Raumes wird eine Temperatur von +20 C angenommen, außen eine Temperatur von −18°C (links), 0°C (Mitte) und +4°C (rechts), was der durchschnittlichen Wintertemperatur im Wärmedämmgebiet I der BRD entspricht. Die schraffierte Fläche markiert den Dampfdruckverlauf, bei dem die Gefahr einer Mauerdurchfeuchtung besteht. In der Praxis ist diese Gefahr sehr viel geringer, denn 1. treten Frostperioden nur vorübergehend auf, und 2. werden die Mauern bei steigenden Temperaturen und Wind auch wieder austrocknen.

7.7. Thermische Kenngrößen

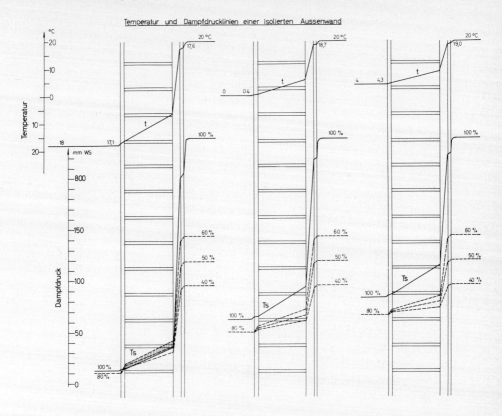

Bild 95 zeigt die entsprechenden Verhältnisse bei einer Wand, die innen mit 4 cm Phenolharz-Schaumstoff zusätzlich isoliert ist (nach Krah).

2. Durch die Verwendung von Kunststoffschäumen läßt sich der Wärme- und Kälteschutz immer verbessern. Die Frage, ob Schaumstoffplatten zweckmäßiger innen – wie es bei Wänden meist geschieht – oder außen – wie es bei Flachdächern meist geschieht – angebracht werden, ist nicht mit kurzen Worten zu beantworten. Es hängt ganz von den Verhältnissen ab. Hiermit beschäftigen sich zahlreiche Veröffentlichungen. (Bild 94 und 95 zeigen Temperatur- und Dampfdrucklinien, wie sie für eine Außenwand typisch sind, die einmal ohne Schaumstoff-Isolierung, einmal mit einer solchen projektiert ist.) Eines aber ist auch hier zu bedenken: auch Kunststoffschäume können Feuchtigkeit aufnehmen, und ihre Wärmeisolierfähigkeit geht dann zum Teil verloren; deshalb wird oft eine besondere Sperrschicht angebracht.

7.8. Kältebeständigkeit

Prüfmethoden

DIN 53 372	Prüfung von Kunststoff-Folien
	Bestimmung der Kältebruchtemperaturen von PVC-Folien
DIN 53 545	Bestimmung des Kälteverhaltens von Kautschuk und Gummi
ASTM D 746	Brittleness Temperature of Plastics by Impact.

Nachdem so viel vom Verhalten der Kunststoffe in der Wärme gesprochen worden ist, liegt die Frage nahe, ob es nicht auch ähnliche Kriterien für ihr Verhalten bei tiefen Temperaturen gibt.

Daß der Erweichungsbereich, der ja auch als Einfriertemperatur bezeichnet wird, nichts mit ausgesprochener Kälte zu tun hat, ist hinreichend klar herausgestellt worden. Aber man hört gelegentlich auch von einer Tieftemperaturbeständigkeit, Kältebruchtemperatur, Kältesprödigkeitspunkt und ähnlichen Bezeichnungen. Sie alle charakterisieren keine echte Stoffeigenschaft, sondern beziehen sich immer nur auf irgendeine mechanische Eigenschaft, auf die Festigkeit z.B. oder den E-Modul, vor allem aber auf die Schlagzähigkeit bei bestimmten Minustemperaturen. Die DIN 53545, die allerdings erst im Entwurf für Elastomere vorliegt, geht auf diese Dinge ein.

Als Sprödigkeitspunkt wird danach die Temperatur bezeichnet, bei welcher die Probe unter vorgeschriebener Schlagbeanspruchung bricht. Mit dem „Einfrierbereich" – um es nochmal zu sagen – hat das also gar nichts zu tun, sondern ist auch nichts anderes als eine der typischen Einpunktprüfungen, die von den festgelegten Bedingungen abhängen.

Da die DIN 53 545 sich auf Kautschuk und Gummi beschränkt, kann sie zwar allenfalls auf PVC weich, aber nicht auf harte Kunststoffe angewandt werden.

Eine gewisse Verbreitung hat die Prüfung von PVC-Folien auf ihre Kälteempfindlichkeit gefunden: Nach DIN 53 372 werden aus der zu prüfenden Folie Schlaufen gebildet. Sie werden in die Prüfapparatur gelegt, und dort fällt unter festgelegten Bedingungen bei bestimmten Temperaturen ein Gewicht darauf. Die Temperatur, bei der die Schlaufen brechen, ist die Kältebruchtemperatur.

Wenn keine besonderen mechanischen Beanspruchungen auftreten, ist es im allgemeinen ziemlich unerheblich, ob Kunststoffe tieferen Temperaturen ausgesetzt werden. Beim Wiederanstieg der Temperatur stellt sich die ursprüngliche Zähigkeit und Beweglichkeit wieder ein, ohne daß das Molekülgefüge eine Schädigung aufweist.

Tabelle 12 zeigt die Werte der Biegefestigkeit und der Schlagzähigkeit von fünf Kunststoffen in Vergleichszahlen, bei Temperaturen von 0, −20, −40 und −60 °C.

Die bei Raumtemperatur von +20 °C effektiv gemessenen Werte, die als solche hier nicht interessieren und auch je nach Qualität recht unterschiedlich sein können, sind mit 100 angesetzt; die angegebenen Vergleichszahlen zeigen an, inwieweit bei niederen Temperaturen die Werte sich ändern.

Die Werte der Biegefestigkeit steigen nicht unbeträchtlich mit Senkung der Temperatur – beim E-Modul wäre das noch stärker der Fall! –, wogegen die Werte der Schlagzähigkeit in der Regel abnehmen – und dies käme bei der Kerbschlagzähigkeit noch deutlicher zum Ausdruck. Letztenendes sind diese Erscheinungen auf eine Verringerung der Dehnbarkeit bei tiefen Temperaturen zurückzuführen. Auch wird hierdurch bewiesen, daß es keine allgemein feststehende Kältebeständigkeit gibt. Der Versprödungspunkt ist wie ge-

7.8. Kältebeständigkeit

sagt nur der Grenzwert der Schlagzähigkeit bei bestimmten Bedingungen. Im übrigen braucht man sich auch nur vor Augen zu halten, daß die Gebrauchsbereiche bei den amorphen Thermoplasten *unterhalb* der Erweichungstemperatur, bei den teilkristallinen *oberhalb* der Erweichungstemperatur liegen.

Tabelle 12 Beeinflussung mechanischer Eigenschaften von Kunststoffen durch tiefe Temperaturen (nach Reichherzer)

Kunststoffart	Vergleichszahl bei			
	0	−20	−40	−60 °C
1. *Biegefestigkeit*				
Phenolharzpreßmasse	101	102	104	106
Phenolharz-Hartgewebe	103	107	111	114
Standard Polystyrol	104	108	112	118
PVC hart	108	115	123	132
Acrylharz-Spritzgußm.	108	116	125	134
2. *Schlagzähigkeit*				
Phenolharzpreßmasse	101	102	103	104
Phenolharz-Hartgewebe	96	92	87	83
Standard Polystyrol	96	92	87	83
PVC hart	76	52	20	
Acrylharz-Spritzgußm.	102	104	106	107

1. Biegefestigkeit (kp/cm^2).
2. Schlagzähigkeit ($kp\,cm/cm^2$)
Die bei Raumtemperatur von 20 °C gemessenen Werte sind mit 100 angesetzt, die anderen Werte im Verhältnis dazu als Vergleichszahlen umgerechnet.
Dadurch wird der hier interessierende Grad der Veränderung am besten erkennbar

8. Elektrische Eigenschaften

Prüfmethoden:

DIN 53482	Prüfung von Isolierstoffen. Bestimmung der elektrischen Widerstandswerte (Spezifischer Durchgangswiderstand, Oberflächenwiderstand, Widerstand zwischen Stöpseln)
ASTM D 257	Electrical Reistance of Insulating Materials (Volume Resistance, Surface Resistance, Insulation Resistance, Volume Resistivity)
DIN 53481	Bestimmung der elektrischen Durchschlagspannung und Durchschlagfestigkeit bei technischen Frequenzen
ASTM D 149	Dielectric Breakdown Voltage and Dielectric Strength of Electrical Insulating Materials
DIN 53480	Bestimmung der Kriechstromfestigkeit bei Betriebsspannungen unter 1 KV
ASTM D 495	High-Voltage, Low Current Arc-Resistance of solid Electrical Insulating Materials
DIN 53484	Bestimmung der Lichtbogenfestigkeit
DIN 53485	Bestimmung des Verhaltens unter Einwirkung von Glimmentladungen
DIN 53483 Bl. 1–3	Bestimmung der dielektrischen Eigenschaften (Dielektrizitätskonstante und dielektrischer Verlustfaktor)
ASTM D 150	A–C Loss Characteristics and Dielectric Constant of solid Electrical Insulating Materials
DIN 53486 Bl. 1 Entw.	Beurteilung des elektrostatischen Verhaltens von Kunststoffen ... und anderen Isolierstoffen. Messung des Oberflächenwiderstandes,
DIN 53489	Beurteilung der elektrolytischen Korrosionswirkung.

8.1. Elektrizitätsleitung in Kunststoffen

Die hervorragenden elektrischen Isoliereigenschaften der Kunststoffe haben von Anfang an sehr wesentlich zu ihrer Entwicklung und zu ihrer heutigen weiten Verbreitung beigetragen. Ihr Einsatz auf elektrischem Gebiet reicht von einfachen Schaltelementen über Dielektrika für Kondensatoren, Isoliermassen für Kabel, Vergußmassen für elektronische Bauelemente bis zu den modernen, in mehreren Schichten angeordneten gedruckten Schaltungen (Multilayer).

Erfreulicherweise werden die elektrischen Eigenschaften der meisten Kunststoffe verhältnismäßig wenig durch äußere Einflüsse verändert. Bei ihrem Einsatz in elektrisch hochwertigen Geräten und unter außergewöhnlichen Umweltbedingungen müssen dennoch die Auswirkungen von Temperatur und Feuchtigkeit, sowie die Einflüsse von Spannung, Stromart und Belastungsdauer, möglicher chemischer Angriff und Strahleneinwirkung ausreichend berücksichtigt werden. Daß hier zuweilen gewisse Forderungen unerfüllt bleiben gibt die Erklärung dafür, daß Kunststoffe sich nicht in allen Fällen gegenüber herkömmlichen Isolierstoffen wie Glimmer, Glas und Keramik durchsetzen konnten.

8.1. Elektrizitätsleitung in Kunststoffen

Wenn nun einerseits feststeht, daß Kunststoffe zu den besten elektrischen Isolatoren gehören, so trifft aber auch für sie zu, daß es absolute Nichtleiter im streng physikalischen Sinne nicht gibt. Das will besagen, auch bei ihnen ist eine – wenn auch im allgemeinen sehr geringe – Leitfähigkeit vorhanden.

Auf den ersten Blick erscheint dies schwer verständlich. Elektrische Leitfähigkeit bedeutet doch, daß eine Möglichkeit zum Transport elektrischer Ladungen gegeben sein muß. Betrachtet man jedoch den molekularen Aufbau der Kunststoffe, insbesondere die räumlich vernetzten Riesenmoleküle der Duroplaste (Bild 10 und 11), so kann man sich nicht vorstellen, wo irgendwelche Ladungsträger zur Verfügung stehen sollen. Aber selbst wenn solche Elektrizitätsträger in Form von Ionen mit den Abmessungen von Atomen oder Atomgruppen vorhanden sein sollten, so fragt man sich, wie solche Teilchen durch ein makroskopisch dichtes Material hindurchwandern können.

Man darf nicht vergessen, daß bei der Polymerisation bzw. Vernetzung eben doch keine homogenen, sondern sehr unregelmäßig gebaute („lockere") Molekülstrukturen entstehen, die alle möglichen Fehlstellen („Löcher") mit vielen inneren Grenzflächen enthalten. Durch den Einbau verschiedener Füllstoffe, Pigmente, Farbstoffe, Stabilisatoren und Weichmacher wird die Inhomogenität noch erhöht. Außerdem lassen sich bei keinem technischen Produkt Verunreinigungen vermeiden. Dazu muß man auch nicht auspolymerisierte bzw. unvernetzt gebliebene niedermolekulare Anteile, Reste von Emulgatoren oder Katalysatoren und dergleichen rechnen. Alle solchen Fremdstoffe sind im Zusammenhang mit Feuchtigkeitsaufnahme zur Dissoziation, d.h. zu Ionenbildung und damit zu elektrolytischer Leitung befähigt.

Es liegt also nahe, die – wenn auch geringe – Leitfähigkeit der Kunststoffe mit der Wanderung von Ionen im elektrischen Feld entlang innerer „Spalten" und Grenzflächen zu erklären. Wenn diese Annahme richtig ist, dann muß die Leitfähigkeit umso größer sein, je mehr Ionen vorhanden sind und je schneller sich diese Ionen bewegen können. Das heißt: alle Maßnahmen, welche die Ionenzahl oder deren Beweglichkeit erhöhen, müssen zu einer Erhöhung der Leitfähigkeit führen.

Die Tatsachen entsprechen dieser Auffassung: die Leitfähigkeit der Kunststoffe nimmt sowohl mit steigendem Feuchtigkeitsgehalt, a's auch mit steigender Temperatur zu. Während mit zunehmender Feuchtigkeit nur die Zahl der vorhandenen Ionen erhöht wird (stärkere Dissoziation), erhöht sich mit zunehmender Temperatur sowohl ihre Anzahl als auch ihre Beweglichkeit. Damit wird verständlich, daß der elektrische Widerstand von Kunststoffen mit zunehmender Temperatur abnimmt, ganz im Gegensatz zu den Metallen. Die Leitfähigkeit der Metalle beruht nämlich auf dem Vorhandensein freier Elektronen, deren Beweglichkeit mit zunehmender Temperatur abnimmt.

Selbstverständlich kann die Leitfähigkeit der Kunststoffe erhöht werden durch den Zusatz leitfähiger Füllstoffe wie Ruß, Graphit oder Metallpulver. Eine drastische Verminderung des Widerstandes erhält man jedoch nur dann, wenn die Füllstoffmengen so hoch sind, daß sich die einzelnen Füllstoffpartikel gegenseitig berühren und auf diese Weise leitende Brücken bilden. Dies gelingt im allgemeinen erst bei Füllstoffanteilen von mehr als 30 Vol.-%, wodurch aber die übrigen Eigenschaften der Kunststoffe, insbesondere ihr mechanisches Verhalten nicht unwesentlich beeinflußt wird.

8.2. Elektrische Kenngrößen

In der Hauptsache sind es vier Kenngrößen, durch welche die elektrischen Eigenschaften der Kunststoffe charakterisiert werden:

1. der elektrische Widerstand (Isolationswiderstand)
2. die Durchschlagfestigkeit
3. die Kriechstromfestigkeit
4. die Dielektrizitätskonstante und der dielektrische Verlustfaktor

Die entsprechenden Prüfverfahren wurden sämtlich von der Elektroindustrie bzw. dem VDE festgelegt, sind aber auch in die DIN-Normen übernommen worden. Sie bezogen sich ursprünglich allgemein auf Isolierstoffe, waren also gar nicht speziell auf die Kunststoffe zugeschnitten. Die Prüfverfahren sind seit Jahrzehnten bekannt und bewährt, und die Bedeutung der ermittelten Werte für die Elektroindustrie bedarf keiner Diskussion. Unabhängig von den Belangen der Elektroingenieure ist das elektrische Verhalten der Kunststoffe aber auch von allgemeinem Interesse, weil es sie als Werkstoffgruppe in vieler Hinsicht charakterisiert.

8.2.1. *Isolationswiderstand*

Als Isolationswiderstand bezeichnet man den elektrischen Widerstand eines Isolierstoffes zwischen zwei beliebigen Elektroden an oder in einem Prüfkörper beliebiger Form. Der Isolationswiderstand hängt nicht nur von Elektrodenform und Elektrodenabstand ab, sondern kann wesentlich von der Stromverteilung im Materialinnern und auf der Oberfläche beeinflußt werden. Um zu vergleichbaren und reproduzierbaren Meßwerten zu kommen muß man also den Begriff Isolationswiderstand bzw. die Prüfmethoden genau definieren. Man unterscheidet:

1. Durchgangswiderstand bzw. spezifischer Durchgangswiderstand
2. Oberflächenwiderstand
3. Widerstand zwischen Stöpseln.

Die entsprechenden Prüfverfahren unterscheiden sich durch die Art, wie die Prüfspannung an den Probekörper angelegt wird, und sie liefern unterschiedliche Ergebnisse.

8.2.1.1. Durchgangswiderstand

Unter Durchgangswiderstand versteht man den zwischen zwei flächigen Elektroden gemessenen elektrischen Widerstand im Werkstoffinnern. Zur Messung werden Probekörper von einfacher Gestalt, vorzugsweise Platten oder Zylinder benutzt, auf die beidseitig kreisförmige Plattenelektroden mit einer Meßfläche von 20 cm^2 (in besonderen Fällen auch 5 cm^2 oder 80 cm^2) festhaftend aufgebracht werden. Bei dicken Proben (>1 mm) weist das zwischen den Elektroden angelegte elektrische Feld erst dann die erforderliche Homogenität auf, wenn einseitig eine ausreichend breite Schutzringelektrode angebracht wird. Dabei soll die Schutzspaltbreite klein gegenüber der Probendicke sein und die geschützte Elektrode und der Schutzring annähernd gleiche Spannung gegen Erde haben (Bild 96a

8.2. Elektrische Kenngrößen

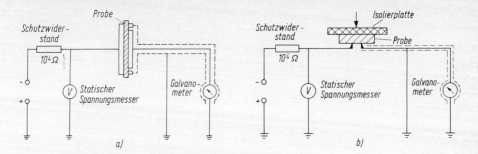

Bild 96   Schaltschema einer Widerstandsmeßeinrichtung mit Galvanometer
a) zur Bestimmung des Durchgangswiderstandes
b) zur Bestimmung des Oberflächenwiderstandes

bzw. DIN 53482). Die Schutzring-Elektrode stellt gleichzeitig sicher, daß alle Oberflächenströme zum Schutzring und am Meßgerät vorbei geleitet werden, so daß ein möglicher Leitfähigkeitsanteil der Probenoberfläche mit Sicherheit eliminiert ist. Die Messung erfolgt bei einer angelegten Gleichspannung von 100 V bzw. 1000 V.
Aus dem mit Hilfe des Galvanometers gemessenen Strom I und der verwendeten Spannung U ergibt sich der Durchgangswiderstand R_D als

$$R_D = \frac{U}{I} \text{ in Ohm.}$$

Rechnet man diesen Durchgangswiderstand R_D um auf die Fläche von 1 cm² und eine Dicke von 1 cm, d.h. auf einen Würfel von 1 cm Kantenlänge, so erhält man den spezifischen Durchgangswiderstand ϱ_D. Es ist also

$$\varrho_D = \frac{R_D \cdot F}{d}$$

wobei F die Meßfläche der Elektrode und D die Probendicke bedeutet.
Die Dimensionen für den spezifischen Durchgangswiderstand ist somit

$$\frac{\text{Ohm} \times \text{cm}^2}{\text{cm}} = \text{Ohm} \times \text{cm}.$$

Während also der Durchgangswiderstand R_D nicht nur von der Materialart, sondern von der Meßfläche und der Probendicke abhängt, ist der spezifische Durchgangswiderstand eine genau definierte Kenngröße, die den Vergleich verschiedener Werkstoffe ermöglicht. Der spezifische Durchgangswiderstand der „elektrisch leitenden" Stoffe, zu denen die Metalle rechnen, liegt im Bereich von 10^{-6} Ohm × cm (für die guten Leiter wie Kupfer, Silber usw.) bis etwa 10^{-3} Ohm × cm (für Titan- und Eisenlegierungen). Die entsprechenden Werte der elektrisch isolierenden Stoffe – wozu ja auch die Kunststoffe rechnen – liegen dagegen in der Größenordnung von 10^8 bis 10^{16} Ohm × cm. Das sind Unterschiede von 10 bis 20 Zehnerpotenzen!
Sehr wichtig – und das betrifft alle elektrischen Prüfungen! – ist die Konditionierung der Probekörper vor der Messung. Bei vielen Kunststoffen fällt nämlich der Isolationswider-

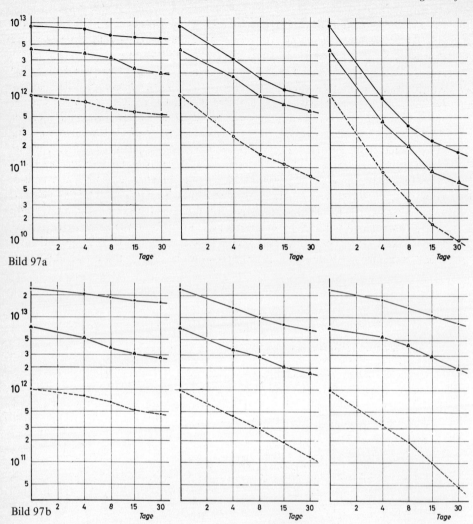

Bild 97a) Oberflächenwiderstand und b) Spezifischer Widerstand eines hochwertigen Phenolharz-Preßstoffes (Typ 31.5/1600), gemessen an Probekörpern, die
1. aus unterschiedlich vorgewärmter Masse gepreßt worden sind

• — — — — • nicht vorgewärmt

▲————————▲ 60 Min. bei 65°C vorgewärmt,

○————————○ 15 Min. bei 120°C vorgewärmt, und anschließend

2. in Luft von 20°C mit verschieden hohem Feuchtigkeitsgehalt,
links: bei 65% rel. Feuchtigkeit   Mitte: bei 80% rel. Feuchtigkeit
rechts: bei 93% rel. Feuchtigkeit   gelagert wurden.

Bemerkenswert ist der Einfluß der Vorwärmung: Bei der Verarbeitung vorgewärmter Massen ergeben sich merklich höhere Widerstandswerte als bei der Verarbeitung nicht vorgewärmter Massen. Die ursprünglichen Widerstandswerte sinken infolge Feuchtigkeitsaufnahme im Laufe der Zeit ab und zwar umso schneller, je höher der Feuchtigkeitsgehalt der Luft ist. Wie zu erwarten, tritt dieser Abfall beim Oberyächenwiderstand schneller ein als beim Spezifischen Widerstand.

8.2. Elektrische Kenngrößen

stand nach Feuchtigkeitslagerung meßbar ab, (Bild 97), weshalb in den DIN-Normen die Art und Dauer der Vorbehandlung genau vorgeschrieben ist (Lagerung bei 65, 80 oder 92% Luftfeuchtigkeit in destilliertem Wasser usw.). Der Vorgang ist reversibel: durch Trocknung wird der Isolationswiderstand wieder erhöht. Bemerkenswert an dem in Bild 97 gezeigten Beispiel ist, daß auch die Art der Verarbeitung eine Rolle spielen kann: Die vor der Verarbeitung vorgewärmten Preßmassen liefern merklich höhere Widerstandswerte und die dadurch hervorgerufenen Unterschiede gleichen sich auch nach längerer Feuchtigkeitslagerung nicht aus, sondern nehmen eher zu. Auf die Tatsache, daß der elektrische Widerstand von Kunststoffen mit steigender Temperatur abnimmt, wurde schon auf Seite 171 hingewiesen. Dies trifft übrigens auch auf andere Isolierstoffe zu. Stellt man die Abhängigkeit in einem Diagramm dar, dessen Widerstandsskala logarithmisch und dessen Temperaturskala nach reziproken absoluten Temperaturen (1/T) geteilt ist, so ergeben sich Geraden (Bild 98), und das beweist, daß die Leitfähigkeit der Kunststoffe dem sogenannten Arrhenius'schen Gesetz gehorcht. Es braucht hier nicht weiter darauf eingegangen zu werden, doch ist gerade dieser Zusammenhang ein wichtiger Hinweis dafür, daß es sich bei den Kunststoffen tatsächlich um eine Ionenleitfähigkeit handelt.

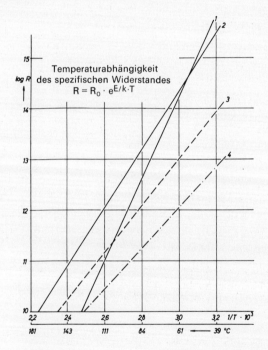

Bild 98 Temperaturabhängigkeit des spezifischen Widerstandes von Isolierstoffen:
1 Epoxidharz – Glasgewebeschichtstoff
2 Silikonharz – Glasgewebeschichtstoff
3 Porzellan
4 Pyrex – Natronglas
Bemerkenswert ist, daß schon eine Temperaturerhöhung von 5 bis 7°C den Spezifischen Widerstand auf die Hälfte reduziert (logarithmischer Maßstab der Ordinate!) Weitere Erklärung im Text!

8.2.1.2. Oberflächenwiderstand

Der Oberflächenwiderstand R_O ist der elektrische Widerstand eines Isolierstoffes, gemessen zwischen zwei auf der Oberfläche des Prüfkörpers angeordneten Elektroden. Bei der Messung nach DIN 53482 werden zwei 100 mm lange schneidenförmige Elektroden, bestehend aus einzelnen federnden Metallzungen, in einem Abstand von 10 mm auf den Probekörper aufgesetzt (Bild 96b). Wenn die Gestalt eines zu prüfenden Formteiles die Anbringung der großen Metallschneiden nicht zuläßt, können auch zwei 25 mm lange und 1,5 mm breite Strichelektroden aus Leitsilber mit einem Abstand von 2 mm verwendet werden. Die Messung erfolgt bei einer Prüfspannung von 100 bzw. 1000 V.

Es ist leicht einzusehen, daß bei der angegebenen Elektrodenanordnung nicht nur die Leitfähigkeit der Oberfläche eine Rolle spielt, sondern auch ein gewisser Strom unter der Oberfläche durch das zu prüfende Material fließt. Insofern ist der Oberflächenwiderstand keine exakte physikalische Kenngröße. Er hat den Charakter eines technologischen Meßwertes mit dem Vorteil, daß er relativ einfach und schnell bestimmt werden kann. Zahlenmäßig kann der Oberflächenwiderstand um 1 bis 2 Zehnerpotenzen niedriger als der am gleichen Material gemessene spezifische Durchgangswiderstand liegen. Hinsichtlich seiner Feuchtigkeits- und Temperaturabhängigkeit gilt grundsätzlich das gleiche wie beim Durchgangswiderstand (Bild 97b). Da aber die Oberfläche eines Probekörpers sehr viel schneller auf eine Änderung der Umweltbedingungen reagiert als das Materialinnere, ist bei der Messung des Oberflächenwiderstandes die genau einzuhaltende Vorbehandlung der Probekörper besonders wichtig. Dennoch lassen sich gewisse Schwankungen kaum vermeiden, und deshalb wird in der Praxis der Oberflächenwiderstand im allgemeinen nur der Größenordnung nach, d. h. als ganze Zehnerpotenz angegeben.

8.2.1.3. Widerstand zwischen Stöpseln

Bei der Messung des Widerstandes zwischen Stöpseln – ebenfalls nach DIN 53482 – werden zwei konische Stöpsel von 5 mm Durchmesser mit einem Mittelpunktabstand von 15 mm in entsprechend angebrachte Bohrungen der Prüfkörper gesteckt. Die Maßordnung entspricht somit in ihrer Form der Anbringung von Schrauben oder anderen Konstruktionsteilen in einem Isoliermaterial. Wie beim Oberflächenwiderstand handelt es sich nicht um eine physikalische exakte Meßgröße, sondern um eine technologische Prüfung, die den Durchgangswiderstand im Innern des Materials (bei inhomogener Feldverteilung!), zugleich aber auch den Leitfähigkeitsanteil der Probenoberfläche erfaßt. Da der Widerstand zwischen Stöpseln nur geringe praktische Bedeutung hat, genügt es, bezüglich weiterer Einzelheiten auf die entsprechenden DIN-Normen bzw. VDE-Vorschriften zu verweisen.

8.2.1.4. Die elektrostatische Aufladung – Konsequenz eines hohen Isolationswiderstandes

Wegen ihrer guten Isolationseigenschaften werden die Kunststoffe in der Elektrotechnik natürlich sehr geschätzt. In der Regel wird ein hoher Widerstandswert gefordert und angestrebt – etwa in der Größenordnung von 10^{10} bis 10^{15} Ohm. Hoher Isolationswiderstand bzw. geringe Leitfähigkeit hat aber als Konsequenz eine weniger erwünschte Begleiterscheinung: die elektrostatische Aufladung.

8.2. Elektrische Kenngrößen

Der Vorgang selbst ist leicht erklärt: durch mechanische Reibung zweier Nichtleiter (Schulbeispiel: Glas und trockenes Leder) – es genügt unter Umständen aber schon die Reibung strömender Luft! – können auf den Oberflächen Ladungen entstehen. Genauer gesagt: durch die Reibung tritt im Bereich der Grenzflächen eine Ladungsverschiebung ein, die bei dem einen Körper zu Elektronenmangel, bei dem anderen Körper zu Elektronenüberschuß führt. Entsprechend erscheint der erstere elektrisch positiv, der andere elektrisch negativ geladen. Bei leitenden Stoffen würden solche Oberflächenladungen sofort abfließen; bei Kunststoffen und anderen Isolierstoffen werden sie infolge des hohen Oberflächenwiderstandes nur sehr langsam abtransportiert, d.h. eine einmal eingetretene Aufladung kann sehr lange Zeit erhalten bleiben.

Merkliche elektrostatische Aufladung setzt einen Oberflächenwiderstand von mindestens 10^7 bis 10^8 Ohm voraus. Sie führt unter anderem zu Staubanziehung, wie man sie besonders bei Schallplatten, aber auch ganz allgemein bei Kunststoffteilen und Folien kennt.

Von besonderer Bedeutung wurde die elektrostatische Aufladung für die Hersteller von PVC-Bodenbelägen und textilen Bodenbelägen, soweit sie aus synthetischen Fasern hergestellt sind. Solche Beläge haben normalerweise einen Oberflächenwiderstand von mehr als 10^9 Ohm. Bei lebhaftem Begehen kann es in ungünstigen Fällen zu einer Aufladung des menschlichen Körpers kommen, die bei Berührung mit einer Erdung – also meist mit irgendwelchen Metallteilen oder dergl. – sich entlädt. Wegen der geringen Kapazität des menschlichen Körpers sind die auftretenden Ladungsmengen zwar unbedeutend und insoweit völlig ungefährlich; die entstehenden Spannungen können aber mehrere tausend Volt betragen und bei der plötzlichen Entladung zu einem – je nach Empfindlichkeit der einzelnen Personen – mehr oder weniger unangenehmen elektrischen Schlag führen. Da die Entladung mit einer Funkenbildung verknüpft sein kann, muß eine elektrostatische Aufladung in Räumen mit explosiblen Staub- oder Gasgemischen unbedingt vermieden werden.

Eine Möglichkeit zur Verhinderung elektrostatischer Aufladung ist die Befeuchtung der Oberfläche, welche den Oberflächenwiderstand vermindert und so zur schnellen Ableitung auftretender Ladungen beiträgt. Die heute üblichen Reinigungsmittel für Fußböden bilden einen dünnen Film auf der Oberfläche, der zunächst als Schutz gegen Verschmutzung gedacht ist, zugleich aber auch Feuchtigkeit bindet, wodurch die elektrostatische Aufladung für längere Zeit verhindert wird. Für den Fall, daß solche Bodenbeläge in „explosionsgefährdeten" Betrieben und Räumen verlegt werden sollen, reicht aus Sicherheitsgründen eine solche temporäre Befeuchtung natürlich nicht aus. Hier stehen sogenannte „leitfähige" Beläge zur Verfügung, bei denen – durch Beimischung von Ruß oder durch andere Maßnahmen – der Oberflächenwiderstand auch im trockenen Zustand auf 10^4 bis 10^6 Ohm verringert ist.

Was hier für Bodenbeläge gesagt wurde, gilt im Prinzip ganz allgemein für Kunststoff-Formteile. Hier handelt es sich allerdings kaum um das Vermeiden von elektrischen Schlägen oder von Funkenbildung, sondern um die schon erwähnte Neigung zum Verstauben. Die als „Antistatika" verwendeten Zusätze, die von vornherein in den Kunststoff eingearbeitet oder auch nur oberflächlich aufgetragen werden können, erhalten ihre Wirksamkeit durch die Bindung von Feuchtigkeit, die wiederum die Ladungen ableitet. Leider ist die Wirkung dieser Mittel zeitlich begrenzt. Sie verdunsten oder verflüchtigen sich mehr oder weniger schnell, und durch Wischen wird nicht nur Staub, sondern auch das wirksame Mittel entfernt. Sind die Substanzen in den Kunststoff eingearbeitet, so ist der Erfolg von längerer Dauer, weil sie von innen an die Außenflächen nachdrängen, aber auch hier ist der Vorrat einmal am Ende. Immerhin ist es ein beachtlicher Fortschritt, daß „antistatisch ausgerüstetes" Material für die Fälle zur Verfügung steht, wo man eine Verwendung für nötig hält – etwa bei Verpackungen und Formteilen für Haushaltsgeräte. Besonders störend kann die elektrostatische Aufladung bei Fabrikationsvorgängen sein, z. B. bei der Verarbeitung von dünnen Verpackungs-Folien mit hohen Laufgeschwindigkeiten. Die dabei unvermeidliche Reibung an Rollen, Kanten usw. ergibt eine starke Aufladung der Folien, die zum gegenseitigen Abstoßen oder auch zum Aneinanderkleben der Folienbahnen und damit zu Fabrikationsstörungen führt. Hier kann man sich meistens dadurch helfen, daß man mit entsprechenden Geräten die Luft ionisiert und mit ihrer Hilfe die auftretenden Oberflächenladungen neutralisiert. Die Geräte arbeiten im allgemeinen mit Spitzenentladungen, gelegentlich auch mit radioaktiven Präparaten oder Röntgenstrahlen, aber deren Anwendung ist wegen der erforderlichen Sicherheitsvorkehrungen nur in Industriebetrieben sinnvoll.

8.2.2. Durchschlagfestigkeit

Es ist weithin bekannt (und wegen der damit einhergehenden Licht- und Geräuscherscheinungen auch sehr eindrucksvoll), daß zwischen zwei in Luft sich gegenüberstehenden Elektroden ein elektrischer Überschlag eintritt, sobald die angelegte Spannung einen bestimmten Wert überschreitet. Was hierbei im Isolator Luft eintritt, erfolgt auch in jedem anderen Isolierstoff, d.h. die Isolierfähigkeit eines Materials bricht bei einer bestimmten elektrischen Feldstärke schlagartig zusammen. Wie erklärt man sich diesen Vorgang?
Genau genommen unterscheidet man zwei Möglichkeiten, nämlich den elektrischen Durchschlag und den thermischen Durchschlag (Wärmedurchschlag).
Den rein elektrischen Durchschlag kann man sich so vorstellen: Beim Anlegen einer ausreichend hohen Spannung (Feldstärke) werden die im Isolator vorhandenen wenigen Ionen (gegebenenfalls auch Elektronen) so stark beschleunigt, daß sie über den Vorgang der Stoßionisation weitere Ionen bilden und deren Zahl lawinenartig anwächst. Mit der Zahl der Ionen steigt auch die Leitfähigkeit stark an, und so kommt es zum spontanen Zusammenbruch des elektrischen Isoliervermögens.
Der Wärmedurchschlag ist ein Vorgang, der eine gewisse Zeit beansprucht. Er entsteht, wenn durch die im Stoff umgesetzte Leistung – bei Gleichspannung infolge der Leitfähigkeit, bei Wechselspannung infolge der dielektrischen Verluste (über die in Abschnitt 8.2.4. noch gesprochen werden wird) – die Erwärmung des Materials mindestens örtlich so groß geworden ist, daß thermische Zerstörung und damit Verlust des Isoliervermögens eintritt.
Man darf jedoch annehmen, daß in der Praxis meistens beide Vorgänge an einem Durchschlag beteiligt sind.
Die Prüfung der Durchschlagfestigkeit erfolgt nach DIN 53481 (entspricht VDE 0303, Teil 2) mit zeitlich ansteigender Wechselspannung, wobei die Spannungssteigerung entweder kontinuierlich mit 500 bis 1000 V pro s oder stufenweise vorgenommen werden kann. Der Prüfkörper liegt zwischen zwei Elektroden (Platte gegen Platte, Kugel gegen Platte oder Kugel gegen Kugel), die sich entweder in Luft oder unter Isolieröl befinden. Die im Augenblick des Durchschlags gemessene Spannung heißt Durchschlagspannung.

8.2. Elektrische Kenngrößen

Bezieht man diese Durchschlagspannung auf die geringste Dicke zwischen den beiden Elektroden, so erhält man die Durchschlagfestigkeit in kV/mm bzw. kV/cm.

In jedem Falle ist zu beachten, daß die Durchschlagfestigkeit keine Materialkonstante ist, sondern von vielen Faktoren beeinflußt wird, z. B. von der Form der Elektroden (Feldstärkeverteilung!), Frequenz der Wechselspannung, Prüftemperatur, Beanspruchungsdauer, Vorbehandlung der Probekörper und nicht zuletzt auch von der Probendicke. Die Abhängigkeit der Durchschlagspannung von der Materialdicke ist nicht linear; es kann nicht von einer Probendicke auf die andere umgerechnet werden. Im allgemeinen ergibt sich bei geringen Materialdicken eine wesentlich höhere Durchschlagfestigkeit als bei dickeren Proben. Wenn man bei einem Material von 0,1 mm Dicke eine Durchschlagspannung von 5 kV ermittelt, dann ist sie bei dem gleichen Material von 10 mm Dicke nicht 500 kV, sondern wesentlich niedriger, beispielsweise nur 100 kV. Die Erklärung dafür ist recht einfach: Je dicker der Probekörper ist, umso schlechter kann die im Probekörper entwickelte Wärme abgeleitet werden und umso früher tritt der Wärmedurchschlag ein. Außerdem ist bei dünnen Materialschichten das beanspruchte Volumen wesentlich kleiner und damit stehen weniger Ladungsträger zur Verfügung, und die Entstehung einer „Ionenlawine" ist daher weniger wahrscheinlich. Aus all dem folgt, daß bei der Angabe einer Durchschlagfestigkeit stets die Materialdicke genannt werden muß, an der die Prüfung durchgeführt wurde.

Keiner besonderen Erläuterung bedarf die Tatsache, daß die Durchschlagfestigkeit mit zunehmender Temperatur absinkt. Man braucht nur daran zu erinnern (s. Abschnitt 8.2.1.1.), daß die Leitfähigkeit von Isolierstoffen mit zunehmender Temperatur ansteigt. Als Beispiel sei erwähnt: Polyäthylen, das in großem Umfange zur Kabelisolierung verwendet wird, hat bei 70 °C nur noch etwa 10% der bei Raumtemperatur gemessenen Durchschlagfestigkeit.

Aber nicht nur mit der Probendicke und der Temperatur, auch mit wachsender Einwirkungsdauer der angelegten Spannung vermindert sich die Durchschlagfestigkeit. Bei der nach DIN 53481 vorgesehenen kontinuierlichen Spannungssteigerung kann sich die Temperatur, welche den Wärmedurchschlag bewirkt, nur zum Teil entwickeln. Die auf diese Weise ermittelten Durchschlagspannungen täuschen also im allgemeinen eine zu hohe Durchschlagfestigkeit vor. Eine bessere Beziehung zur Dauerfestigkeit ergibt die nach DIN 7735 für Schichtpreßstoffe geforderte 5-Minuten-Stehspannung oder die nach DIN 53481, Abschnitt 6.7 vorgesehene 10- bzw. 30-Minuten-Stehspannung. (Bei dieser Prüfart wird die Spannung ermittelt, welche 5, 10 oder 30 Minuten lang ausgehalten wird.) Hier hat der Probekörper mehr Zeit zur Einstellung des Wärmegleichgewichtes und deshalb bieten solche Werte vor allem dem Konstrukteur eine brauchbare Handhabe für die Praxis.

Selbstverständlich wird man im praktischen Einsatz aus Sicherheitsgründen mit entsprechend niedrigeren Spannungen arbeiten. Aber selbst dann kann noch nach Monaten oder Jahren ein Durchschlag auftreten. Die Ursache ist aber keine erhöhte Leitfähigkeit durch Ionenstoß oder ein Wärmedurchschlag im vorher besprochenen Sinne. In diesem Falle beruht der Durchschlag auf einer langsamen Zersetzung des Werkstoffes durch Glimmentladungen, die unter dem Einfluß hoher Feldstärken an Inhomogenitäten und Fehlstellen (Mikrolunker) im Innern auftreten können.

8.2.3. Kriechstromfestigkeit

Kriechströme können sich bilden, wenn der Isolierstoff zwischen spannungsführenden Teilen an seiner Oberfläche verschmutzt ist, so daß eine bestimmte Oberflächenleitfähigkeit eintritt. Dadurch entsteht zwar im allgemeinen nur ein kleiner Strom, der für einen Kurzschluß nicht ausreicht, aber er kann dennoch gefährlich werden, nämlich dann, wenn unter dem Einfluß der dabei auftretenden Erwärmung der Isolierstoff sich langsam zersetzt und sich ein sogenannter Kriechweg bildet. Der Mechanismus dieser Kriechwegbildung durch Oberflächenleitung (auch beim Fehlen äußerer Einflüsse) entspricht dem des Durchschlagens beim Vorliegen einer Leitung *durch* das Material.

Das in DIN 53480 (entspricht VDE 0303, Teil 1) festgelegte Prüfverfahren versucht die in der Praxis vorkommende Beanspruchung der Oberfläche nachzubilden, indem zwei Elektroden auf die Oberfläche aufgesetzt werden und die zwischen den Elektroden liegende 4 mm breite Prüfstrecke mit einer Lösung bestimmter spezifischer Leitfähigkeit betropft wird (Bild 99). Ein in der Prüfflüssigkeit enthaltenes Netzmittel sorgt dafür, daß sich die Lösung gleichmäßig über die ganze Prüfstrecke verteilt und sofort eine Verbindung zwischen den Elektroden schafft. Der durch die anliegende Spannung von 380 Volt entstehende Kriechstrom erwärmt das Medium und bringt die Feuchtigkeit zum Verdampfen. In der letzten Verdampfungsphase steigt der Widerstand stark an und die Erwärmung wird so groß, daß sie die Zersetzung des Isolierstoffes einleiten kann. Die Betropfung der Oberfläche wird laufend fortgesetzt, die Oberfläche also immer mehr verunreinigt und der Isolierstoff immer mehr zersetzt. Bilden sich dabei in der Kriechspur leitfähige Zersetzungs-

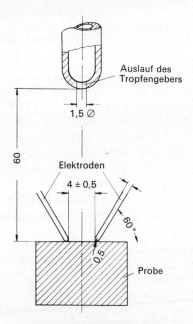

Anordnung der Elektroden und der Probe beim Tropfverfahren

Bild 99 Bestimmung der Kriechstromfestigkeit

8.2. Elektrische Kenngrößen

produkte („Kohle"), dann nimmt der Kriechstrom laufend zu und wenn er 0,5 Ampère überschreitet (Kurzschluß) schaltet die Prüfapparatur automatisch ab. Die Zahl der Tropfen, die bis zu diesem Zeitpunkt aufgebracht wurde, stellt ein Maß für die Kriechstromfestigkeit des geprüften Isolierstoffes dar.

Alle organischen Isolierstoffe werden durch diese Beanspruchung zersetzt und abgebaut, wenn auch in verschiedener Weise. Die einen, z. B. Phenolharze, hinterlassen bei der Zerstörung eine leitende Kohlenstoffbrücke, die relativ schnell zum Kurzschluß führt. Andere, z. B. Melamin- und Harnstoffharze, zersetzen sich so, daß nur gasförmige Zersetzungsprodukte und somit keine leitende Rückstände entstehen, d. h. trotz merklicher Aushöhlung des Kriechweges beliebig viele Auftropfungen ohne Kurzschluß ausgehalten werden.

Nach diesem Kriechstromtest werden die Isolierstoffe in fünf Gütestufen eingeordnet: KA 1 bis KA 3c, wobei KA 3c die beste Stufe bedeutet. Die Beurteilung geht von folgenden Merkmalen aus:

KA 1   Kurzschluß nach 1–10 Auftropfungen
KA 2   Kurzschluß nach 11–100 Auftropfungen
KA 3a   kein Kurzschluß nach 101 Auftropfungen
             größte Aushöhlungstiefe > 2 mm
KA 3b   kein Kurzschluß nach 101 Auftropfungen
             Aushöhlungstiefe 1–2 mm
KA 3c   kein Kurzschluß nach 101 Auftropfungen
             größte Aushöhlungstiefe < 1 mm.

Vor 1964 war eine weniger präzise Klassifizierung angewandt worden, die auch fünf Gütestufen T 1 bis T 5 vorsah, aber den Erfordernissen der Praxis nicht so gut entsprach. Man begegnet diesen Gütestufen noch in älteren Prospekten.

Man kann die alten Gütestufen nicht mit der neuen Einteilung vergleichen, da das Meßverfahren viele Änderungen erfahren hat (u. a. Elektrodenform, Elektrodenmaterial, Tropfengröße, Überstromrelais, Berücksichtigung der Aushöhlungstiefe bei Tropfenzahlen über 100). Ungefähr umfaßt die Stufe KA 1 die Werte der früheren Stufen T 1 und T 2, KA 2 die früheren Stufen T 3 und T 4. Die Stufen KA 3a, 3b und 3c entsprechen in etwa der früheren Stufe T 5, sind aber präziser und daher für die Praxis besser.

Eine Variation dieses Prüfverfahrens sieht vor, daß jeweils 50 Auftropfungen bei unterschiedlichen Elektrodenspannungen erfolgen. Es wird dabei die Spannung ermittelt, bei der 50 Auftropfungen ohne Kurzschluß möglich sind.

Obwohl die Kunststoffe hinsichtlich ihrer Kriechstromfestigkeit offensichtlich nicht alle ideal sind, werden sie mit guten Erfolg an vielen Stellen eingesetzt, wo Kriechströme theoretisch erwartet werden müssen. In der Praxis liegen selten derart extreme Bedingungen vor, daß sie durch Kriechströme ausgelöste Erwärmung ausreichen würde, den Kunststoff so stark zu zersetzen, wie es Voraussetzung zur Bildung eines Kriechweges wäre. Der Konstrukteur kann zudem durch ausreichende Dimensionierung und durch eine vor Umwelteinflüssen geschützte Anordnung der Kriechstrecke die Gefahr einer Kriechstrombildung weitgehend beseitigen. Zu bedenken bleibt immerhin, daß auch geringe Kriechströme unter Umständen gefährlich werden können – und das sogar bei Stoffen, die im sauberen und trockenen Zustand einen guten Oberflächenwiderstand besitzen. Die Kriechstromfestigkeit ist von besonderer Bedeutung bei Isolatoren im Freien, die dem Einfluß von Staub, Feuchtigkeit, Sonnenlicht und erhöhten Temperaturen ausgesetzt sind.

8.2.4. Dielektrizitätskonstante und Verlustfaktor

8.2.4.1. Polare und unpolare Stoffe

Während die Dissoziation für das Isoliervermögen eines Isolators eine entscheidende Rolle spielt, wird das dielektrische Verhalten in der Hauptsache durch die Polarisation bestimmt – eine mindestens ebenso wichtige Erscheinung.

Die Atome haben bekanntlich einen positiv geladenen Kern und eine „Schale" aus negativ geladenen Elektronen. In einem Molekül, das aus mehreren Atomen besteht, hat entsprechend der gegenseitigen räumlichen Anordnung der Atome die gesamte positive Ladung ihren „Schwerpunkt", ebenso wie die gesamte negative Ladung. Fallen die beiden „Schwerpunkte" in einen Punkt zusammen, so bedeutet dies, daß solche Moleküle in jeder Hinsicht elektrisch neutral wirken. Das ist – um von Kunststoffen zu sprechen – z. B. weitgehend bei Polyäthylen und auch bei Polystyrol der Fall. Sind die beiden Ladungsschwerpunkte jedoch räumlich voneinander getrennt, weil sich beispielsweise die Elektronen bevorzugt an bestimmten Stellen des Moleküls aufhalten, so hat man es mit Molekülen zu tun, die am einen Ende elektrisch positiv und am anderen Ende elektrisch negativ geladen erscheinen (Bild 100), – ähnlich wie ein Magnet am einen Ende magnetisch positiv und am anderen Ende magnetisch negativ erscheint. Solche Moleküle wirken als elektrischer Dipol mit einem bestimmten Dipolmoment, und man bezeichnet sie als

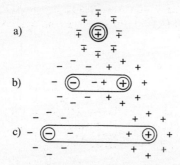

Bild 100   Unterschied polarer und nichtpolarer Stoffe
Dipole entstehen, wenn die positiven und negativen „Schwerpunkte" der elektrischen Ladungen eines Moleküls nicht zusammenfallen.

a) kein Dipol   b) geringer Dipol   c) starker Dipol

„polar". Wenn diese Polarisation von vornherein und also „permanent" vorhanden ist – und das insbesondere interessiert bei Kunststoffen –, so spricht man von permanenten Dipolen und nennt die ganze Erscheinung Dipol- oder Strukturpolarisation, denn in der Struktur des Moleküls liegt die Ursache. Bei manchen Molekülen stellt sich eine Polarisation allerdings erst im elektrischen Feld ein. Solche Moleküle sind also von Natur aus unpolar, erfahren aber unter der Einwirkung eines elektrischen Feldes eine gewisse Ladungsverschiebung und damit eine gewisse Polarisation, die aber im allgemeinen wesentlich weniger ausgeprägt ist als die Strukturpolarisation. Zu den Molekülen mit einem permanenten Dipol zählen – sehr ausgeprägt! – Polyvinylchlorid und mehr oder weniger

8.2. Elektrische Kenngrößen

die härtbaren Kunstharze; aber auch gewisse Füllstoffe wie Papier usw., sowie manche Weichmacher und Pigmente gehören dazu. Das bekannteste Beispiel eines Moleküls mit besonders hohem Dipolmoment ist das Wassermolekül. Und insofern Kunststoffe Feuchtigkeit enthalten oder aufnehmen können, ist auch der Feuchtigkeitsgehalt für das dielektrische Verhalten mitverantwortlich.

Wird ein polares Material in ein elektrisches Feld, z. B. zwischen die Platten eines geladenen Kondensators gebracht, so werden die Dipole mehr oder weniger ausgerichtet (Bild 101b). (Es ist allerdings unwahrscheinlich, daß ein Makromolekül sich als Ganzes orientieren kann. Die Ausrichtung wird sich nur auf bestimmte Kettensegmente oder – soweit vorhanden – Seitengruppen beziehen können, und sie ist insofern vom molekularen Aufbau und der inneren Struktur des Stoffes abhängig). Makroskopisch ergibt sich, daß dadurch die Kapazität des Kondensators zunimmt, d. h. das Einbringen des polaren Materials zwischen die Kondensatorplatten wirkt ebenso wie eine Verringerung des Plattenabstandes bzw. eine Erhöhung der Feldstärke. Ein Maß für die Erhöhung der Kapazität ist die Dielektrizitätskonstante s (DK) – neuerdings auch als Dielektrizitätszahl bezeichnet.

Liegt ein mit einem solchen polaren Dielektrikum ausgestatteter Kondensator in einem Wechselstromkreis, so werden die Dipole dauernd umorientiert: die positiven Pole werden in Richtung der negativen Platte und die negativen Pole in Richtung der positiven Platte verschoben, und das so oft, wie das elektrische Feld im Kondensator seine Richtung ändert. Durch diese dauernd wechselnde Orientierung der Dipole, die ja eine Arbeitsleistung ist, geht ein gewisser Wirkstrom im Dielektrikum verloren; ein Maß hierfür ist der dielektrische Verlustfaktor.

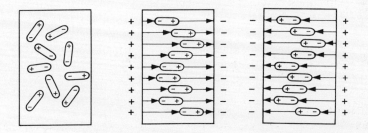

Bild 101   Verhalten von Dipolen im feldfreien Raum und im elektrischen Feld.
- a) Dipole im feldfreien Raum, nicht orientiert,
- b) Dipole im elektrischen Feld, orientiert: die positiven „Pole" stellen sich in Richtung zur negativen Seite des Feldes; die negativen in Richtung zur positiven Seite;
- c) Sobald die Richtung wechselt, „springen" die Dipole um.

8.2.4.2. Dielektrizitätskonstante (DK)

Die Dielektrizitätskonstante wird nach DIN 53483 ermittelt, indem man die Kapazität eines Meßkondensators mißt, in welchem der zu prüfende Stoff das Dielektrikum bildet. Da das Vakuum keine Dipole enthält, wird dessen DK mit 1 angenommen und die gegenüber dem Vakuum gemessenen Werte bezeichnet man als die *absolute* Dielektrizitätskonstante des betreffenden Stoffes. Die DK von Luft weicht jedoch nur wenig von der des absoluten Vakuums ab, da sie kaum Dipole enthält, und so braucht man bei den Messungen nicht unbedingt vom Vakuum auszugehen; für die Praxis genügt es, die Luft als Vergleichsmaterial mit dem Wert 1 zu nehmen. Die *relative* Dielektrizitätskonstante ist der Faktor, um den sich die Kapazität des Plattenkondensators nach Einschieben des zu untersuchenden Dielektrikums erhöht.

Die Dielektrizitätskonstante der meisten Kunststoffe liegt zwischen zwei und fünf. Das sind – sofern die betreffenden Kunststoffe gute Isolatoren sind und einen niedrigen Verlustfaktor haben – recht brauchbare Werte für den Bau von Kondensatoren, wie man sie etwa in Rundfunk- und Fernsehgeräten benötigt. Wenn man indes bedenkt, daß es keramische Stoffe mit DK-Werten zwischen 40 und 80 (und in Spezialfällen sogar weit darüber) gibt, so ist damit auch gesagt, daß Kunststoffe nicht immer konkurrieren können. Wasser übrigens hat eine Dielektrizitätskonstante von 81, ist aber als Dielektrikum nicht zu verwenden, da viel zu sehr leitfähig.

8.2.4.3. Der dielektrische Verlustfaktor

Ein in einem Wechselstromkreis liegender Kondensator ändert fortlaufend seine Polarität, d.h. die anliegende Spannung – und damit das elektrische Feld im Kondensator – wechselt die Richtung im Rhythmus der Wechselstromfrequenz. Geht man von dem Zeitpunkt aus, in dem am Kondensator gerade keine Spannung liegt, so fließt im gleichen Zeitpunkt im Wechselstromkreis der maximale Strom, der Spannung und Feld im Kondensator aufbaut. Hat die Spannung ihren Höchstwert erreicht, dann kann kein Strom mehr fließen und die Entladung des Kondensators wird eingeleitet. Während die Spannung abnimmt, nimmt der Strom – in entgegengesetzter Richtung – wieder zu, usw. Da man in der Praxis bei technischen Frequenzen (50 Hz) mit sinusförmigem Wechselstrom arbeitet, erhält man – wenn man den Verlauf von Stromstärke und Spannung graphisch darstellt – zwei Sinuskurven, deren Phasen um ein Viertel der Periodenlänge gegeneinander verschoben sind (Periodenlänge = 2π oder $360°$ Phasenverschiebung $\varphi = \pi/2$ oder $90°$ (Bild 102a). Dabei ist vorausgesetzt, daß ein verlustfreies Dielektrikum verwendet wurde.

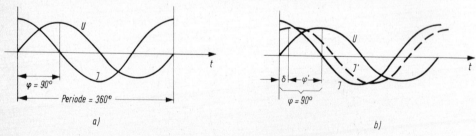

Bild 102 Verlauf von Strom und Spannung im Kondensator
I = Strom, U = Spannung, t = Zeit
a) Verlauf von Strom und Spannung im Kondensator ohne dielektrische Verluste (Idealfall); Strom und Spannung sind um den Phasenwinkel $\varphi = 90° = \pi/2$ verschoben.
b) Verlauf von Strom und Spannung im Kondensator mit dielektrischem Verlust; die Stromkurve ist um den Verlustwinkel δ verzögert.

8.2. Elektrische Kenngrößen

Ist das Dielektrikum nicht verlustfrei, – oder anders ausgedrückt: wird infolge der Polarisation des Dielektrikums elektrische Arbeit verbraucht, so baut sich das Feld im Kondensator mit einer gewissen Verzögerung auf, d. h. die Kurven für Stromstärke und Spannung verschieben sich etwas (Bild 102b). Diese Verschiebung ist im Winkelmaß der Verlustwinkel δ. Da in der Praxis der Verlustwinkel relativ klein ist (und also $\tan \delta \approx \delta$ gesetzt werden kann), wird die Verschiebung im allgemeinen nicht im Winkelmaß, sondern als Tangens des Verlustwinkels δ ausgedrückt und Verlustfaktor genannt. Der dielektrische Verlustfaktor ist also definiert als der Tangens des Winkels δ, um den die Phasenverschiebung zwischen Strom und Spannung von $\pi/2$ oder 90° abweicht, wenn der zu prüfende Stoff den Raum zwischen den Platten des Kondensators ausfüllt. Die Bestimmung des Verlustfaktors bzw. des Verlustwinkels wird ebenfalls nach DIN 53483 durchgeführt.
Die im Dielektrikum infolge der Polarisation auftretenden Energieverluste machen sich durch eine Erwärmung des Materials bemerkbar. Sie sind abhängig von der Frequenz des Wechselstromes und ändern sich auch mit der Temperatur, weil – wie schon oben erwähnt – die Orientierungsmöglichkeiten der Dipole sowohl vom strukturellen Aufbau der Moleküle als auch von der Beweglichkeit der Molekülbausteine abhängen. Messungen der Dielektrizitätskonstante und des Verlustfaktors in Abhängigkeit von Frequenz und Temperatur (Bild 103) können also sehr aufschlußreich sein und wichtige Hinweise auf den

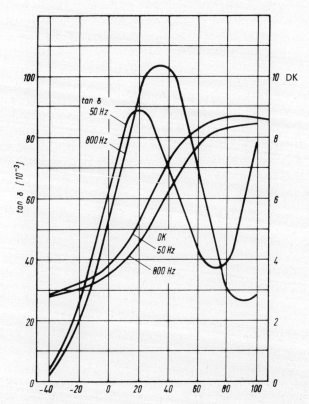

Bild 103   Dielektrizitäts-Konstante und dielektrischer Verlustwinkel einer PVC-Kabelmasse in Abhängigkeit von Temperatur und Frequenz (Chemische Werke Hüls)

Kettenaufbau (z. B. Seitengruppen, Polymerisationsgrad, innere Weichmachung) und den molekularen Zusammenhalt (Kristallinität, Vernetzung usw.) liefern.

8.2.4.4. Schweißfaktor

Der im englischen Sprachgebiet anzutreffende Begriff „loss factor" wäre wörtlich mit „Verlustfaktor" zu übersetzen, bedeutet aber nicht dasselbe, was man im Deutschen darunter versteht. Der „loss factor" stellt das Produkt von Dielektrizitätskonstante mal Verlustfaktor dar ($\varepsilon \cdot \tan\delta$) und ist die Größe, die man im deutschen Sprachgebrauch als „Schweißfaktor" bezeichnet; es soll damit angedeutet werden, daß bei einem genügend hohen Schweißfaktor (mindestens 10^{-2}) der betreffende Kunststoff im Hochfrequenzfeld soviel Energie verbraucht, daß die dadurch entstehende Erwärmung ausreicht, das Material zu verschweißen. Dem deutschen „Verlustfaktor" entspricht im englischen Sprachgebrauch das Wort „dissipation factor".

8.2.4.5. Praktische Auswirkung des dielektrischen Verhaltens der Kunststoffe

Es ist klar, daß die dielektrischen Eigenschaften der Kunststoffe die entscheidende Rolle im Kondensatorenbau spielen; daher wurden Dielektrizitätskonstante und Verlustfaktor an Hand des Verhaltens von Isolierstoffen erläutert, die als Dielektrikum in einen Kondensator eingeführt werden. Das darf nun aber nicht zu dem Schluß führen, diese Dinge seien nur für den Kondensatorenbau von Bedeutung. Überall, wo ein elektrisches Wechselfeld sich ausbildet – und das ist praktisch immer zwischen zwei Wechselstrom führenden Leitern der Fall – macht sich das dielektrische Verhalten der gewählten Isolation bemerkbar. Dazu gehören auch Leitungskabel, die, wenn sie als Innen- und Außenleiter gebaut sind, gewissermaßen nichts anderes als Kondensatoren darstellen. Hier kommt es darauf an, weder eine zu hohe Kapazität aufzubauen und dadurch Strom zu binden, noch dielektrische Verluste zu riskieren und Wärme zu erzeugen. Deshalb nimmt man als Abstandhalter zwischen Innen- und Außenleiter vielfach Schaumstoffe aus Polystyrol oder Polyäthylen, weil deren Dielektrizitätskonstante dank der vielen Lufteinschlüsse nur unwesentlich über der von Luft liegt.

Es ist selbstverständlich, daß für Anwendungen in der Hochfrequenztechnik nur Stoffe in Frage kommen, deren Verlustfaktor niedrig ist. Das sind vor allem Stoffe, welche ausschließlich oder vorwiegend Elektronenpolarisation, also keinen oder nur sehr geringen permanenten Dipol aufweisen. Dazu zählen wie schon erwähnt Polystyrol und Polyäthylen, die zudem den Vorzug haben, keine Feuchtigkeit aufzunehmen. – Andererseits wird verständlich, warum auf Hochfrequenz-Schweißmaschinen nur Kunststoffe mit hohem Dipolmoment und einem entsprechend hohen Verlustfaktor sich verschweißen lassen. Die in dem elektrischen Wechselfeld entstehenden Verluste müssen ja so hoch sein, daß die dadurch verursachte Wärme die Schmelztemperatur erreicht. Praktisch ist das nur bei PVC der Fall. Acrylharz und Polyamide haben zwar einen ähnlich hohen Verlustfaktor, würden aber – von anderen Schwierigkeiten abgesehen – eine höhere Schweißtemperatur verlangen.

Bekanntlich wird bei der Herstellung von Preßteilen zur Vorwärmung der Formmasse Hochfrequenz angewendet – besonders wenn es sich um große Teile handelt. Würde die Erwärmung der Masse nur in der Preßform erfolgen, so würde es 1. viel zu lange dauern,

8.2. Elektrische Kenngrößen

Tabelle 13 Elektrische Eigenschaften einiger fester Isolierstoffe

Stoff und Handelsname	Dielektrizitäts-konstante ε_r	Verlustfaktor 50 Hz	Verlustfaktor 10^6 Hz	Durchschlag-festigkeit kV/cm
Bernstein	2,2–2,9	0,05	–	–
Glas	3–15	0,001–0,01	0,001–0,01	100–400
Glimmer	5–9	0,002	0,0005	300–700
Hartgummi	3–4	0,003–0,005	0,005–0,009	20–30
Hartporzellan	5–6,5	0,02–0,03	0,007–0,01	350
Quarz	3,5–4,5	0,001	0,0005	250–400
Steatit	5,5–6,5	0,001–0,003	0,0003–0,0005	200–450
Hartpapier	3,5–5,5	0,05–0,1	0,02–0,08	100–200
Phenolharz-Preßteile	6–9	0,4–1	0,3–1	50–100
Harnstoffharz-Preßteile	6–12	0,3–1	0,3–1	50–150
Melaminharz-Preßteile	6–10	0,1–0,4	0,1–0,4	30–150
Polyester + Glasfaser	4–7	0,007	0,023	100–150
Epoxidharz + Glasfaser	5–6	0,01–0,05	0,005–0,05	340–400
Polyäthylen	2,3	0,0002	0,0002	400
Polystyrol	2,3–2,5	0,0001	0,0001	500
ABS	4,1–5	0,029	0,08	300–400
Polytetrafluoräthylen	2,0	0,0005	0,0002	350
PVC hart	3,5–4,3	0,02–0,03	0,02–0,03	400
PVC weich	3,7–4,6	0,017–0,036	0,06–0,08	240–340
Acrylharz	3,6–3,8	0,06	0,065–0,080	300
Acetalharz	3,9–4,1	0,001–0,0015	0,0014–0,0017	700
Polycarbonat	2,7–3,0	0,0007	0,0110	270
Silikonkautschuk	3–9	–	0,001–0,01	200–300

Es sind nur solche Stoffe aufgeführt, deren spezifischer Widerstand $> 10^9\,\Omega\cdot\text{cm}$ ist.
Diese Werte haben nur orientierenden Charakter; sie schwanken teilweise stark mit Temperatur und Frequenz und hängen insbesondere bei den Kunststoffen von den verschiedenen Herstellungsverfahren und Zusätzen (Weichmacher etc.) ab.
Zum Vergleich: Die Dielektrizitätskonstante von Luft (bei 18 °C) beträgt 1,000546, von Wasser (bei 18 °C) 81,1 (nach Kohlrausch)

bis die gesamte Masse bei ihrer schlechten Wärmeleitung auf die benötigte Temperatur gebracht wäre, und 2. bestünde die Gefahr, daß bei den an der Formwand liegenden Schichten die Aushärtung bereits einsetzt, bevor die übrige Masse überhaupt zu fließen beginnt. Man hilft sich, indem man die Masse tablettiert und die Tabletten vor Einlegen in die Presse auf Spezialgeräten im Hochfrequenzfeld vorwärmt; die Erwärmung setzt gleichmäßig innen wie außen ein und braucht nicht erst von außen nach innen fortzuschreiten.

Wenn beim Vorwärmen und Vorblähen von Polystyrol-Schaumstoff-Granulaten Hochfrequenz angewandt wird, so entsteht die erforderliche Wärme nicht in dem Polystyrol – dessen „Schweißfaktor" keinesfalls ausreichen würde –, sondern in dem Wasser, mit dem die Granulate angefeuchtet werden.

Die dielektrischen Eigenschaften der Kunststoffe – so gut sie auch in vielen Fällen sind – ändern sich mit der Feldstärke, Frequenz, Temperatur und auch mit der Feuchtigkeit. Die Prüfung von Kunststoffen auf ihre Eignung im Rahmen der Elektrotechnik darf sich aber nicht auf die ausgesprochen elektrischen Kenngrößen beschränken. Feuchtigkeitsaufnahme oder nicht ausreichende Wärmebeständigkeit können Grund genug sein, einen bestimmten Kunststoff nicht zu verwenden.

8.3. Beeinflussung elektrischer Leitungen durch Kunststoff-Isolierungen

Bisher war nur die Rede davon, welchen Einflüssen der Kunststoff unterliegt; es gibt aber auch den Fall, daß Kunststoffe ihrerseits korrodierend auf Drähte oder Metallteile wirken. Die dünnen Drähte von elektrischen Spulen zum Beispiel können durch geringe Säurespuren zerstört werden, die aus der Kunststoff-Isolierung kommen. Das kann bei Gleichstromspannungen in feuchtwarmem Klima vorkommen, wenn Phenolharze zur Isolierung verwendet werden. Mit dieser Möglichkeit beschäftigt sich die DIN 53489. Danach wird der Probekörper zwischen zwei Messingfolien, die an 100 V Gleichspannung angeschlossen sind, gelegt und für vier Tage oder länger in einen Klimaschrank mit 40°C und 92% rel. Feuchte gestellt. Das Verhalten der Plus- und der Minus-Pol-Folie wird an Hand von Tabellen eingestuft. Bei Hartpapier, das für elektrotechnische Zwecke bestimmt ist, gehören entsprechende Angaben zu den üblichen Spezifikationen. Hier handelt es sich um einen elektrochemischen Vorgang, der mit der chemischen Beständigkeit der Kunststoffe im Zusammenhang steht.

9. Optische Eigenschaften

Prüfmethoden:

DIN 53491	Bestimmung der Brechungszahl und Dispersion
ASTM D 542	Index of Refraction of Transparent Organic Plastics
DIN 53490	Bestimmung der Trübung von durchsichtigen Kunststoffschichten
ASTM D 1003	Luminous Transmittance of Transparent Plastics
ASTM D 523	Test for Specular Gloss

9.1. Lichtdurchlässigkeit, Reflexion, Absorption, Brechung

Optische Eigenschaften eines Werkstoffes betreffen sein Verhalten gegenüber Lichtstrahlen, also gegenüber Strahlen des sichtbaren Bereiches, wobei die unmittelbar anschließenden ultravioletten sowie infraroten Strahlen üblicherweise mit erfaßt werden. Unwillkürlich denkt man zunächst an optische Anwendungen, obwohl auch jede Art der Bestrahlung im durchfallenden oder auffallenden Licht, die Betrachtung mit bloßem Auge oder mit vergrößernden Geräten strenggenommen eine optische Prüfung ist. Daher braucht man sich auch nicht zu wundern, wenn es bei solchen Prüfungen zwar immer um einen optischen Effekt aber vielfach nicht um eine optische Kenngröße geht, sondern um die Erkennung des Materialgefüges.

Bei den ausgesprochen optischen Eigenschaften eines Kunststoffes interessiert im wesentlichen die Frage, wie stark Lichtstrahlen reflektiert oder wie gut Lichtstrahlen hindurchgehen bzw. absorbiert werden, wie stark sie beim Durchgang abgelenkt – „gebrochen" – (Bild 104) und dabei in die verschiedenen Regenbogenfarben zerlegt – „dispergiert" (Bild 105) werden.

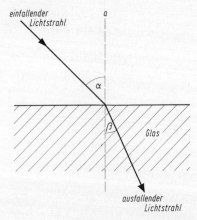

Bild 104 Brechung eines Lichtstrahls

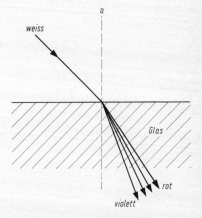

Bild 105 Farbenzerstreuung eines „weißen" Lichtstrahles an einer Grenzfläche (Dispersion)

Die *Lichtdurchlässigkeit* von Kunststoffen ist wichtig bei allen Produkten, bei denen das Licht möglichst ungeschwächt hindurchgehen soll. Polystyrol und vor allen Dingen Acrylharz sind optisch so klar wie die meisten Silikatgläser. Bei einwandfreier Qualität ergibt sich bei Acrylharz ein Lichtdurchlässigkeitswert von fast 100%. In diesem Punkt sind die glasklaren Acrylharze sogar besser als Silikatgläser. Auch Polystyrol ist günstig (sofern es nicht mit Butadien versetzt ist und dadurch trübe wird). Nicht ganz so gut ausgeprägt ist die Lichtdurchlässigkeit von Cellulosemassen, von Polycarbonaten, PVC und Polyesterharzen.

Denkt man an den Einsatz von Kunststoff-Folien als Trägermaterial für lichtempfindliche fotografische Emulsionen, d.h. als Film, oder auch an den umfangreichen Verpackungssektor, so spielt auch hier die Lichtdurchlässigkeit, bzw. die Trübung eine große Rolle. Hier geben die ASTM D 1003 und die DIN 53490 Methoden zu ihrer Bestimmung an. Die nach DIN 53490 ermittelte „Trübungszahl" liefert an glasklaren bzw. schwach eingefärbten Folien oder Schichten eine recht gute Relation zum visuellen Eindruck.

Haben Kunststoff-Platten – gleichgültig ob aufgrund ihrer natürlichen Beschaffenheit oder aufgrund besonderer Einfärbung – mehr als 30% Trübung, so bezeichnet man sie als transluzent. Bei weiterer Trübung kommt man zu den Stufen transparent, dann opak und schließlich zum lichtundurchlässigen gedeckt. Genau definiert sind diese Stufen allerdings nicht. Sie sind also durchaus individueller Beurteilung unterlegen. – Wenn ein Kunststoff als lichtleitendes Element, z.B. als Linse in einem optischen Gerät verwendet werden soll, wird die Lichtdurchlässigkeit bzw. die Absorptionskonstante K genau festgestellt. In der allgemeinen Werkstoffkunde der Kunststoffe spielt sie keine Rolle.

Zuweilen interessiert nicht die Lichtdurchlässigkeit, sondern genau das Gegenteil, nämlich die *Reflexion der Lichtstrahlen*, die sich als Glanz auswirkt. Nach der ASTM D 523 bis 553 T wird auch in Deutschland zuweilen die „*Glanzzahl*" als Maßstab bestimmt. Sie gibt in Promille das Verhältnis der Intensität des unter definierten Versuchsbedingungen reflektierten Lichtes zu der Intensität des einfallenden Lichtes an.

Die Lichtdurchlässigkeit hat natürlich nichts mit der Lichtbeständigkeit zu tun, bei der chemische Umwandlungen und Veränderungen auftreten und die noch gesondert zu behandeln sind.

Die DIN 53491 und ASTM D 542–50 macht exakte Angaben für die Bestimmung des Brechnungsindex n (Bild 104) und der Dispersion (Bild 105) von Kunststoffen. Die Brechnungszahl wird in den Betrieben der Kunststoff-Industrie oft ermittelt, weil man daraus auf die Gleichmäßigkeit einer Fertigung schließen kann. Sie dient auch zur Analyse eines unbekannten Materials. Unentbehrlich ist sie bei all den Kunststofferzeugnissen, die als organische Gläser in optischen Geräten eingesetzt werden.

Acrylharz und Polystyrol haben gegenüber Glas den Vorteil einer gewissen Zähfestigkeit, aber andererseits den Nachteil, daß ihre Oberflächenhärte wesentlich geringer ist. Sucherlinsen für Fotoapparate und billige Lupen, selbst große Fresnel-Linsen werden vielfach aus Kunststoff – meist Polystyrol – im Spritzgußverfahren hergestellt. Haftschalen und dicke Brillengläser, die aus Silikatglas zu schwer wären, sind sogar fast ausschließlich aus Kunststoff und zwar aus Acrylglas spanabhebend gefertigt.

9.2. Polarisationsoptik

Westphal S. 514

9.2.1. Grundlagen

Durchsichtige Kunststofferzeugnisse, deren Makromoleküle nicht regellos gelagert, sondern anteilig in Vorzugsrichtungen orientiert eingefroren sind, erweisen sich nicht nur hinsichtlich ihres mechanischen Verhaltens als anisotrop: sie sind auch optisch anisotrop. Worin äußert sich das?

Optisch anisotrope Bereiche brechen einfallendes Licht nicht einfach wie isotrope amorphe Körper, sondern spalten es in zwei Komponenten aufeinander senkrecht stehender Schwingungsrichtungen mit unterschiedlicher Fortpflanzungsgeschwindigkeit auf. Diese Erscheinung nennt man „Doppelbrechung". Wenn nun die Teilstrahlen sich in dem anisotropen Körper trennen, so treten sie aus ihm in unterschiedlichem Schwingungszustand heraus. Sie überlagern sich, und diese Überlagerung führt zu Interferenzerscheinungen, die man sichtbar machen und sogar messen kann.

Anisotrope Bereiche können in der Struktur eines Materials von Natur aus bestehen. Optische Anisotropie kann aber auch durch elastische Spannungen hervorgerufen werden, sei es, daß sie (durchsichtigen) Werkstücken von ihrer Herstellung her anhaften, sei es, daß sie ihnen örtlich aufgezwungen werden.

Die Beobachtung dieser Umstände setzt die Verwendung von polarisiertem Licht voraus, also von Licht, dessen Strahlen (Wellen) nur in ein und derselben Ebene schwingen (= linear polarisiert) oder allenfalls in ein und derselben Drehrichtung (= zirkular polarisiert). Die Erforschung und Beschreibung dieser Vorgänge ist Aufgabe der Polarisationsoptik, die man auch Spannungsoptik nennt, weil sie sich wesentlich um die Aufklärung von Spannungsverhältnissen bemüht.

9.2.2. Das Polariskop

Zur Untersuchung der Doppelbrechung an Kunststoffteilen (oder auch anderer transparenter Körper) dienen Geräte, die man als Polariskope bezeichnet (Bild 106). Sie bestehen in der Hauptsache aus einem Lichtkasten mit Glühlampenlicht oder Na-Licht, dem Polarisator, dem Analysator, und gegebenenfalls einer Fotokamera zum Festhalten der Bilder. Polarisator und Analysator sind nichts anderes als Polarisationsfilter, das sind Kunststoff-Folien, die durch gerichtet eingebettete Kristalle oder durch Reckung der Makromoleküle derart anisotrop gemacht worden sind, daß sie praktisch nur Licht einer Schwingungsrichtung durchlassen. Sie wirken wie ein Gitter mit ganz feinen Schlitzen, und nur zwischen diesen Spalten können Lichtwellen hindurchtreten – alles andere wird gelöscht. Polarisator und Analysator sind um 90° gegeneinander versetzt – also „gekreuzt". Bringt man nun zwischen Polarisator und Analysator einen lichtdurchlässigen Gegenstand aus Kunststoff – z. B. Spritzgußteile aus Polystyrol, Acrylharz oder Polycarbonat – so entsteht dank der Doppelbrechung und Interferenz ein Bild des Gegenstandes, das durch ungleich helle Felder und Linien und durch seine Regenbogenfarben noch jeden fasziniere, der es zum ersten Mal sah.

9.2.3. Deutung der Phänomene bei Spritzgußteilen

Zunächst unterscheidet man die schwarzen Linien (völlige Lichtauslöschung), die man

Isoklinen nennt und die die Orientierungs*richtung* anzeigen, und dann die farbig verlaufenden Flächen, die man Isochromaten nennt und die den Orientierungs*grad* kennzeichnen.

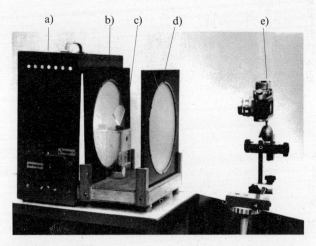

Bild 106   Polariskop zur Untersuchung der Doppelbrechung von Kunststoffen bzw. von Kunststoffteilen

a) Lichtkasten;   b) Polarisator;   c) Probekörper;   d) Analysator;   e) Kamera

Wenn die Lichtauslöschung längs der Isoklinen die Beobachtung der Isochromaten stört, bringt man sie durch einen optischen Kunstgriff – nämlich durch Einschaltung von gekreuzten Viertelwellenplatten hinter dem Polarisator und vor dem Analysator – zum Verschwinden. – Auf diese und andere Einzelheiten – z.B. Verwendung von Na-Licht, das einfarbige Bilder liefert – soll hier nicht eingegangen werden.

Wenn man einer Deutung der Isochromaten nahekommen will, so muß man etwa so vorgehen: Die am äußeren Rand eines durchsichtigen oder wenigstens transparenten Spritzgußteiles nachweisbare dunkle Linie ist die Isochromate null'ter Ordnung. Längs dieser Linie herrscht die geringste Orientierung, die geringste Reckung. Von hier ab wird gezählt. Je weiter man vom Rande zum Angußpunkt hin die farbigen Linien verfolgt, umso enger wird im allgemeinen der Linienabstand. Längs einer Isochromate herrscht gleicher Orientierungsgrad – sofern das Spritzgußteil in diesem Bereich gleiche Wanddicke hat. Wenn man nun in Angußnähe eine große Zahl farbiger Linien beobachtet, so kann man daraus auf starke Orientierungsspannungen schließen. Die Zahl der Linien hängt natürlich nicht nur von der Dicke ab; Drücke, Nachdruck, Temperaturführung, vor allem die Kunststoffart wirken sich aus (Bild 107). Die Unterschiede wissenschaftlich exakt zu deuten und zu messen, setzt eine große Erfahrung voraus, die in der Praxis eines Verarbeitungsbetriebes nicht erwartet werden kann.

Deshalb werden Polariskope auch in den Betrieben nur selten gebraucht. Kommt hinzu, daß Orientierungsrichtungen ja auch durch einfachere Methoden sichtbar gemacht werden können, oft ja sogar dem geübten Auge des Fachmannes ohnehin erkennbar sind. Und über die Ursache einer hohen Orientierungsspannung verrät die Polarisationsoptik nichts. – Die Eigenspannungen, die durch die Scherung der übereinander hinweggleitenden

Bild 107a

Bild 107b

Bild 107a Deckel aus Makrolon, aufgenommen im Polariskop
links: gespritzt auf einer Kolbenmaschine; starke Orientierungen, geringe Festigkeit, spannungsrißempfindlich;
rechts: gespritzt auf einer Schneckenspritzgußmaschine, geringe Orientierungen, gute Festigkeit, spannungsrißbeständig (Klöckner-Moeller).

Bild 107b Verspannter rechter Winkel und Modell eines belasteten Kranhakens aus einem Satz spannungsoptischer Modelle. Isochromatenbilder in Natrium-Licht aufgenommen (Leybold-Heräus).

Bild 107a zeigt ein Spritzgußteil, das im Polariskop seine inneren Spannungen offenbart; die Modelle in Bild 107b dagegen sind aus spannungsfreiem Polyesterharz gefertigt und sehen im Polariskop zunächst nur einheitlich grau aus; erst unter der Belastung durch Druck oder Zug entstehen die hier gezeigten Isochromaten, die den Verlauf der elastischen Spannungen erkennen lassen und auch je nach der Art, Stärke und den Angriffspunkten der mechanischen Beanspruchungen sich verändern.

Schichten entstehen, lassen sich leider auch durch die Polarisationsoptik nur schwer nachweisen, denn die durch Eigenspannung hervorgerufenen Doppelbrechungserscheinungen machen nur etwa 10% des Gesamtbildes aus. Innere Spannungen, die den Werkstücken infolge kleiner Änderung der Valenzwinkel der Makromoleküle beim Abkühlen nach dem Erstarren als elastische Beanspruchung anhaften, tragen also zur optischen Anisotropie nur wenig bei.

Trotz dieser Einschränkungen wäre die regelmäßige Verwendung eines Polariskopes in jedem Verarbeitungsbetrieb, der technische Spritzgußteile herstellt, zu empfehlen. Die laufende Überprüfung der Produktion auf Gleichmäßigkeit, die grundsätzliche Inspektion der ersten Probstücke führt bei etwas Erfahrung zu Verbesserungen – auch wenn man nichts von der Wissenschaft der Polarisationsoptik versteht. Motto: je weniger Isochromaten – umso geringer die Spannungen! Voraussetzung ist natürlich, daß die hergestellten Teile transparent sind; unter Umständen wird man eigens für die Prüfungen durchsichtige Teile spritzen.

9.2.4. *Doppelbrechung isotroper Kunststoffe bei elastischer Beanspruchung*

Die Spannungsoptik hat zwar schon immer mit Kunststoff gearbeitet, aber es geht ihr primär gar nicht um die Prüfung von Kunststoffen, und die Kunststoffe, die sie verwendet, müssen möglichst isotrop, also spannungsarm sein.

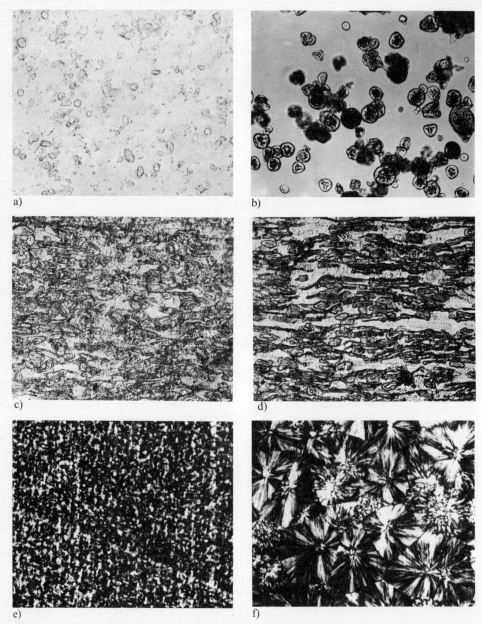

Bild 108 Mikroskopische Aufnahmen. Beispiele aus einem Prüflabor – Vergrößerung 150:1.
a) Suspensions-PVC, b) Dry-Blend-PVC (Beurteilung des Rohstoffes aufgrund der Korngrößen);
c) Hartpapier ordnungsgemäß verdichtet; d) Hartpapier nicht gleichmäßig verdichtet; Beurteilung der Qualität anhand von 10 μ-Dünnschliffen, mit Fuchsin gefärbt; e) Polypropylen Halbzeug, ungetempert, abgeschreckt; f) Polypropylen Halbzeug, ordnungsgemäß getempert; Beurteilung der Qualität aufgrund der gleichmäßig oder ungleichmäßig ausgebildeten Kristallite (aufgenommen in polarisiertem Licht)

Aus durchsichtigem Plattenmaterial – meist Polyester- oder Epoxidharz, auch Acrylharz – werden Schnittmodelle der zu untersuchenden Konstruktion gefertigt – ob im natürlichen oder einem verkleinerten Maßstab, hängt vom jeweiligen Fall ab. Setzt man z. B. das Schnittmodell einer geplanten Brücke in ein Polariskop und ahmt die möglichen Belastungen nach, so kann man an den sich verändernden Isochromaten Auftreten und Verteilung der Spannungen bis in die kritischen Spitzen verfolgen und sich überlegen, ob und wie man den Entwurf vielleicht verbessert[12]).

9.3. Vergrößerungsoptische bzw. mikroskopische Untersuchungen

Zu den optischen Untersuchungen, die an Kunststoffen angewandt werden, gehört selbstredend auch die *Mikroskopie*. Dünnschnitte (5 – 20 µ dick) von Kunststoff-Halbzeug oder -Teilen ermöglichen unter dem Mikroskop eine schnelle und gute Beurteilung hinsichtlich der Homogenität, der Verteilung von Zuschlagstoffen und Füllstoffen. Fehlstellen und Poren werden sichtbar. Bei Verwendung von polarisiertem Licht ist sogar die Kristallinität gut zu erkennen (Bild 108 f).

Noch wichtiger für die Erkenntnis der Materialstrukturen sind Prüfungen, die mit elektromagnetischen Wellen arbeiten, deren Wellenlänge außerhalb des für das menschliche Auge sichtbaren Bereiches liegen. So bleibt die mikroskopische Untersuchung nicht auf das Lichtmikroskop beschränkt. Das *Elektronenmikroskop* ist eine große Hilfe bei der Aufklärung von Strukturen und Ordnungszuständen geworden. In der gleichen Richtung werden *Röntgen-Interferenz-Methoden* eingesetzt.

9.4. Infrarot-Spektroskopie

Ein noch umfangreicheres und verhältnismäßig neues Forschungsgebiet ist die *Infrarot-Spektroskopie*. Auch hier handelt es sich nicht um irgendeine optische Kenngröße, vielmehr wird eine physikalische Methode, welche auf der Wechselwirkung schwingungsfähiger Molekülgruppen mit der anregenden Infrarot-Strahlung beruht, zur Analyse chemischer Verbindungen angewandt. Sie hat den Vorteil, daß die Proben nicht zerstört zu werden brauchen. Sie liefert Angaben über die Art und – eventuell – Menge der beteiligten funktionellen Gruppen. Die Infrarot-Spektroskopie, die ganz allgemein für die Untersuchung chemischer Verbindungen eingesetzt wird, hat gerade auch bei der Aufklärung der Zusammensetzung und des molekularen Aufbaus von Kunststoffen außerordentlich interessante Erkenntnisse erbracht.

Für die Untersuchung in einem Infrarot-Spektroskop wird eine kleine Menge des zu prüfenden Materials entweder in Lösung oder gelegentlich auch fein pulverisiert mit einem für die Untersuchung sonst neutralen Material – meist Kaliumbromid – gemischt und zu einer ,,Pille'' gepreßt. Die Pille wird dann in die Apparatur eingesetzt. Wenn sie nun von Infrarot-Strahlen von normalerweise ca 2–40 μ Wellenlänge durchstrahlt wird – und als elektromagnetische Wellen sind sie nichts anderes als Energie –, dann passiert Folgendes: die Moleküle oder wenigstens die funktionellen Gruppen des zu prüfenden Kunststoffes

---

[12]) Das Buch ,,Praktische Spannungsoptik'' von L. Föppl und E. Mönch, Springer-Verlag, 1950 gilt immer noch als grundsätzliches Lehrbuch.
Den derzeitigen Stand der Erkenntnis von ,,Orientierungserscheinungen in Preß- und Spritzgußteilen'' stellt ein ausführlicher Aufsatz von Dr. Ing. W. Woebcken dar in ,,Kunststoffe'' 1961, Heft 9.

9. Optische Eigenschaften

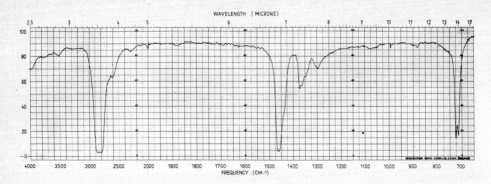

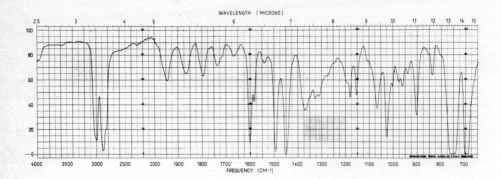

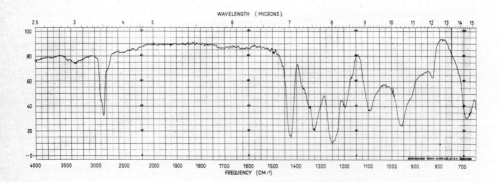

Bild 109 Infrarot-Spektren von a) Polyäthylen (Folie)
b) Polystyrol (Folie)
c) Polyvinylchlorid (Suspension)

9.4. Infrarot-Spektroskopie

geraten ebenfalls in Schwingung, sofern sie die Fähigkeit haben, mit gleicher Frequenz zu schwingen, und die Infrarotstrahlen der betreffenden Frequenz werden „absorbiert", nämlich verbraucht. Die Strahlung, die nicht absorbiert wird, dringt unverändert durch die Probe. Der Sinn des Ganzen besteht nun darin, daß in der recht komplizierten Apparatur die an sich unsichtbaren und sehr schwachen Strahlen, die nicht absorbiert sind, zunächst über ein Thermoelement in elektrische Signale umgewandelt, dann elektronisch verstärkt und schließlich durch ein Schreibgerät in Form einer Kurve sichtbar gemacht werden. So entstehen je nach Aufbau und Zusammensetzung der einzelnen Stoffe charakteristische Kurven (Bild 109). Das Lesen und Auswerten der Kurven setzt natürlich spezielle Kenntnisse voraus; jedenfalls kann man so bei Kunststoffen z. B. feststellen, wo Benzolringe, Äthylgruppen, Amidgruppen (NH_2), Doppelbindungen wie C = 0 und ähnliche funktionelle Gruppen auftreten. – Die Infrarot-Spektroskopie wird angewandt besonders zur Analyse, zur Strukturuntersuchung, zur Untersuchung von Mischungen und Copolymerisaten, zur Ermittlung der Kristallinität und Orientierung. Außerdem kann mit ihrer Hilfe der Vernetzungs- oder Degradationsgrad sowie die Oxydation und die Monomerenanordnung im Molekül bestimmt werden[13]).

---

[13]) Weitere Angaben zu diesem Thema findet man in einer Broschüre der Firma Dragoco, Holzminden, „Über Absorptions-Spektroskopie" von Dr. H. Farnow, und in dem entsprechenden Kapitel des Buches „Kunststoffe" Band I, von Nitzsche-Wolf.

10. Akustisches Verhalten der Kunststoffe

Prüfverfahren:

DIN 18164	Schaumkunststoffe als Dämmstoffe für den Hochbau
DIN 4109	Schallschutz im Hochbau
DIN 52210	Luftschalldämmung
DIN 52211	Schalldämmungszahl und Normtrittschallpegel
VDI Richtlinien 2058	Beurteilung und Abwehr von Arbeitslärm.

10.1. Kunststoffe in der Akustik

Die Akustik befaßt sich mit hörbaren Schwingungen; sie basiert also wesentlich auf einem subjektiven Empfinden, das von Mensch zu Mensch recht unterschiedlich sein kann. Allein aus diesem Grund ist es schwierig, exakt wissenschaftliche Kenngrößen zu finden. Hinzu kommt, daß gerade auf diesem Gebiet viele landläufige aber verschwommene Begriffe einem sachlich begründeten Verständnis im Wege stehen.
Kunststoffe spielen in der Akustik im wesentlichen eine passive Rolle. Sie treten fast nie als Schallquellen oder Resonanzkörper auf – von billigen Spielzeug-Musikinstrumenten abgesehen, Kunststoffe sind weder so standfest wie Metall, noch schwingen sie bei jedem Ton und seinen Obertönen mit wie ein Holzkörper; daher können sie weder das Blech bei Blasinstrumenten oder Orgelpfeifen, noch das Holz bei wertvollen Streichinstrumenten ersetzen. Das liegt an ihrem geringen E-Modul und an der hohen Dämpfung. Die Dämpfungseigenschaften sind es aber, die den Kunststoffen in der Bau- und Raumakustik ein ganz besonderes Anwendungsgebiet eröffnet haben.

10.2. Physikalische Grundlagen und Meßgrößen

Schallquellen können sowohl feste Körper sein als auch Flüssigkeiten und Gase. Alle diese Stoffe sind auch in der Lage, den Schall weiterzuleiten. Im leeren Raum wird bekanntlich kein Schall übertragen.
Töne werden durch eine regelmäßige Schwingung, Geräusche durch eine Vielzahl unregelmäßiger Schwingungen erzeugt. Man unterscheidet niedrige und hohe, leise und laute Töne. Die Tonhöhe ist von der Schwingungszahl, der Frequenz der Schwingung abhängig; sie wird (wie bei elektrischen Wellen) in Schwingungen pro s angegeben (Hertz). Mit zunehmender Frequenz steigt die Tonhöhe. Tiefe Töne haben eine Frequenz von 100 bis 400 Hz, hohe Töne eine solche von 1600 bis 3200 Hz. Der gesamte Hörbereich ist weit größer. Schwingungen unter 20 Hz (Infraschall) und über 20000 Hz werden nicht mehr wahrgenommen und gehören daher auch nicht in das Gebiet der Akustik.
Die Lautstärke wird durch die Schwingungsweite der einzelnen Materialteilchen um ihre Ruhelage, die „Amplitude", charakterisiert. Sie ist durch den Schalldruck gegeben. Als Maß für die Lautstärke wird der Schalldruck genommen, den der Mensch an der Hörschwelle wahrnimmt. Er wird gemessen als der in 1 s auf eine Fläche von 1 cm² ausgeübte Wechseldruck in dyn/cm² bzw. μb ($=$ Mikrobar $= 10^{-6}$ Bar).
In der praktischen Akustik teilt man den gesamten Hörbereich in eine bequemere, übersichtlichere Skala ein, die in gleichmäßigen Abständen von 0 bis 120 Dezibel (dB – nach G. Bell) reicht und als Schallpegel bezeichnet wird.

10.2. Physikalische Grundlagen und Meßgrößen

Nun ist aber die Lautempfindung des Menschen nicht bei allen Tonhöhen – also Frequenzen – gleich. Sowohl bei hohen als auch bei tiefen Tönen bedarf es eines höheren Schalldruckes als bei mittleren Tönen, wenn die gleiche Lautstärke empfunden werden soll. Meist interessiert aber gar nicht der effektive Schalldruck, sondern die Lautstärke, wie man sie empfindet. So kam es zur Einführung einer weiteren Größe, dem „Phon". Zwischen 0 Phon an der Hörschwelle und 130 Phon, dem Lärm einer Luftschutzsirene in 2 m Entfernung, hat man für verschieden starke Geräusche eine regelmäßige Einteilung gefunden, einheitlich basierend auf einer Frequenz von 1000 Hz. Von diesem Maßstab ausgehend hat man die als gleich laut empfundenen Lautstärken für die anderen Frequenzen ermittelt. Nur bei der Frequenz von 1000 Hz, stimmen also die Angaben für dB und Phon überein. Bei höheren und niedrigeren Frequenzen weichen sie voneinander ab (Bild 110).

Die Angaben in Phon kommen im allgemeinen der Praxis näher als die des physikalischen Schalldrucks. Der physiologische Reiz der Lautstärke ist insbesondere bei Lärm und Geräuschen, die ohnehin ein Gemisch vieler Frequenzen sind, viel entscheidender. Auch bei den Angaben in Phon ist jedoch zu bedenken, daß jeweils etwa zwanzig Phon einer Verdoppelung der Lautstärke entsprechen. Wenn die Lautstärke sich beispielsweise von 40 auf 60 Phon erhöht, so bedeutet das eine Verdoppelung. Umgekehrt: kann man ein Geräusch durch Schallschutzmaßnahmen von 100 auf 80 Phon reduzieren, so nimmt sich das zahlenmäßig bescheiden aus; in Wirklichkeit ist die Lautstärke auf die Hälfte vermindert.

Mikrobar, Dezibel und Phon sind die drei Meßgrößen, die in der praktischen Akustik am meisten gebraucht werden. Der Zusammenhang der drei Größen ist in Bild 110 dargestellt; Tabelle 14 enthält die Lautstärken bekannter Geräuscharten. Wenn gelegentlich von DIN-Phon die Rede ist, so heißt das nichts anderes als daß diese Schallpegelwerte mit einem Prüfgerät nach DIN 5045 gemessen wurden. (DIN 5045 ist inzwischen ersetzt worden durch DIN 45633 Präzisionsschallpegelmesser.)

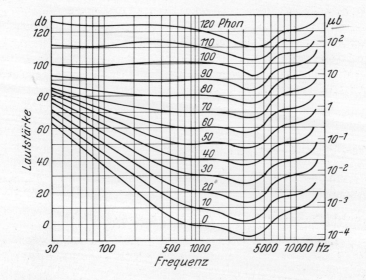

Bild 110   Zusammenhang zwischen den Lautstärke-Einheiten

Die Kurven zeigen die jeweils gleiche Phon-Stärke im Vergleich zu den entsprechenden dB-Werten bei verschiedenen Frequenzen.

Beispiel: Würde ein Ton mit der Frequenz 1000 Hz und einer Lautstärke von 20 Phon (abzulesen über 1000 Hz) auf eine Frequenz von 100 Hz (abzulesen über 100 Hz) – also einen tieferen Ton „abschwellen", so würde er viel leiser klingen; sollte die subjektiv empfundene Lautstärke die gleiche sein, so müßte der Schalldruck sich mehr als verdoppeln.

Tabelle 14 Lautstärke bekannter Geräuscharten

Phon	Geräuschart	μb
0	Hörschwelle	$2 \cdot 10^{-4}$
10	leises Flüstern 1 m Entfernung	$6,3 \cdot 10^{-4}$
20	Uhrticken	$2 \cdot 10^{-3}$
30	Flüstern	$6,3 \cdot 10^{-3}$
40	Zerreißen von Papier	0,02
50	Umgangssprache, Geschäftsraum	0,063
60	Staubsauger	0,2
70	starker Straßenlärm	0,63
80	Schreibmaschine, laute Radiomusik, lautes Rufen	2
90	Druckluftbohrer	6,3
100	Motorrad	20
110	Kesselschmiede	63
120	Flugzeug aus 5 m Entfernung	200
130	Luftschutzsirene	630
140	obere Hörgrenze	2000

Die Größen für Phon stimmen bei Tönen von einer Frequenz von 1000 Hz mit den Werten in dB überein. Bis 20 Phon noch Wohlbefinden, 40 Phon Höchstgrenze der Dauerbelastung.

10.3. Schalldämmung und Schalldämpfung

10.3.1. *Ein grundsätzlicher Unterschied*

Da Kunststoffe leicht sind, da sie sich durch Verschäumen zu noch leichteren Werkstoffen verarbeiten lassen und da sie bekanntlich mit bestem Erfolg zum Isolieren gegen Wärme bzw. Kälte verwendet werden, ist man von vornherein bereit zu glauben, sie seien auch zu Schallschluckzwecken geeignet. Das ist aber zumindest in dieser globalen Annahme nicht zutreffend. Gewiß haben Kunststoffe gute Dämpfungseigenschaften. Aber: Dämpfung und Dämmung von Schallwellen ist nicht dasselbe; das wird sehr oft verwechselt. Der wesentliche Unterschied besteht darin, daß Dämmstoffe den Schallwellen einen Widerstand entgegensetzen und sie – mehr oder weniger – reflektieren, wogegen die Dämpfung nichts anderes ist als eine Absorption und Vernichtung, nämlich Umwandlung der Schallenergie in Wärmeenergie.

Dämmung und Dämpfung sind Erscheinungen, die fast immer zusammen auftreten und sich auch überlagern; man muß sie jedoch ihrer Art nach gedanklich auseinanderhalten, will man keine Enttäuschungen erleben. Die moderne Massiv-Bauweise in Eisenbeton hat das Schallproblem sehr in den Vordergrund gerückt. Bauingenieuren sind diese Dinge geläufig. Aber jeder, der sich mit Kunststoff befaßt, sollte die Zusammenhänge wenigstens im Prinzip kennen, zumal akustische Prüfungen auch ganz allgemein zur Untersuchung des molekularen Gefüges der Kunststoffe herangezogen werden.

10.3.2. *Bauakustik*

Die im Bauwesen zu beachtetenden Schallschutzmaßnahmen sind hauptsächlich in DIN 4109, 52210, 52211 und 18164 festgelegt. Die Normung unterscheidet: *Luftschall*

10.3. Schalldämmung und Schalldämpfung

(Sprache, Musik), *Körperschall* (Fortsetzung von Schall in festen Körpern wie z. B. durch Wände, durch Wasserleitungen, durch Stahlträger) und *Trittschall*, der allerdings nichts anderes ist als Körperschall, der beim Begehen von Decken entsteht und dann als Luftschall nach unten abgestrahlt wird. Zum Luftschall gehört auch die *Reflexion* von Schallwellen, die auf harte Flächen stoßen und zum Teil zurückgeworfen werden; zum Teil werden sie auch absorbiert, zum Teil als Körperschall weitergeleitet. Von der Reflexion des Schalles hängt der *Nachhall* ab, der für die Akustik eines Raumes von Bedeutung ist.

Schallschutzmaßnahmen in der technischen Bauakustik beschränken sich normalerweise auf den Hörbereich von 100 bis 3200 Hz, also auf die fünf Oktaven von 100 und 200, 400, 800, 1600 und 3200 Hz. Wenn innerhalb dieses Bereiches die akustischen Verhältnisse befriedigend sind, kann man ruhig annehmen, daß auch bei höheren und tieferen Frequenzen alles in Ordnung ist. Im Grunde genommen muß die technische Akustik im Bauwesen sich mit der Lösung zweier Vorgänge befassen: einmal soll sie die Weiterleitung von Schallwellen in benachbarte Räume verhindern, und zum andern soll eine Schalldämpfung in dem Raum, der die Schallquelle enthält, erreicht werden. Bei der Schallübertragung muß man zwischen Luft- und Körperschall unterscheiden, denn auch hier kommt der Unterschied zwischen Schalldämmung und Schalldämpfung zum Ausdruck.

Die Übertragung von *Luftschall* in Nachbarräume (läßt man die akustischen Verhältnisse im Raum selbst einmal außer Betracht), wird am besten durch schallharte Wände verhindert, die die auftretenden Schallwellen möglichst vollständig reflektieren. Es erfolgt kein Mitschwingen und somit auch keine Übertragung.

Dabei sind die konventionellen schweren Baustoffe wegen ihres höheren Schallwellenwiderstands den Kunststoffen überlegen. Um einen hinreichenden Luftschallschutz zu erreichen, müssen Wände und Decken ein gewisses Gewicht haben; 300 bis 350 kp/cm^2 werden als Mindestgewicht angesehen. Massiv gebaute Wände und Decken, die eine Dicke von 14 cm selten unterschreiten, haben dieses Gewicht; die Isolierung gegen Luftschallübertragung genügt bei dieser Mauerdicke im Normalfall.

Bei leicht gebauten Fertighäusern, also auch bei den vielbesprochenen Kunststoffhäusern, liegen die Verhältnisse schwieriger. Leichte Bauteile sind akustisch schlecht. Zwar läßt sich ihre Wirkung durch Vorsetzen einer Schalldämmschicht und insbesondere durch eine doppelschalige Ausführung mit dazwischenliegenden Hohlräumen verbessern. Die Schallwellen werden dann nicht nur an der Außenfläche sondern auch an den nachfolgenden Grenzflächen reflektiert.

Zum Dämpfen, also Absorbieren von Luftschall benutzt man poröse Stoffe, wobei die Porosität die entscheidende Größe ist. Die Elastizität ist dagegen unwichtig. Akustikplatten mit Farbe zu streichen, hieße die Poren schließen und die Schallschluckwirkung unterbinden. Bekanntlich werden solche Platten sogar meist mit Senklöchern versehen, um möglichst viele Poren anzuschneiden.

Bei den Schaumstoffen mit offenen Poren erfolgt die Absorption der Schallenergie durch Reibung der in Schwingungen versetzten Luft in den Zellen. Die Absorption hängt also von der Anzahl der Zellen (Porosität) und dem Strömungswiderstand der Luft im Stoff ab, der wiederum von der Porengröße, die klein sein muß, abhängig ist. Harte Schaumstoffe sind für Schallschluckzwecke besser als weiche Schaumstoffe, die dem Schall nachgeben. Der Stoff darf nicht nur, er soll sogar hart sein, aber es ist wichtig, daß die Poren offen sind.

Ein Teil der auftretenden Luftschallwellen wird sich immer als *Körperschall* fortpflanzen.

Die Übertragung und Verbreitung von Körperschall – dazu gehört auch Trittschall – zu verhindern, ist viel schwieriger (Bild 111).

Beim Körperschall liegen die Verhältnisse genau umgekehrt wie beim Luftschall: Körperschall läßt sich mit schweren Werkstoffen nicht dämmen. In ihnen kann er sich vielmehr schneller und ohne wesentliche Energieverluste fortpflanzen, und da sich die Schwingungen meist auf ein größeres System übertragen, das dann den Körperschall wieder abstrahlt, wird die Wirkung noch unangenehmer. Daher sind Bauten mit Stahlkonstruktionen oft wegen ihrer Hellhörigkeit verrufen. Besonders lästig machen sich Maschinenschwingungen, Strömungsgeräusche aus den Wasserleitungen in Küchen und Bädern sowie der Verkehrslärm bemerkbar, der über die Fundamente ja auch als Körperschall wirksam wird. Reflektieren läßt sich Körperschall nur in sehr beschränktem Maße; er muß absorbiert werden.

Während man zum Verhindern der Luftschallübertragung harte, schwere Wände benötigt, sind zum Verhindern der Ausbreitung von Körperschall möglichst schallweiche elastische Medien erforderlich. Das schallweichste Medium ist das Vakuum. Da aus technischen Gründen ein Vakuum als Schallabschluß nur in seltenen Sonderfällen verwendet werden kann, weicht man auf Luft und auf luftgefüllte Schaum-Kunststoffe aus, deren Schallwellenwiderstand fast an den der Luft herankommt.

Bei Aufgaben der Körperschallisolierung geht es jedoch nicht um die Porosität als solche, sondern um die Elastizität. Auf die Porosität könnte man im Hinblick auf die gewünschte Schalldämpfung sogar verzichten.

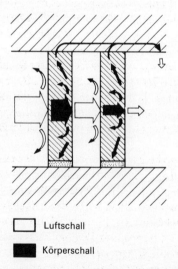

Bild 111   Schematische Darstellung der Reflexion bzw. Weiterleitung von Schall an einer Doppelwand   ⇒ = Luftschall   ➡ = Körperschall
Ein Teil des Luftschalls wird reflektiert, ein Teil in Körperschall umgewandelt. An der Decke sind Körperschallbrücken, und es kommt daher zu Abstrahlung von Luftschall (nicht gut!); am Boden dagegen sind bei diesem Beispiel die Wände durch weichelastische Polster isoliert (richtig!).

10.3. Schalldämmung und Schalldämpfung

Faserartige oder poröse Schaumstoffe, die als Unterlagen unter schwimmende Estriche verlegt werden, mögen als Kälteisolierung sehr gut sein, nutzen aber akustisch nicht viel, wenn sie nicht federnd-elastisch sind. Genauso braucht man zähharte bis weich-elastische Stoffe – geschäumt oder ungeschäumt – zum akustischen Isolieren von Rohren. Bei Maschinen wird man vernünftigerweise mit der Schalldämpfung schon an der Schallquelle beginnen. Auch dabei spielen zähelastische Kunststoffe als Entdröhnungsmittel eine Rolle. Wegen ihrer guten Dämpfungseigenschaften können z. B. die von Maschinen oder Blechkonstruktionen erzeugten Schwingungen durch geeignete Kunststoffüberzüge oder -beschichtungen wesentlich gedämpft werden. Daß Schallbrücken in allen Fällen vermieden werden müssen, bedarf eigentlich keiner besonderen Betonung.

Genau so lassen sich umgekehrt empfindliche Geräte gegen Erschütterungen des Bauwerks schützen.

Bedenkt man nun, daß die Schallabsorption nicht nur von den Schallschluckanordnungen sondern ganz allgemein von der Frequenz, vom Einfallswinkel, von der Dicke der Schaumstoffplatten abhängig ist, auch von den Stoffkonstanten selbst, so wird deutlich, daß die Grundzüge des Problems hier stark vereinfacht dargestellt sind. Die günstigste Lösung muß immer speziell auf die Raumgröße und den Verwendungszweck abgestimmt sein.

10.3.3. Bauphysikalische Schallschutzmaße

Die Vorschriften von DIN 4109 sind zunächst gar nicht auf Kunststoffe zugeschnitten, sondern ganz allgemein auf den Luftschall- und Trittschallschutz, der ein Durchdringen der Schallwellen in die umliegenden Räume verhindern oder zumindestens abschwächen soll. Es sind deshalb Sollwerte für das Schalldämm-Maß bei Luftschall (Bild 112), und für den Norm-Trittschallpegel bei Körperschall (Bild 113), festgelegt. Wegen der Frequenzabhängigkeit der Schallübertragung sind diese Werte im Frequenzbereich zwischen 100 und 3200 Hz angegeben. Auf der Ordinate ist für den Luftschallschutz das Schalldämm-Maß (in dB), für den Trittschallschutz der Norm-Trittpegel (ebenfalls in dB) angegeben. Dabei ist ein wesentlicher Unterschied zu beachten: beim *Luftschallschutz* geht es um die Dämmwerte, also um die Geräusche, die *nicht* in den geschützten Raum dringen sollen und absorbiert werden. Beim *Trittschallschutz* wird das Ergebnis, nämlich der Schallpegel in dem zu schützenden Raum vorgeschrieben.

Zunächst soll das Problem des Luftschallschutzes betrachtet werden: Alle Werte, die man in dem betreffenden Raum mißt und die unterhalb der Soll-Kurve liegen (Bild 112) sind ungünstig. Es sollen bessere Dämmwerte, d. h. bessere *Luftschallschutzmaße* erzielt werden. Das Schalldämm-Maß eines Stoffes gibt seinen Widerstand gegen den Schalldurchgang an. Da es von der Schwingungszahl, also der Tonhöhe abhängig ist, wird es meist als Kurve für die verschiedenen Frequenzen angegeben. Als mittleres Schalldämm-Maß wird ein über dem Tonhöhenbereich 100 bis 3200 Hz arithmetisch gemittelter Wert angegeben. Das Schalldämm-Maß ist ein Maß für die Abschwächung der Schallübertragung durch Wände und Decken. (Genau definiert: der zwanzigfache Logarithmus des Verhältnisses des Schalldrucks vor und hinter der Wand, also des auf der einen Seite auftreffenden und des auf der anderen Seite abgestrahlten Schalldrucks).

Die Kurve der verlangten Mindestdämmwerte steigt bei den mittleren und hohen Frequenzen, denn die hohen Frequenzen sind schwerer zu ertragen als die mittleren und tiefen.

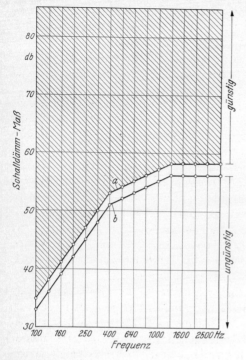

Bild 112 Sollkurven für das Schalldämm-Maß bei Luftschall
a) Wände und Decken auf Prüfständen ohne Nebenwege
b) Wände und Decken von Bauten bzw. auf Prüfständen mit Nebenwegen

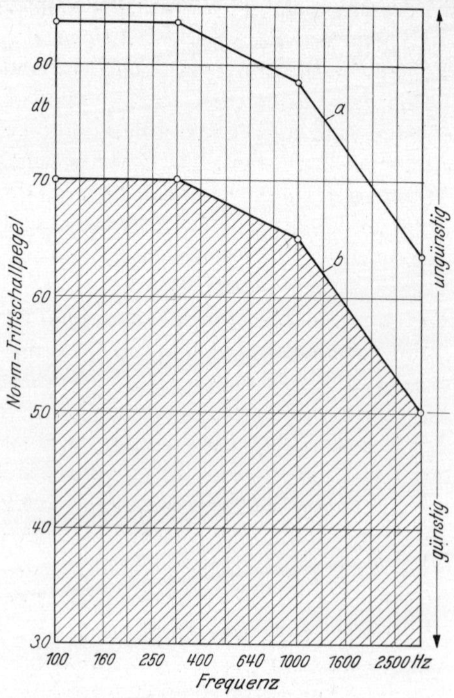

Bild 113 Sollkurven für den Norm-Trittschallpegel
a) Bezugsdecke (Betonplatten ohne Deckenauflage)
b) um das gewünschte Trittschall-Schutzmaß (+14 dB) verschobene Sollkurve.

Wenn die effektiv gemessenen Werte innerhalb der schraffierten Fläche liegen, sind Verbesserungen erzielt.

Aber man ist schon zufrieden, wenn das mittlere Schalldämm-Maß eingehalten ist. Im übrigen ist das Luftschallschutzmaß für Kunststoffe nicht allzu wichtig, denn – wie schon dargelegt wurde – durch die leichten Kunststoffe ist ohnehin keine wesentliche Verbesserung zu erzielen.
Wie liegen nun die Verhältnisse beim Trittschallschutz? Die Sollkurve, die als Trittschallschutzmaße laut DIN 4109 festgelegt ist, genügt zwar in vielen Fällen, sie reicht aber für Wohnungen mit Schlafräumen, für Krankenhäuser, Schulen usw. nicht aus. In solchen Fällen wird ein erhöhtes Trittschall-Schutzmaß verlangt, das um 5 bis 20 dB höher als die Sollkurve liegt (Bild 113).
Mit den Werten einer normalen Vollbetonplattendecke, könnte man sich sicher nicht zufrieden geben. Trotzdem hat man deren mittleren Schallpegel – also den errechneten mittleren Wert ihrer effektiv zwischen 100 und 3200 Hz gemessenen Werte – als Bezugsgrundlage fixiert und mit einem Minus-Wert, nämlich mit −14 dB gekennzeichnet. Die Sollkurve ist nun einfach mit 14 dB höher festgelegt worden. Um die Werte der Sollkurve

zu erreichen, muß man also von vornherein eine Verbesserung von 14 dB verwirklichen. Um die Werte des erhöhten Trittschallschutzmaßes zu erreichen, muß ein noch wesentlich höheres Verbesserungsmaß angestrebt werden, nämlich zusätzlich zu dem 14 dB bis zur Sollkurve weitere 5 bzw. 10 dB, insgesamt also 19 bzw. 24 dB. Dieses *Verbesserungsmaß* (VM) errechnet sich aus der Gesamtdifferenz von dem Minuswert der Bezugsdecke bis zu dem Pluswert, der effektiv gemessen wird.

Natürlich ergeben sich unterschiedliche Verbesserungsmaße bei den jeweiligen Frequenzen. Um sie einigermaßen zu erfassen, wird beim Trittschallschutzmaß die Sollkurve nach unten verschoben, bis alle effektiv gemessenen Werte in der erweiterten Fläche (mit einer Toleranz von 2 dB) liegen.

Die Trittschalldämmung eines Fußbodens hängt zu einem gewissen Teil von der dynamischen Steifigkeit des Bodens und der Dämmschichten ab. Eine Verbesserung ist hier durch schwimmende Estriche auf einer Faserdämmplatte möglich. Wird in Verbindung damit ein Fußbodenbelag aus Kunststoff aufgebracht, so mißt man möglicherweise einen Pluswert von (beispielsweise) +13 dB. Die Differenz von −14 bis +13 dB = 27 dB ist dann das Trittschallverbesserungsmaß; es würde in diesem Fall den Vorschriften entsprechen. Eine Verbesserung um 10 bis 15 dB wäre bereits spürbar. Eine Verbesserung von 15 bis 25 dB ist als gut und eine solche von 25 bis 30 dB als sehr gut zu bezeichnen.

Zuweilen begegnet man der Meinung, ein PVC-Kunststoffbelag trage allein schon wesentlich zur Verbesserung der Trittschalldämpfung bei; das ist leider ein Irrtum. Die sich ergebende Verbesserung beträgt nur 3 bis höchstens 4 dB. In Verbindung mit einem Jutegewebe oder auch einem weichelastischen Schaumstoff, insbesondere mit einer zusätzlichen Dämmschicht, kommt man zu einem sehr brauchbaren Verbesserungsmaß von 15 bis 21 dB. Natürlich kann man durch Unterdecken, also durch Hohlräume (vorausgesetzt, daß die Unterdecke nicht so steif ist, daß sie den Trittschall an die Skelettkonstruktion weiter abgibt) den Trittschallschutz wesentlich verbessern. Das sind aber dann schon wieder technische Vorkehrungen rein konstruktiver Natur, bei denen die Kunststoffe nicht die entscheidende Rolle spielen.

Das Anbringen sogenannter Akustikplatten unmittelbar unter der Decke des darunter liegenden Raumes dämpft den Luftschall, erbringt aber in der Regel keine Verbesserung gegenüber den Geräuschen, die aus dem darüberliegenden Raum kommen. Außerdem wird gerade der Trittschall ja sehr oft auf Nebenwegen durch die Wände übertragen.

Beispiele von Trittschallschutzmaßen und Verbesserungsmaßen gegenüber der Bezugsdecke gibt Tabelle 15.

Alle die erwähnten bauphysikalischen Kenngrößen sind von Bautechnikern für die Bedürfnisse des Hausbaus in Deutschland entwickelt worden. Sie beschränken sich daher auch keineswegs auf Kunststoff – mit Ausnahme von DIN 18 164,

Es würde hier zu weit führen, festzustellen und darzulegen, welche ausländischen Normen diesen deutschen Vorschriften entsprechen oder nicht entsprechen. Im Zusammenhang mit Fragen der Wärme-Kälte-Isolierung wurden diese Vorschriften schon teilweise zitiert.

Tabelle 15 Trittschallschutzmaße (TSM) und Verbesserungsmaße (VM) gegenüber der Bezugsdecke.

	TSM	VM
Parkett auf Zementestrich	+13	25
PVC-Belag auf Hartschaum 10 mm	+ 5	17
PVC-Belag auf Korkschrotmatte 5 mm	+ 9	21
Linoleum ohne Unterlage 2,5 mm	− 5	7
PVC-Belag ohne Unterlage 2,6 mm	− 6	6
Kokosfaser-Läufer	+ 5	17
Teppichboden (Velours)	+ 8	20

10.4. Akustische Prüfungen zum Feststellen dynamischer Kenngrößen

Da das akustische Verhalten der Kunststoffe sowohl vom mechanisch-thermischen Zustand als auch von dessen dynamisch-elastischen Kenngrößen abhängig ist, liegt es nahe, nicht nur aus den elastischen und Dämpfungsgrößen der Kunststoffe auf ihre akustischen Eigenschaften zu schließen, sondern umgekehrt aus dem akustischen Verhalten auch die elastischen Materialeigenschaften zu ermitteln.

So kann man Schlüsse auf den E-Modul, den Schubmodul, auf die Dämpfung, die Wellenausbreitungsgeschwindigkeit und daraus wieder auf den molekularen Aufbau des untersuchten Körpers ziehen. Viele Prüfungen dieser Art werden laufend herangezogen. Der Probekörper wird dabei entweder mechanisch oder durch Schallwellen vom Infra- bis zum Ultraschall zu Schwingungen angeregt. Bei der Anregung mit Schallwellen wird die Untersuchung kompakter Kunststoffe zweckmäßigerweise in Wasser durchgeführt, weil dann wegen der fast gleichen Schallwellenwiderstände eine gute Übertragung der Schwingungen auf den Probekörper gegeben ist. Trotzdem ist die Meßtechnik schwierig, weil (wegen des gegenüber Metallen um 100 größeren Verlustfaktors) besonders im Ultraschallbereich die Eindringtiefe der Wellen nur sehr gering ist.

10.5. Zerstörungsfreie Materialprüfung

Die Ultraschallanregung ist für die zerstörungsfreie Materialprüfung von Metallen bekannt und bewährt. Leider läßt sie sich bei Kunststoffteilen für die Suche nach Lunkern, Rissen und anderen Fehlstellen schlecht anwenden; die starke Dämpfung der Kunststoffe bereitet erhebliche Schwierigkeiten. Bei kleinen Masseartikeln wäre es auch viel zu umständlich, jedes einzelne Teil an den Fühlstellen (Grenzflächen) übergangslos zu fassen. Daher ist diese Prüfmethode für Kunststoffe nur von wissenschaftlichem Interesse.

10.6. Ultraschallschweißen

Eine andere Möglichkeit hat praktische Bedeutung erlangt, nämlich die, kleinere Kunststoffteile durch Ultraschall miteinander zu verschweißen. Die Schallschwingungen, die durch eine Art Fühler, die „Sonotrode", auf die zu verbindenden Kunststoffteile übertragen werden, erzeugen dort an den Grenzflächen eine Vibration, die der einer Wärmebewegung gleichkommt und dann auch ein Verschweißen bewirkt. So lassen sich selbst komplizierte Flächen von Spritzgußteilen schnell und viel sauberer verbinden als durch ein Verkleben. Auch das Eindrücken von Metallbuchsen und das Vernieten mit Kunststoffnieten wird mit Ultraschall erleichtert. Vom Material her gesehen eignen sich Polystyrol, auch modifiziertes Polystyrol, Polycarbonat und Polyacetal am besten für die Anwendung von Ultraschall. Polyolefine und Cellulosekunststoffe sind zu weich, um Ultraschallwellen vom Fühler bis zur Schweißstelle zu leiten. Dünne Folien aus Weich-PVC und Polyäthylen kann man allenfalls mit Ultraschall verschweißen, weil die Verbindungsflächen dicht aufeinanderliegen. Bei dickerem Material werden die Wellen absorbiert, ehe sie zur Verbindungsstelle gelangen.

P.S. Es läßt sich darüber streiten, ob es richtig ist, im Rahmen einer Werkstoffkunde so weit auf die physikalischen Grundlagen der Akustik einzugehen, wie es hier geschehen ist. Aber gerade in punkto Akustik kann man im allgemeinen nur wenige Kenntnisse voraussetzen. Als Leitlinie diente letzten Endes die Frage: was sollte und was möchte ein Kunststoff-Anwender von diesen Dingen wissen? Aus derselben Überlegung heraus schien es geboten, auch den Einsatz von Kunststoffen für akustische Zwecke eingehender zu behandeln.

11. Chemisches Verhalten der Kunststoffe

Prüfnormen

DIN 53536	Prüfung von Kautschuk und Gummi. Bestimmung der Gasdurchlässigkeit
DIN 53380	Prüfung von Kunststoff-Folien. Bestimmung der Gasdurchlässigkeit
DIN 53122	Bestimmung der Wasserdampfdurchlässigkeit
DIN 53429	Prüfung von harten Schaumstoffen. Bestimmung der Wasserdampfdurchlässigkeit
DIN 53471	Prüfung von Kunststoffen. Bestimmung der Wasseraufnahme ... nach Lagerung in kochendem Wasser
DIN 53472	... nach Lagerung in kaltem Wasser
DIN 53473	... nach Lagerung in feuchter Luft
DIN 53475	... nach ISO/R 62 ... nach Lagerung in kaltem Wasser
DIN 50900	Korrosion der Metalle (Begriffe)
DIN 53428	Prüfung von Schaumstoffen. Bestimmung des Verhaltens gegen Flüssigkeiten, Dämpfe, Gase und feste Stoffe
DIN 53476	Prüfung von Kunststoffen, Kautschuk und Gummi. Bestimmung des Verhaltens gegen Flüssigkeiten
DIN 53499	Kochversuch an Preßteilen aus härtbaren Preßmassen
DIN 16929	Beständigkeitstabellen für Polyvinylchlorid
DIN 16934	Beständigkeitstabellen für Polyäthylen
ASTM D 543	Resistance of Plastics to Chemical Reagents
ASTM D 1693	Test for Environmental Stress Cracking of Plastics
DIN 53449	Beurteilung zur Spannungsrißbeständigkeit von Thermoplasten. Kugeleindrückverfahren
VDI 2475	Richtlinie: Prüfung auf Spannungsrißkorrosion

11.1. Diffusion und Permeation

Die Wechselwirkungen zwischen Chemikalien – einschließlich Wasser, Wasserdampf und Gasen – einerseits und Kunststoffen andererseits sind grundsätzlich anderer Art als die zwischen Chemikalien und Metallen. Flüssigkeiten und Gase dringen in das dichte Gefüge von Metallen kaum ein. Das Gefüge von Kunststoffen ist weit lockerer, und manche Kunststoffe haben auch gewisse chemische Verwandtschaften zu bestimmten Flüssigkeiten und Gasen. Eine wesentliche, meist die erste und zuweilen einzige Art der Wechselwirkung zwischen Kunststoffen und Flüssigkeiten oder Gasen zeigt sich darin, daß diese in die Kunststoffe hineinwandern, durch dünne Kunststoffschichten auch hindurchwandern. Solche Vorgänge der Diffusion und Permeation (Diffusion von diffundere = = auseinandergießen, hineingießen; Permeation von permeare = hindurchwandern)

11.1. Diffusion und Permeation

durch Kunststoffe sind getrennt zu betrachten von den Wechselwirkungen zwischen Chemikalien und Kunststoffen, die zu Schädigungen ihrer Gebrauchstauglichkeit führen. Eine Diffusion, das heißt ein gegenseitiges Durchdringen findet als Folge der Wärmebewegung zwar grundsätzlich an allen Grenzschichten zweier unterschiedlicher Stoffe statt, seien es nun Gase oder Flüssigkeiten oder sogar Festkörper, und das natürlich auch bei Stoffen mit verschiedenem Aggregatzustand. Während aber das Eindringen von Flüssigkeiten und Gasen in Metalle so langsam vor sich geht und so gering ist, daß man es vernachlässigen kann, spielt die Diffusion bei Kunststoffen eine erhebliche Rolle. Je kleiner die molekularen Bindungskräfte im Kunststoffgefüge sind, umso leichter können fremde Moleküle eindringen. Die Diffusion geht in amorphen Kunststoffen leichter voran als in teilkristallinen, und in teilkristallinen leichter als in vernetzten. Die Diffusion erhöht sich, wenn die zwischenmolekularen Bindungskräfte abgeschwächt werden, wie das z. B. bei einer Quellung der Kunststoffe der Fall ist. Da die thermische Bewegung der Moleküle mit steigender Temperatur größer wird, nimmt jede Art der Diffusion mit der Temperatur zu.

Bei genügend langer Zeit und geringer Materialdicke durchwandern die von der einen Seite in das Material eindiffundierenden Moleküle diese wie eine Membran und treten an der anderen Seite – dem Konzentrationsgefälle entsprechend – wieder aus. Diesen Vorgang nennt man Permeation. Er umfaßt drei Einzelvorgänge, nämlich a) die Lösung an der Eintrittsoberfläche, b) die Diffusion in dem gesamten Material, und c) das Verdampfen an der Austrittsoberfläche. Die Permeation unterliegt insoweit den gleichen Gesetzmäßigkeiten wie die Diffusion, als die Ortsveränderung der Gas- bzw. Flüssigkeitsmoleküle innerhalb der Membran auf der Diffusion beruht.

Angaben über die Permeation von Gasen sind für den Einsatz von Kunststoff-Folien oder -Behältern wichtig, die als Verpackung dienen. Die Anforderungen können sehr verschiedener Art, in gewissen Fällen sogar widersprüchlich erscheinen – z. B. wenn ein Verdunsten von Feuchtigkeit nach außen verhindert werden soll, gleichzeitig aber ein Eindringen von Luft nach innen gewünscht wird. Die Durchlässigkeit der Kunststoffe für verschiedene Gase zeigt Werte, die weit auseinanderliegen können (Bild 114).

Die in einer bestimmten Zeiteinheit durch eine Kunststoffmembran hindurchgehende Gas- oder Flüssigkeitsmenge (als Dampf!) ist umgekehrt proportional der Dicke der Wand oder Folie. Die Materialkonstante für diesen Vorgang ist der Permeations-Koeffizient, dessen Bestimmung nicht an ein spezielles Verfahren oder eine festgelegte Probenform gebunden ist. Er gibt an, welches Gasvolumen bei einer bestimmten Druckdifferenz in einer bestimmten Zeit durch ein in seiner Flächengröße und Dicke bekanntes Material hindurchtritt.

Nach DIN 53536 „Prüfung von Kautschuk und Gummi, Bestimmung der *Gasdurchlässigkeit*" wird mittels *manometrischer* Messung das Gasvolumen in Litern angegeben, das in 24 Stunden durch eine Fläche von 1 m^2 des betreffenden Materials bei einem Druckunterschied von 1 atm hindurchgeht. Nach dieser Methode wird die Durchlässigkeit aller Gase gemessen – mit Ausnahme des Wasserdampfes. Für die Bestimmung der *Wasserdampfdurchlässigkeit* wird im allgemeinen eine verhältnismäßig einfache *gravimetrische* Methode nach DIN 53379 angewandt. Hier wird nicht das Volumen bestimmt, sondern die Gewichtsmenge Wasserdampf in Gramm, welche in 24 Stunden durch eine Folienfläche von 1 m^2 hindurchtritt, und zwar bei normaler Temperatur von 20 °C und einer Druckdifferenz von der einen Seite zur anderen von 1 atm.

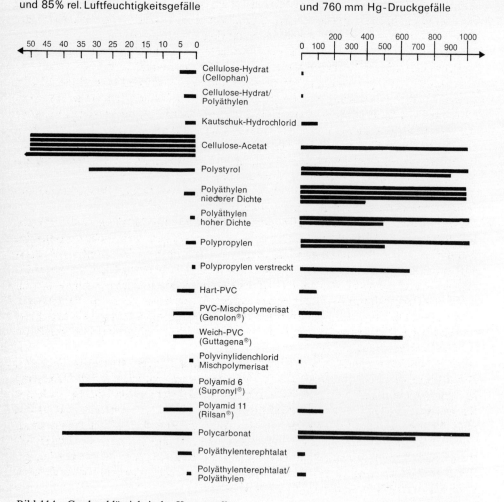

Bild 114 Gasdurchlässigkeit der Kunststoffe
links: Wasserdampf-Durchlässigkeit, rechts: Sauerstoff-Durchlässigkeit gemessen an Folien von 40μ Dicke, bzw. Zellglas 25μ bei einer Temperatur von 20 °C und einem Druckgefälle von 15 Torr. Wasserdampf- und Sauerstoff-Durchlässigkeit können nur qualitativ miteinander verglichen werden, da die Meßeinheiten verschieden sind (nach Kalle).

Der Unterschied zwischen den einzelnen Kunststoffen – auch zwischen verschiedenen Qualitäten –, der Einfluß einer Veredelung (Verstreckung) und das Zusammenwirken von zwei Komponenten bei Verbundfolien ist deutlich zu erkennen.

11.2. Wasseraufnahme von Kunststoffen

Die Messungen werden vorzugsweise an Folien von 40 μ Dicke vorgenommen und lassen sich dann auf andere Dicken umrechnen, sofern es sich nicht um Verbundfolien handelt. Kennt man die Permeationskoeffizienten, so hat man damit einen unabhängigen Vergleichsmaßstab für die verschiedenen Kunststoffe, und kann mit deren Hilfe je nach Dicke einer Folie berechnen, welche Menge Wasserdampf oder Gas – z.B. Stickstoff oder Sauerstoff – in einer bestimmten Zeit hindurchdringt.

Die Prüfung der Wasserdampfdurchlässigkeit weicht von der Prüfung der Durchlässigkeit anderer Gase aus verschiedenen Gründen ab: bei Wasserdampf wird das Gewicht und nicht das Volumen festgestellt, weil in der Regel nur das Gewicht interessiert; auch ist die gewichtsmäßige Feststellung des permeirenden Wassers mit einer recht einfachen Apparatur möglich; die Prüfung der permeierenden Gase ist sehr viel aufwendiger. Vergleich der Werte für die Wasserdampfdurchlässigkeit (in g!) mit denen für die Durchlässigkeit verschiedener Gase – Sauerstoff, Stickstoff und Kohlensäure interessieren besonders – (in cm^3!) ist daher nicht ohne Umrechnung möglich. Zuweilen genügt aber schon ein rein qualitativer Vergleich (wie in Bild 114 dargestellt).

An Hand von Tabellen oder Schaubildern erkennt man, wie stark das Verhalten der einzelnen Kunststoffe in dieser Beziehung voneinander abweicht.

Die Permeation bzw. Diffusion gibt auch die Erklärung für die Frage, wieso manche Kunststoffe nach einem Füllgut riechen, das schon seit längerer Zeit entfernt worden ist, und das, obwohl der Kunststoff selbst völlig geruchlos ist. Der Kunststoff – z.B. Polyäthylen – nimmt gasförmige Moleküle des Füllgutes in sich auf und gibt sie später allmählich wieder ab. Bei Niederdruck-Polyäthylen ist diese Eigenschaft weniger ausgeprägt als bei Hochdruck-Polyäthylen, bei Polypropylen wiederum weniger als bei Niederdruck-Polyäthylen. Die Erklärung liegt in der schon erwähnten dichteren Packung der Moleküle, die sich bei den Polyolefinen ja auch in der unterschiedlichen Steifigkeit und Wärmeformbeständigkeit ausdrückt.

Wenn es um Kunststoff-Verpackungen für Lebensmittel oder Kosmetika, Parfüms, Drogen usw. geht, dann ist zusätzlich noch zu bedenken, daß nicht nur der Übergang irgendwelcher Verbindungen aus dem Kunststoff in das Packgut von Übel ist; auch das, was aus dem Packgut in den Kunststoff übergeht und als Verlust registriert wird, ist von Übel. Es bedeutet eine Verschlechterung der Ware, die sich als Austrocknung oder als Geschmacksminderung zeigt. Daher empfiehlt es sich z.B. nicht, Tee in einer Polystyrol-Büchse aufzubewahren. Auch dürfte es nicht ratsam sein, einen guten Markenwein längere Zeit in Hart-PVC-Flaschen zu lagern – wogegen deren Verwendung bei Fruchtsäften, bei Essig oder Speiseöl unbedenklich ist.

11.2. Wasseraufnahme von Kunststoffen

Beim Lagern von Kunststofferzeugnissen in Wasser diffundiert dieses in unterschiedlichen Mengen ein, die jeweils von der Dauer und Temperatur der Lagerung abhängig sind, aus feuchter Luft wird Wasserdampf je nach deren Feuchtigkeitsgrad aufgenommen. Wenn auch das Gefüge der Kunststoffe in der Regel durch eindiffundiertes Wasser nicht geschädigt wird und die Vorgänge bei entsprechender Änderung der Umgebungsbedingungen rückläufig sind, kann auch schon geringer Wassergehalt manche Eigenschaften der Kunststoffe, z.B. deren elektrisches Verhalten ungünstig beeinflussen. Wie wichtig die

Frage nach der Wasseraufnahme ist, geht daraus hervor, daß allein drei Normen sich mit dem Verhalten von Kunststoffen in Wasser befassen: DIN 53471 „Verhalten in kochendem Wasser", DIN 53472 „Verhalten in kaltem Wasser" und DIN 53473 „Verhalten in feuchter Luft".

Unpolare Kunststoffe, die keinerlei chemische Verwandtschaft zu Wasser besitzen, wie Polyäthylen oder Polystyrol, nehmen nur geringe, fast unmeßbare Wassermengen auf. Bei Kunststoffen mittlerer Polarität, wie PVC, ist die meßbare Wasseraufnahme so gering, daß sie für die Anwendungspraxis kaum eine Rolle spielt. Bei Kunststoffen mit Gruppen, die eine hohe H_2O-Affinität besitzen (z. B. OH-Gruppen), ist mit stärkerer Wasseraufnahme zu rechnen. Durch die Wasseraufnahme wird das Gewicht und meistens auch das Volumen erhöht. Bei Polyamid 6/6 beispielsweise muß mit einer Wasseraufnahme von normalerweise 4% (bei Wasserlagerung sogar bis 10%) gerechnet werden und einer entsprechenden Volumenszunahme von etwa 2% (bis äußerst 4%). Bei linearen Polyamiden ist eine gewisse Wasseraufnahme geradezu erwünscht, weil die Schlagzähigkeit dadurch verbessert wird. Bei Preßstoffen und Schichtpreßstoffen mit organischen Füllstoffen ist die Wasseraufnahme in feuchter Umgebung ein kritischer Faktor im Hinblick auf die elektrischen Werte. Wasseraufnahme kann zum Spalten von Schichtstoffen führen und zum Verzug von Formteilen.

Feuchtigkeit in der Rohmasse hat natürlich auch ihren Einfluß auf die Verarbeitung. Während bei Preßmassen eine leichte Durchfeuchtung durchaus erwünscht ist, lassen sich z. B. Polyamide und Polycarbonat auf der Spritzgußmaschine nur dann mit Erfolg verarbeiten, wenn sie absolut trocken sind; sonst werden die Erzeugnisse blasig.

Die Feuchtigkeitsaufnahme wird in allen technischen Merkblättern angegeben, meist in Gewichts-Prozenten, wie sie nach 24stündiger Wasserlagerung gemessen werden. Die Angabe in % setzt natürlich die Verwendung von Probekörpern gleicher Dimensionen voraus, denn die Feuchtigkeitsaufnahme ist von der Größe der Oberfläche abhängig. Besser wäre deshalb die Angabe in mg/cm^2, denn wenn bei einem dicken und einem dünnen Probekörper eine gleich große Wassermenge aufgenommen wird, dann täuscht die Angabe in % bei dem dicken Probekörper einen (nicht zutreffenden) besseren Wert vor.

11.3. Chemische Beständigkeit von Kunststoffen

Kunststoffe rosten nicht, d. h. Kunststoffe sind aufgrund ihrer chemischen Konstitution ganz allgemein gegen diejenigen Korrosionswirkungen der Atmosphäre, des Wassers und vieler anorganischer Chemikalien gut beständig, durch die unedle Metalle angegriffen, schließlich zerstört werden. Kunststofferzeugnisse brauchen deshalb keinen Oberflächenschutz, vielmehr dienen Kunststoffe als Lacke und Beschichtungen dem Korrosionsschutz anderer Werkstoffe, wie auch als Konstruktionswerkstoff bei entsprechender Auswahl im Chemiebau.

Die Korrosion von Metallen beruht auf Oberflächenreaktionen, bei denen lösliche Metallsalze und andere leicht abtragbare Metallverbindungen entstehen. Nach DIN 50900 ist die Metallkorrosion als von der Oberfläche ausgehende schädliche Wirkungen durch chemischen oder elektrochemischen Angriff definiert. Zunehmende Verminderung der Wanddicke ist die wesentliche Kenngröße für ihr Fortschreiten. Die Festigkeits-Kennzahlen der jeweils verbliebenen Metallschicht bleiben unverändert.

11.3. Chemische Beständigkeit von Kunststoffen

Die Wechselwirkungen zwischen Kunststoffen und Chemikalien sind anderer Art. Sie beginnen mit deren Diffusion in die Wandung der Kunststofferzeugnisse. Des weiteren sind folgende wesentlich verschiedene Fälle zu unterscheiden:

a) Der eindringende Stoff ist dem Kunststoff seiner chemischen Natur nach wenig verwandt und hinsichtlich seines chemischen Angriffs indifferent. Dann bleibt es bei den reversiblen Diffusions- und Permeationserscheinungen, die in den vorstehenden Abschnitten behandelt worden sind. Es kann auch zu einer beim Auswandern des Stoffes wieder verschwindenden milchigen Trübung kommen, der Kunststoff wird aber kaum bis zur Grenze seiner Beständigkeit beansprucht. Gegen Wasser, Salzlösungen, die Gase der Atmosphäre sind fast alle Kunststoffe in diesem Sinne beständig. Auch durch die korrosionsfestesten Kunststoffe in dünner Schicht wandern aber bei entsprechenden Dampfdruckunterschieden von beiden Seiten Stoffanteile hindurch. Eine Kunststoffauskleidung zum Korrosionsschutz kann unterrosten, wenn sie zu dünn und nicht sachgemäß auf dem Untergrund verankert ist.

b) Der eindiffundierende Stoff greift die Makromoleküle oder Zuschlagstoffe im Kunststofferzeugnis chemisch an. Die Abbaureaktionen organischer Stoffe – Oxidationen und Molekülspaltung – gehen verhältnismäßig langsam voran. Ob die Beständigkeitsgrenze erreicht wird, ist auch eine Frage der Beanspruchungszeit. Wenn ein Kunststoff bei Einwirkung chemisch angreifender Stoffe binnen kurzer Zeit, d.h. einiger Wochen, je nachdem, ob die Abbauprodukte löslich oder unlöslich sind, an Gewicht und Volumen beträchtlich ab- oder zunimmt, ist er eindeutig als nichtbeständig gekennzeichnet. Der chemische Abbau des Kunststoffs im Inneren, also dessen Korrosion im eigentlichen Wortsinn, kann aber auch ohne solche deutlichen Kennzeichen Ausmaße annehmen, welche die Stoffeigenschaften, insbesondere die Festigkeitseigenschaften in einem bestimmten Zeitraum bis zur Schadensgrenze verschlechtern. Für die Anwendung von Kunststoffen in der Korrosionsschutztechnik werden die Beobachtungen aus Lagerungsversuchen im angreifenden Medium deshalb ergänzt durch fortlaufende Messungen von Festigkeits-Kennwerten.

Die Beanspruchung bei derartigen Langzeitversuchen weird so gewählt, daß auch betriebliche Belastungen wie Druck und hohe Temperatur, welche verstärkte Korrosion bewirken können, erfaßt werden. Man kann so die „Lebensdauer" einer chemischen Apparatur mit allen Sicherheitsbeiwerten abschätzen. In der Praxis ist sie meist beträchtlich länger als vorsichtigerweise vorausgesagt.

Die auf Lagerungsversuchen beruhenden Beständigkeitstabellen der DIN 16929 für Polyvinylchlorid und DIN 16934 für Polyäthylen und ähnliche Listen, die grob unterscheiden nach beständig, bedingt beständig und unbeständig, entsprechen nicht voll dem heutigen Stand der Prüftechnik von Kunststoffen für den Korrosionsschutz. Die Korrosionsbeständigkeit der einzelnen Kunststoffgruppen und Kunststoffe gegen bestimmte Angriffsmittel hängt weitgehend, im Extremfall oft sehr spezialisiert, von der chemischen Konstutition der Kunststoffe, ggf. auch der Verwendung korrosionsfester Zuschlagstoffe ab. Universell korrosionsbeständig ist Polytetrafluoräthylen. Thermoplastische Kunststoffe mit durchgehender Kohlenstoffkette im Molekül wie Polyäthylen, Polypropylen, Polyvinylchlorid sind gegen Säuren und Laugen weitestgehend, gegen Oxidationsmittel unterschiedlich beständig. Die Auswahl eines dieser Kunststoffe für den Chemiebau und korrosionsfeste Apparaturen in anderen Bereichen wird mehr durch konstruktive

Gesichtspunkte als solche der Beständigkeit bestimmt. Thermoplastische Kunststoffe mit Fremdatomen, wie die bei niedermolekularen organischen Stoffen durch Säuren oder Laugen aufspaltbaren Ester- oder Amid-Gruppen in der Molekülkette, sind für derartige Beanspruchungen weniger geeignet. Die meisten Elastomeren sind gut korrosionsbeständig. Unter den Duromeren gibt es Phenol-, Polyester- und Epoxidharze, die als Verbundwerkstoffe mit mineralischen Zuschlagstoffen wie z. B. Asbest hohe Korrosionsbeständigkeit mit erhöhter Wärmestandfestigkeit vereinen. Extremwerte werden durch Verstärkung mit Carbonfasern erreicht.

c) Spezielle Grenzen der Beständigkeit sind bei Kunststoffen dadurch gegeben, daß eine Reihe von Kunststoffen und Zusatzstoffen, z. B. Weichmacher, in artverwandten organischen Lösemitteln quellbar oder löslich sind. Dabei kommt es zunächst zu Volumenvergrößerungen, die bis zu mehreren hundert Prozent betragen können, und schließlich zur völligen Erweichung des Materials. Wir die Kunststoffstruktur aber derart aufgeweitet, dann ist das Produkt auch nach der Entquellung meist nicht mehr brauchbar. Vernetzte Kunststoffe, insbesondere Elastomere, sind nur quellbar, bei Thermoplasten kann die Quellung in Lösung übergehen.

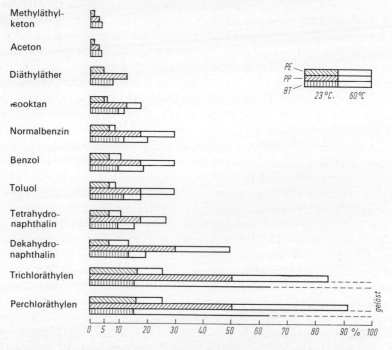

Bild 115 Gleichgewichtsquellung von Polyäthylen, Polypropylen und Buten in verschiedenen Lösungsmitteln bei 23 und 60°C. (Chem. Werke Hüls).
„Gleichgewichtsquellung" heißt, das Material wird solange in dem betreffenden Lösungsmittel gelagert, bis der Vorgang der Quellung unter den gegebenen Verhältnissen zu einem Abschluß gekommen ist, bis also ein gewisses Gleichgewicht zwischen dem angreifenden Medium und dem der Quellung entgegenwirkenden Material entstanden ist.

11.3. Chemische Beständigkeit von Kunststoffen

Die Löslichkeit von Thermoplasten in bestimmten Lösungsmitteln nutzt man bei den Verfahren der Quellschweißung und Lösemittelklebung. Dafür werden die zu verbindenden Flächen so weit angelöst, daß sie sich beim Aufeinanderdrücken unter Diffusion von Molekülen in der Grenzschicht – wie auch sonst beim Schweißen – miteinander homogen verbinden.

Die Beständigkeit thermoplastischer Kunststoffe gegenüber einzelnen Lösungsmitteln hängt sehr spezifisch von der gegenseitigen chemischen Verwandtschaft ab, eine Übersicht darüber gibt Bild 115. Gezeigt ist hier am Beispiel der Gleichgewichtsquellung die unterschiedlich starke Reaktion von drei Kunststoffen – nämlich Polyäthylen, Polypropylen und Polybuten – gegenüber verschiedenen Lösungsmitteln. Auch die bei höherer Temperatur (60°) stärkere Wirkung wird verdeutlicht.

Die eng vernetzten, in ihrer chemischen Struktur keinem der üblichen Lösungsmittel verwandten Phenol-, Harnstoff- und Melaminharz-Kunststoffe sind gegen alle Lösungsmittel beständig.

Die spezifische Empfindlichkeit thermoplastischer Kunststoffe gegenüber verwandten niedermolekularen Stoffen bedeutet für die Praxis, daß in dieser Hinsicht allgemein Vorsicht am Platze ist. Für Chemiefasern hat sich bekanntlich allgemein als guter Brauch eingeführt, Fertigerzeugnisse mit einem Etikett zu versehen, das die Art der Faser und neben sonstigen Behandlungsvorschriften auch die zulässigen Reinigungsverfahren mit organischen Mitteln angibt. Im einzelnen verhalten sich nahe verwandte Kunststoffe zuweilen recht unterschiedlich. So wird Polystyrol durch die aromatischen Öle aus der Schale von Citrusfrüchten angelöst, Styrol-Copolymerisate sind dagegen beständig. Auch Gewürzaromen haben, als Dampf, spezifisch anlösende Wirkung. Differenziert selbst für Individuen der gleichen Familie der Polyäthylene ist das Diffusions- und Quellungsverhalten gegen Treibstoff. Polyäthylen niederer Dichte ist nicht hinreichend beständig, eine bestimmte Sorte von Polyäthylen hoher Dichte ist für Treibstoffkanister und neuerdings auch für Treibstofftanks in Kraftfahrzeugen amtlich zugelassen. Amtlich zugelassen sind auch Kellerlagertanks für Heizöl aus dem gleichen Material und Erdlagertanks aus glasfaserverstärktem Polyesterharz. Für den Korrosionsschutz von Stahltanks sind Auskleidungen aus duroplastischen Kunststoffen oder Blasen aus heizölbeständigem Weich-Polyvinylchlorid amtlich vorgeschrieben.

Bei allen Quellungs- und Lösungsvorgängen spielen Temperatur und Zeit eine sehr entscheidende Rolle. Wenn die Temperatur zunimmt, lassen nicht nur die Festigkeitswerte allgemein nach, auch die chemische Resistenz wird geringer. Bei der stärkeren Molekülbewegung trifft jeder Angriff von außen eine bereits empfindlichere Materie. In allen Fällen, wo man mit dem Einfluß angreifender Medien zu rechnen hat, muß man bei der Wahl eines geeigneten Kunststoffes immer auch den infrage kommenden Temperaturbereich berücksichtigen; denn es ist sehr gut möglich, daß bei höheren Temperaturen – unabhängig von der Frage, ob die mechanische Festigkeit noch ausreicht – der betreffende Kunststoff, der bei Zimmertemperatur als durchaus beständig anzusehen ist, doch angegriffen wird.

Ferner ist zu bedenken, daß – unabhängig von der Temperatur – im Laufe längerer Zeitabstände Veränderungen aufgrund chemischer Beanspruchung eintreten können, die sich innerhalb kürzerer Zeit nicht feststellen lassen, auch nicht innerhalb der üblichen Prüfzeit von 30 Tagen. Die Dauer eines möglichen Einflusses muß also je nach den Umständen auch als Begrenzungsfaktor in Betracht gezogen werden.

Darüber hinaus sei nur noch daran erinnert, daß Kunststoffe immer als Gemische von

Molekülen verschiedener Länge vorliegen, meist noch monomere Reste und oft auch Spuren von Fabrikationshilfsmitteln, ferner Weichmacher, Stabilisatoren, Füllstoffe, Pigmente etc. enthalten, und alle solche Zusätze können ihrerseits anders reagieren als der eigentliche Kunststoff.

Was heißt also nun „beständig gegen Chemikalien"?

Daß diese Frage sich nicht knapp und eindeutig beantworten läßt, ist nach der Darstellung der verschiedenen Reaktionen wohl zu verstehen. Chemische Einflüsse und physikalisch-chemische Quellung, thermische und mechanische Beanspruchungen können als ein Komplex von Schadenswirkungen auftreten, die nicht nur von der Natur der einwirkenden Medien, sondern auch von den Beanspruchungsbedingungen abhängen.

Die umfangreichen Listen der Rohstoffhersteller mit Angaben der Beständigkeit ihrer Erzeugnisse gegen alle möglichen Chemikalien sollen nur richtungweisend sein. Sie unterscheiden qualitativ zwischen „beständig" (+), „nicht beständig" (−) und „bedingt beständig" (○) (Bild 116), darüber hinaus allenfalls zwischen einem eher positiv (⊕) oder eher negativ (⊖) zu wertenden „bedingt beständig".

Kunststoff-Art (Richtwert für Dauergebrauch bei 20°C)	Säuren					Laugen		Lösemittel					Treibstoffe und Öle				
	schwach im allg.	stark im allg.	oxy- dierend	Flußsäure	Halogene (trocken)	schwach	stark	Alkohole	Ester	Ketone	Äther	Halogen- Alkane	Benzol	Benzin	Treibstoff- Gemisch	Mineralöl	Fette Öle
Äthylcellulose	+	−	−	−	−	+	−	−	−	−	−	+	−	−	−	+	+
Cellulose-Acetat	○	−	−	−	−	+	−	−	−	−	−	+	⊖	○	+	○	+	+
Cellulose-Acetobutyrat	○	−	−	−	−	+	−	−	−	−	−	+	−	+	+	+	+	+
Cellulose-Propionat	○	−	−	−	−	+	−	−	−	−	−	+	−	+	+	+	+	+
Celluloid	○	−	−	−	−	○	−	−	−	−	−	−	−	○	○	○	+	+
Epoxidharze	+	+	−	⊕	+	⊕	⊕	+	○	⊕	+	○	+	+	+	+	+	+
Harnstoffharz-Preßstoffe	○	−	−	−	−	+	○	+	+	+	+	+	+	+	+	+	+	+
Kunsthorn	−	−	−	−	−	−	−	+	+	+	+	+	+	+	+	+	+	+
Melaminharz-Preßstoffe	○	−	−	−	−	+	−	+	+	+	+	+	+	+	+	+	+	+
Phenol-Preßharz	+	−	−	−	−	+	−	+	+	+	+	+	+	+	+	+	+	+
Phenolharz-(Schicht-) Preßstoffe	+	−	−	−	−	+	−	+	+	+	+	+	+	+	+	+	+	+
Polyacetale	⊕	−	−	−	−	+	+	+	+	+	+	+	+	+	+	+	+	+
Polyäther, chlorierter	+	+	○	+	+	+	+	+	+	+	+	+	+	+	+	+	+
Polyäthylen, niedere Dichte	+	+	−	+	+	+	+	○	+	+	+	⊖	−	⊖	−	○	⊖
Polyäthylen, hohe Dichte	+	+	−	+	+	+	+	+	+	+	+	○	⊖	⊖	−	○	⊖
Polyamide	−	−	−	−	−	+	○	+	+	+	+	+	⊕	⊕	⊕	+	+
Polycarbonat	+	+	○	−	+	+	−	+	−	−	−	○	+	+	+	+	+
Polyester-Harze	+	○	⊖	⊖	+	○	⊖	⊕	○	−	○	⊖	⊖	+	+	+	+
Polyisobutylen	+	+	○	○	○	+	+	+	+	○	−	−	−	+	+	+	+
Polymethylmethacrylat	+	+	○	○	○	+	+	+	−	−	−	○	−	+	−	+	+
dsgl., Cop., mit Acrylnitril	+	+	○	○	○	⊕	⊕	+	−	−	−	⊖	−	−	−	+	+
Polypropylen	+	+	○	⊖	○	+	+	+	⊕	○	+	⊖	⊕	○	−	+	+
Polystyrol, Reinpolymerisat	+	⊕	○	○	○	+	+	+	−	−	−	−	−	○	−	+	+
dsgl., Cop. mit Acrylnitril	+	⊕	○	○	○	+	+	○	−	−	−	−	−	○	−	+	+
dsgl., mit Butadien	+	○	−	○	○	+	+	○	−	−	−	−	−	○	−	○	+
dsgl., ABS-Polymerisat	+	○	−	○	○	+	+	⊖	−	−	−	−	−	+	−	○	+
Polyvinylcarbazol	+	⊕	○	+	+	+	+	+	+	+	+	−	−	○	−	+	+
Polyvinylchlorid hart	+	⊕	⊕	⊕	○	+	+	+	−	−	−	⊖	−	⊖	⊖	+	+
dsgl. mit ca. 40% Weichmacher	+	⊕	−	−	○	+	+	○	−	−	−	⊖	−	⊖	○	○	+
Polytetrafluoräthylen	+	+	+	+	+	+	+	+	+	+	+	+	+	+	+	+	+
Polytrifluorchloräthylen	+	+	⊕	+	+	+	+	+	+	+	+	○	⊕	+	+	+	+
Vulkanfiber	○	−	−	−	−	−	−	+	+	+	+	+	⊕	+	+	+	+
Vulkollan	+	○	−	−	−	○	⊕	+	−	−	⊕	−	⊖	+	+	+	+

Bild 116 Schematische Übersicht der Chemikalienbeständigkeit bekannter Kunststoffe (bei 20°C).

11.3. Chemische Beständigkeit von Kunststoffen

Anders ist das, wenn sie neben exakten Angaben der Beanspruchungsbedingungen, insbesondere von Beanspruchungsdauer und -Temperatur auch solche über das Ausmaß der jeweiligen Schädigung bestimmter mechanischer oder elektrischer Eigenschaften enthalten, dann umfassen sie aber wegen des Aufwandes für die vielen Prüfungen weniger Schadstoffe.

Für die qualitativen Beständigkeitslisten wichtiger Kunststoffe werden Kunststoff-Proben (meist $50 \times 50 \times 2$ mm) bis mindestens 30 Tage in einer großen Anzahl reiner Chemikalien, Lösungsmittel und Lösungen, technischer Bedarfsgüter und Drogen, Pharmaka und Kosmetika, Nahrungs- und Genußmitteln gelagert und die Gewichts- oder Volumenänderungen im Laufe der Lagerung messend verfolgt. Wenn diese – zuweilen schon nach kurzer Lagerzeit – so groß sind, daß die Gebrauchstauglichkeit des Kunststoffs für die jeweils in Betracht kommenden Anwendungszwecke, wie chemische Apparate, Rohrleitungen, Packmittel, Haushaltsgeräte, Arbeitstischplatten, ernstlich beeinträchtigt wird, so besagt die daraus folgende Beurteilung eines Kunststoffes als „nichtbeständig" eindeutig, daß er für den jeweiligen Anwendungszweck nicht in Betracht zu ziehen ist.

Ist ein Kunststoff der Einwirkung bestimmter Stoffe nur gelegentlich ausgesetzt oder nimmt man, wie das z. B. im chemischen Apparatebau der Fall sein kann, mangels einer technisch besseren, wirtschaftlich vertretbaren Lösung eine begrenzte Lebensdauer des Erzeugnisses in Kauf, so ist die Verwendung als „bedingt beständig" bezeichneter Kunststoffe nicht von vornherein auszuschließen. Ist ein Kunststoff als „beständig" angegeben, so braucht sich der Anwender bei bloßer Berührung des Kunststoffs mit dem Fremdstoff ohne zusätzliche Beanspruchungen kaum Sorgen zu machen.

Der beträchtliche Schatz an Erfahrungen über die Einwirkung eines Angriffsmittels auf bestimmte Gebrauchseigenschaften eines Kunststoffes unter bestimmten erschwerten Beanspruchungen, der bei den Lieferwerken vorliegt, kann durch umfangreiche listenmäßige Aufstellungen, die notwendigerweise verallgemeinern, nicht erfaßt werden. Deren Bedeutung und Grenzen werden durch die Einleitung zu den genormten Beständigkeitslisten DIN 16929 für PVC und DIN 16934 für Polyäthylen sehr gut charakterisiert. Es heißt da wörtlich:

> Die in dieser Tabelle enthaltenen Angaben resultieren aus Versuchen und praktischen Erfahrungen. Sie dienen zur ersten Orientierung über die chemische Beständigkeit des Werkstoffs (nicht über eine mögliche Beeinflussung des Angriffsmittels) und sind nicht ohne weiteres auf alle Betriebsverhältnisse übertragbar, so daß es notwendig ist, im Einzelfall beim Lieferwerk Auskunft einzuholen. Liegen die genannten Angriffsmittel nicht in reinem, sondern in verunreinigtem Zustand oder in Mischungen vor, so ist über das Verhalten der Erzeugnisse ebenfalls beim Lieferwerk Auskunft einzuholen.

Mit Bezug auf Polyäthylen werden diese Ausführungen noch durch folgenden Satz ergänzt:

> Bei Spannungszuständen und gleichzeitiger Anwesenheit von Flüssigkeiten wie Seifenlösungen, Reinigungsmitteln, Ölen usw. kann die mechanische Festigkeit gemindert werden (Spannungsrißbildung).

Diese Einflüsse, die etwas völlig Neues, aber für Kunststoffe Typisches sind, werden im folgenden Abschnitt behandelt.

11.4. Spannungseinflüsse auf die Beständigkeit

Physikalische und chemische Wechselwirkungen überlagern sich bei der Einwirkung von Chemikalien auf Kunststofferzeugnisse unter der Wirkung von äußeren oder Eigenspannungen. An Kunststoffrohrleitungen aus Polyolefinen ist festgestellt worden, daß deren Zeitstandfestigkeit unter Druck durch leicht anquellende Lösungs- und Netzmittel und durch oxidierende Stoffe vermindert wird, durch andere Stoffe aber auch erhöht werden kann (Bild 117). Das wird bei der Berechnung von Rohrleitungen berücksichtigt. Bei drucklosen Leitungen treten diese Einflüsse nicht auf.

Bei Kunststoff-Formteilen, die innere Spannungen enthalten, wird die Ausbildung von Spannungsrissen gefördert, wenn sie mit Netzmitteln oder hinsichtlich der „normalen" chemischen Beständigkeit harmlosen Flüssigkeiten oder Gasen in Berührung stehen. Man nennt diese Erscheinung – nicht ganz zutreffend – auch Spannungskorrosion. Qualitativ ist sie so erklärbar, daß Moleküle, die in die Grenzfläche eindiffundieren, deren Gefüge auflockern und so innere Spannungen auslösen. Da sich aber für das Auftreten von Spannungsrissen keine allgemeinen Regeln angeben lassen, bleibt nichts anderes übrig, als vor der Anwendung eines Kunststoffes für einen bestimmten Fall praxisnahe Versuche durchzuführen. Das ist umsomehr notwendig, als es sich bei technischen Chemikalien sehr oft um Mischungen verschiedener Substanzen handelt, deren kombinierte Wirkung anders als die der reinen Komponenten sein kann.

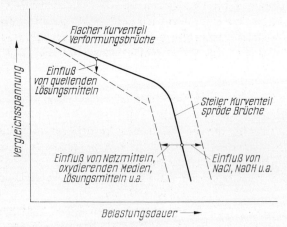

Bild 117 Einfluß verschiedener Medien auf die Zeitstandfestigkeit von Hart-Polyäthylen (Polyäthylen hoher Dichte) – (nach Gaube)

Abgesehen davon, daß man die Spannungsrißanfälligkeit von Thermoplasten teilweise im Rahmen ihrer chemischen Konstitution zu verbessern sucht, wäre es nicht richtig, von vornherein alle Stoffe auszuschließen, die eine gewisse Neigung zur Spannungsrißbildung zeigen. Entscheidend ist es, die Spannungsrißbildung unter Kontrolle zu bekommen und alles zu tun, was geeignet ist, innere Spannungen in den betreffenden Kunststoffteilen zu vermeiden oder abzubauen, denn diese sind es, die letztenendes zum Bruch führen.

Um die Tendenz eines Materials zur Spannungsrißbildung zu erkennen und einzustufen, wurde von der Bell Telephone Company in USA ein Test eingeführt, der als Bell Telephone Test bekannt ist. Er ist in der ASTM-Vorschrift D 1693 (Environmental stress cracking of ethylene) verankert. Er bezieht sich allerdings nur auf Polyäthylen. Dabei werden zehn Probeplatten 1,5 × 0,5 × 0,125 inch (= etwa 38 × 13 mm Fläche × 3 mm Dicke) zunächst in der Mitte mit einer Rasierklinge gekerbt, dann um 180° gebogen und unter Spannung in eine U-förmige Rahmenleiste eingeklemmt. Der Rahmen mit den Proben wird in ein mit Igepal – einem Netzmittel – gefülltes Rohr eingesetzt. Nachdem die Proben bei einer Temperatur von 50 °C 48 Stunden lang in der Flüssigkeit unter Spannung gehalten wurden, wird nachgesehen, ob sich Risse an der Oberfläche der Prüfkörper zeigen: wenn die Hälfte der Proben Risse aufweist, gilt das Material als verworfen; es hat den Test nicht bestanden.

In vereinfachter aber nicht sehr zuverlässiger Form kann man den Test auch so durchführen, daß man die Prüfkörper von Hand biegt, sie in ein Reagenzglas steckt, dieses dann mit Igepal füllt und nach geraumer Zeit nachsieht, ob sich Risse zeigen oder nicht.

Inzwischen wurde mit dem DIN-Entwurf 53449 ein Verfahren empfohlen, mit dem man die Spannungsrißanfälligkeit auf physikalische Weise feststellen kann[14]). Danach werden Materialproben aus Polystyrol zunächst mit Bohrlöchern versehen. In die Löcher werden stramm passende Stahlkugeln unter Spannung eingedrückt; dann werden die Proben entweder in Testflüssigkeiten oder überhaupt bloß an der Luft gelagert. Je nach der Durchmesserdifferenz zwischen Bohrung und Kugel kann man verschieden hohe Spannungen erzeugen. Man beobachtet, ob und wann Risse entstehen. Nachdem sich herausgestellt hat, daß die Rißbildung bei einer solchen Beanspruchung, die vorzugsweise mechanischer Natur ist, sehr ähnlich abläuft wie bei der normalen Beanspruchung, die vorzugsweise chemischer Natur ist – nur sehr viel schneller! –, ist hier ein Weg vorgezeichnet, die Spannungsrißanfälligkeit eines Material einigermaßen einfach vorauszubestimmen.

11.5. Chemische Wirkungen energiereicher Strahlen

Der Bau von Reaktoren und der Einsatz von strahlendem Material für medizinische und wissenschaftliche Zwecke hat es mit sich gebracht, daß man in jüngster Zeit Kunststoffe auch unter dem Gesichtspunkt prüft, wie sie sich bei Strahlenbelastung verhalten. Wollte man sie im Bereich energiereicher Strahlen verwenden, wäre eine ausreichende Beständigkeit erforderlich. Inwieweit ist das bei Kunststoffen der Fall?

Unter energiereichen Strahlen versteht man sowohl elektromagnetische Strahlung (Röntgen- und Gamma-Strahlen) als auch Korpuskel-Strahlung (Elektronen, Protonen, α-Teilchen, Neutronen), die in Kernreaktoren auftreten oder in Teilchenbeschleunigern erzeugt werden.

Während bei der Einwirkung energiearmer Strahlen (Infrarot, sichtbares Licht, UV-Licht) auf Kunststoffe nur selektive Absorption auftritt (das heißt: nur bestimmte Atomanordnungen in den Molekülen können Strahlen bestimmter Wellenlänge absorbieren), sind die vorgenannten Strahlen so energiereich, daß sie an allen Stellen der Makromoleküle Veränderungen hervorrufen können. Dabei ist die Wirkung aller dieser Strahlenarten grundsätzlich die gleiche: Durch die Absorption werden in den bestrahlten Stoffen An-

---

[14]) „Der Kugeltest als Verfahren zur Bestimmung der Spannungsrißanfälligkeit von Thermoplasten" von E. Buchholz und J. Pohrt, „Kunststoffe", 1965 Heft 4.

regungs- und Ionisationsvorgänge ausgelöst, als deren Folge hauptsächlich freie Radikale mit großer Reaktionsfähigkeit auftreten. Die dadurch induzierten Eigenschaftsänderungen sind überwiegend auf folgende Mechanismen zurückzuführen: Vernetzung der Makromoleküle, Abbau von Polymerketten, Bildung niedermolekularer, zum Teil gasförmiger Produkte und Reaktionen mit Sauerstoff.

Vernetzung und Abbau treten meistens gleichzeitig auf. Bei vielen Kunststoffen überwiegt jedoch einer der beiden Vorgänge, so daß für die Eigenschaftsänderungen entweder Abbau oder Vernetzung verantwortlich ist. Von nicht zu übersehender Bedeutung sind aber auch Umwelteinflüsse; es ist z. B. nicht gleichgültig, ob die Bestrahlung bei erhöhter Temperatur bzw. ob sie in Luft oder unter Luftausschluß erfolgt. Molekularer Sauerstoff reagiert nämlich sehr leicht mit den entstehenden Makro-Radikalen, so daß bei Anwesenheit von Sauerstoff der Reaktionsmechanismus anders ablaufen kann als bei Abwesenheit von Sauerstoff. Natürlich spielt dabei auch Dicke und Form der bestrahlten Proben eine Rolle, denn bei dünnen Proben kann der Luftsauerstoff schon in kurzer Zeit die ganze Probe durchdringen.

Polymere mit quaternären Kohlenstoffatomen zeigen bei der Bestrahlung bevorzugt Abbaureaktionen mit entsprechenden Eigenschaftsverschlechterungen. Hierzu gehören u. a. Polyisobutylen, Polytetrafluoräthylen, Polyvinylidenchlorid, Poly-α-methylstyrol, Polymethylmethacrylat und Zellulosederivate.

Zu den durch Bestrahlung bevorzugt vernetzenden Kunststoffen gehören u. a. Polyäthylen, Polypropylen, Polyamide, ungesättigte Polyester, Polystyrol, Durch die Vernetzung erhalten die Polymere mehr oder weniger elastische Eigenschaften; ihre Löslichkeit bzw. ihr Quellvermögen wird herabgesetzt, die Wärmeformbeständigkeit erhöht. (Daher die in der Praxis gelegentlich angewendete Strahlenvernetzung von Kabelummandelungen oder Verpackungsbehältern aus Polyäthylen). Dies gilt im allgemeinen jedoch nur für eine Bestrahlungsdosis von maximal $10^6 - 10^7$ rad.

(Dosis = pro Mengeneinheit des bestrahlten Materials absorbierte Energie. – Dosiseinheit = 1 rad; 1 rad entspricht 100 erg absorbierter Strahlenenergie pro g Materie (bzw. 0,01 Joule pro kg). Dieses Maß gilt für alle Strahlenarten und ist unabhängig von den Eigenschaften des bestrahlten Materials.)

Höhere Strahlungsdosen erzeugen in den meisten Fällen so starke chemische Umwandlungen, daß die physikalischen Eigenschaften völlig verändert und die Kunststoffe sogar zerstört werden können.

Als Maß der Schädigung eines Kunststoffes wird zuweilen die 25%-Schadendosis angegeben. Darunter wird die Dosis verstanden, nach deren Einwirkung sich mindestens eine physikalische Eigenschaft um 25% ihres ursprünglichen Wertes verschlechtert hat. Um einen qualitativen Vergleich zu ermöglichen, sind nachstehend einige Beispiele für diese 25%-Schadendosis verschiedener Kunststoffe genannt:

Polystyrol	$> 4 \cdot 10^9$ rad
Phenolharz mit Asbestfüllung	$4 \cdot 10^9$ rad
Polyäthylen	10^8 rad
Polyvinylchlorid	10^8 rad
Poly-α-methylstyrol	$4 \cdot 10^7$ rad
Celluloseacetat	$2 \cdot 10^7$ rad
Polymethylmethacrylat	10^7 rad
Polytetrafluoräthylen	$4 \cdot 10^4$ rad

11.5. Chemische Wirkungen energiereicher Strahlen

Als besonders strahlenbeständig sind also Polystyrol und Phenolharze einzustufen. Dies wird auf die zahlreichen in den Makromolekülen enthaltenen Benzolringe zurückgeführt. Diese sog. „Resonanzkonfiguration" hat die Fähigkeit, Strahlungsenergie aufzunehmen, ohne daß es zur Zerstörung der chemischen Bindungen kommt. Polymere, deren Struktur von solchen Resonanzgruppen (zu denen beispielsweise auch konjugierte Doppelbindungen zählen) beherrscht wird, benötigen also hohe Strahlungsdosen, um deutliche Änderungen ihrer Eigenschaften zu erfahren. Die Anwesenheit von Chlor- oder Fluoratomen, von Seitengruppen und quaternären C-Atomen setzt die Strahlenbeständigkeit herab. (Ein „quaternäres" C-Atom hat an jedem seiner 4 Valenzen ein anderes Element bzw. eine andere Molekülgruppe).

Berücksichtigt man nun, daß für den Menschen eine aufs ganze Leben berechnete Dauerbestrahlung den maximalen Wert von 200 rad nicht überschreiten darf und die bei einmaliger Ganzkörperbestrahlung tödliche Dosis etwa 600 rad beträgt, so erkennt man, daß beim Einsatz von Kunststoffen in für Menschen zugänglichen Räumen, Laboratorien usw. keine besonderen Überlegungen hinsichtlich ihrer Strahlenbeständigkeit angestellt werden müssen. Deshalb haben sie sich auf allen Gebieten der Atomtechnik eine bedeutsame Stellung erwerben können. Insbesondere bei Maßnahmen des passiven Strahlenschutzes wird ihre glatte, porenfreie, von radioaktiven Verunreinigungen leicht zu säubernde Oberfläche besonders geschätzt.

Für den Einsatz von Kunststoffen im Strahlenfeld von Kernreaktoren, in atomphysikalischen Anlagen und Geräten mit hoher Strahlenbelastung isnd dagegen sorgfältige Untersuchungen der Strahlenbeständigkeit vorzunehmen, wobei auch der Einfluß von Füll- und Zusatzstoffen nicht übersehen werden darf. Auf diese speziellen Gesichtspunkte kann hier nicht näher eingegangen werden und dies umso weniger, als die für einen solchen Einsatz maßgebenden Eigenschaften sehr unterschiedlicher Natur sind und sich bei Bestrahlung weder in gleicher Richtung, noch mit gleicher Geschwindigkeit verändern.

12. Biologisches Verhalten der Kunststoffe

12.1. Kunststoffe in der Medizin

Da die meisten reinen Polymeren in Wasser und in wäßrigen Lösungen, wie sie im Organismus vorliegen, unlöslich sind und von solchen Medien auch chemisch nicht angegriffen werden, lag es nahe, Kunststoffe für medizinische Anwendungen heranzuziehen. In der Tat haben sich Kunststoffe für Leichtprothesen, wenn diese richtig konstruiert sind, vor allem in der Zahnmedizin bestens bewährt. Sehr kritische Auswahl unter biologischen Gesichtspunkten ist erforderlich bei der Kunststoffanwendung als Konstruktionsmaterial für medizinische Apparaturen, durch die Körperflüssigkeiten geleitet werden (z. B. künstliche Nieren) und für Implantate an Stelle schadhafter innerer Organe. Einerseits müssen solche Kunststofferzeugnisse von höchster Reinheit sein, sie dürfen keinerlei nicht vollpolymere Anteile oder Hilfs- und Zusatzstoffe enthalten, die in den Organismus übergehen könnten. Andererseits können auch physiologisch-chemisch indifferente Fremdkörper im Organismus nicht voraussagbare Abstoßungs- oder Koagulierungsreaktionen hervorrufen. Die Prüfung dieser Seite des Verhaltens der Kunststoffe ist Sache der Mediziner. Nach den vorliegenden sehr umfangreichen Untersuchungsergebnissen über die Verträglichkeit von Kunststoffen im Körper ist es höchst unwahrscheinlich, daß Kunststoff-Implantate – wie vor einigen Jahren behauptet wurde – die Bildung krebsartiger Geschwülste anregen könnten. Die Kunststoffanwendung in der Medizin ist ein unentbehrlicher, hoch entwickelter Zweig der medizinischen Technik geworden.

12.2. Kunststoffe und Lebensmittel

Die Frage des Auswanderns nicht polymerer Bestandteile von Kunststofferzeugnissen ist auch die Kernfrage für die Anwendung von Kunststoff-Geräten und Kunststoff-Verpackungen in der Lebensmitteltechnik.
Die in der BRD seit 1958 gültige Fassung des Lebensmittelgesetzes stellt die allgemeine Forderung, daß Pack- und Betriebsmittel, die mit Lebensmitteln in Berührung kommen, keinerlei „verfremdenden", das heißt nicht zu den natürlichen Bestandteilen des Lebensmittels gehörenden Stoff an dieses abgeben dürfen – gleichgültig, ob es sich um geringste Mengen physiologisch indifferenter oder um geschmacklich oder gesundheitlich bedenkliche Substanzen handelt. Diese rigorose Forderung ist ideal nicht realisierbar, das Lebensmittelgesetz sieht deshalb Ausnahmelisten, auch „Positiv-Listen" genannt vor, die den Gehalt von Stoffen begrenzen, die möglicherweise aus einer Kunststoff-Umhüllung oder einem Kunststoff-Behälter sich herauslösen und in das Packgut eindringen. Diese Listen werden von Fachkommissionen des Bundesgesundheitsamtes laufend herausgegeben. Unter dem Titel „Kunststoffe im Lebensmittelverkehr" liegen heute für 42 Kunststoffe und Kunststofferzeugnisse entsprechende verbindliche Empfehlungen für die geringen Restgehalte an Monomeren und genau aufgeführten einzelnen Verarbeitungs-Hilfsstoffen

und für die Weichmacher vor, die als unbedenklich angesehen werden können. Dazu kommen Empfehlungen für die analytischen Methoden, die für den Nachweis so geringer Mengen zum Teil speziell ausgearbeitet werden mußten.

Andere Länder gehen andere Wege. Frankreich und Italien z. B. erlauben grundsätzlich alle Verpackungsarten und stellen in sogenannten Negativ-Listen diejenigen Anwendungen zusammen, die verboten sind. Was nicht verboten ist, ist erlaubt. Nach Auffassung der deutschen Behörden sind dabei die Hersteller nicht genügend in die Verantwortung mit einbezogen. Beide Methoden haben Vorzüge und Nachteile. Im Rahmen des Europäischen Gemeinsamen Marktes (EWG) werden alle Beteiligten mit Rücksicht auf den gesamten Güteraustausch versuchen müssen, einheitliche Vorschriften herauszubringen; für die wichtigsten Kunststoffe und Kunststoff-Verpackungen sollte das wohl auch möglich sein[15]).

In USA gibt die American Food and Drug Administration Positiv-Listen heraus, also Angaben über gewisse Kunststoff-Anwendungen in Verbindung mit Lebensmitteln, die als zulässig zu betrachten sind.

12.3. Kunststoffe und Kleinlebewesen

Kunststoffe, die physiologisch indifferent sind, können – im Gegensatz zu organischen Naturstoffen – weder Nagern oder Insekten, noch Pilzen oder Bakterien als Nahrung dienen; sie verrotten nicht. Das, was an einem Kunststoff allerdings so etwas wie einen Nährboden für Mikroorganismen abgeben könnte, sind gewisse Weichmacher, niedermolekulare Anteile und organische Füllstoffe. Ein Fall wurde z. B. bekannt, wo Kunststoff-Fensterrahmen (Weich-PVC über Stahlrohrkernen) in einer Käserei von Bakterien befallen wurden, was sich durch einen rötlichen Belag (als Folge der Ausscheidungen) unschön bemerkbar machte. Bei näherer Prüfung stellte sich heraus, daß die Bakterien es offenbar nur auf den Weichmacher abgesehn hatten; außerdem ließen sie sich nur an Stellen nieder, die schlecht verschweißt waren.

Wie sich an diesem Beispiel zeigt, spielt also auch die Oberflächenbeschaffenheit eine große Rolle. Merkwürdigerweise können manche Pilzarten sich nur an spiegelglatten Flächen ansetzen, an denen sie sich festsaugen. Andere Pilze und Bakterien siedeln nur auf rauhen und porösen Oberflächen, auf denen sich zunächst Staub oder Faulstoffe ablagern, die dann Feuchtigkeit binden und dadurch die weitere Ablagerung von Staub und Faulstoffen begünstigen. So entsteht ein Nährboden für Mikroorganismen, und in den meisten Fällen enthält der abgelagerte Staub bereits die Keime.

Andererseits sind Kunststoffe auch nicht bakterizid, und es wurden immer wieder Versuche gestartet, sie bakterizid auszurüsten. Desinfizierende Folien oder PVC-Fußbodenbeläge wären in Krankenhäusern vielleicht nützlich. Die Erfolge, von denen berichtet wurde, waren aber nicht überzeugend. Es ist nicht einfach, chemische Zusätze zu finden, welche a) die bei der Verarbeitung der Kunststoffe angewandte Hitze vertragen, b) ihre Wirksamkeit nicht nach etlichen Wochen schon wieder verlieren, und c) nicht ihrerseits „physiologisch bedenklich" wären.

[15]) Auf dem Congrès Français de l'Emballage, Paris, 1964, behandelte A. Rodeyns diese Verhältnisse in einem Vortrag, der auch als Dokumentation vom Institut Français de l'Emballage unter dem Titel „Compatibilité Contenant-Contenu" veröffentlicht worden ist.

Mikrobiologische Versuche mit Kunststoffen sind inzwischen auf internationaler Basis gestartet worden, deren Ergebnis noch aussteht[16]). Dabei geht es allerdings mehr darum, Mikroben ausfindig zu machen, die den Kunststoff abbauen. Manche Leute glauben, auf diese Weise das Problem der Verwertung von Kunststoffabfällen lösen zu können, aber bisher sieht es nicht so aus, als ob hier konkrete Chancen bestehen. Indessen sind solche Überlegungen nicht völlig aus der Luft gegriffen. Man weiß z. B., daß eine Gruppe von Erdpilzen, die als Neocardias bezeichnet werden, tatsächlich imstande ist, Phenol und Kresol in ihren Stoffwechsel einzubeziehen und dadurch abzubauen. Wenn man phenolhaltige Abwässer aus der Kunststoffproduktion mit Kulturen von Neocardias versetzt, so verwandeln diese bei genügender Wärme, lebhaftem Umpumpen und Einblasen von Luft das Phenol, das ein starkes Fischgift ist, verhältnismäßig schnell in harmlose Verbindungen. Nun sind Phenole und Kresole noch keine Kunststoffe, aber es bleibt doch bemerkenswert, daß sie von Mikroben chemisch abgebaut werden können. Eine solche Beobachtung legt die Vermutung nahe, daß Mikroben auch komplizierte Verbindungen „aufknacken", wenn man ihnen nur genügend Zeit läßt.

Berichte aus England, es sei dort Wissenschaftlern bereits gelungen, für jeden Kunststoff die ihm zugehörigen Abbau-Mikroben festzustellen, haben sich als ein Mißverständnis herausgestellt; die dort angestellten Versuche beschränkten sich ausschließlich auf Weichmacher.

Zusammenfassend kann man also sagen, daß Kunststoffe, soweit man es mit polymeren Großmolekülen zu tun hat, einer „mikrobiellen Korrosion" *nicht* unterliegen, daß aber verschiedene Zusätze und auch die Oberflächenbeschaffenheit einen Befall nicht ausschließen. Was dann als zulässig oder bedenklich zu gelten hat, wird man von Fall zu Fall je nach den Erfordernissen der praktischen Anwendung beurteilen.

---

[16]) Der Artikel „Mikrobielle Korrosion von Kunststoffen" von Kühlwein und Demmer, „Kunststoffe" 1967, Heft 3 gibt einen Überblick zu diesem Thema.

13. Sonstige Umwelteinflüsse: Lichtechtheit, Wetterbeständigkeit, Alterungsbeständigkeit

Prüfmethoden

DIN 50010–50019	Klimabeanspruchung
DIN 53388	Bestimmung der Lichtechtheit
DIN 54004	Bestimmung der Lichtechtheit von Färbungen und Drucken mit künstlichem Licht
ASTM D 1435	Practise for Outdoor Weathering of Plastics
ASTM D 1499	Practise for Operating Light and Water-Exposure Apparatus for Exposure of Plastics
ASTM D 795	Practise for accelerated Weathering of Plastics
ASTM D 822	Practise for Operating Light- and Water-Exposure Apparaturs for testing Paint Varnish, Lacquer and related Products
ASTM E 41	Terms relating to Conditioning
ASTM E 42	Operating Light- and Water-Exposure Apparatus for Exposure of Nonmetallic Materials
DIN 50035	Begriffe auf dem Gebiet der Alterung von Materialien.

13.1. Verschiedene Begriffe, Ursachen und Wirkungen

Man kann zwar praktisch feststellen, wie sich innerhalb einer gesetzten Frist – etwa nach Verlauf von 3 oder 5 Jahren – irgendein bestimmter Kunststoff bei Belichtung und Bewitterung durch ein bestimmtes Klima im Freien verhält. Dabei kommen aber viele Faktoren zusammen, die in ihrer Wirkung sich nicht nur addieren, sondern – „synergistisch" – verstärken können. Um diese Einflüsse der Laboratoriums-Prüfung zugänglich zu machen, muß man zunächst einmal versuchen, sie begrifflich auseinanderzuhalten. Folgende Komplexe lassen sich einigermaßen gut umschreiben:

a) *Lichtechtheit:* Verfärbung durch Einwirkung von Licht bei unterschiedlicher Luftfeuchte. Ob die Verfärbung sich als Vergilbung oder ein Ausbleichen, evtl. auch als Bräunung äußert, ist dabei gleichgültig. Die *Lichtbeständigkeit* fragt darüberhinaus nach etwaigen Änderungen der physikalisch-mechanischen Eigenschaften durch Einwirkung von Licht bei unterschiedlicher Luftfeuchte.

b) *Wetterbeständigkeit:* Änderung der physikalisch-mechanischen Eigenschaften einschließlich des chemischen Aufbaus durch Einwirkung von Licht, Luftfeuchte, Regen, Temperaturwechsel und sonstiger atmosphärischer Einflüsse.
Betrachtet man aus diesem Komplex nur die Verfärbung durch Einwirkung von Licht, Luftfeuchte und Regen, so spricht man auch von *Wetterechtheit*.
Bei der *Tropenfestigkeit* handelt es sich um nichts anderes als um die Wetterbeständigkeit unter den erschwerenden Verhältnissen in den Tropen. Der Einfluß von Bakterien ist aber mit zu betrachten; ebenso die Möglichkeit einer Schädigung durch Nager (Termiten). Die Wetterbeständigkeit ist der auf Gebrauch im Freien bezogene Sonderfall der allgemeinen Lichtbeständigkeit.

c) *Alterungsbeständigkeit:* Gesamtheit aller im Laufe der Zeit in einem Material unter bestimmten Beanspruchungsbedingungen ablaufenden chemischen und physikalischen Vorgänge.

Die Existenz zahlreicher Prüfmethoden spricht von der Bedeutung, die man den Umwelteinflüssen beimißt, und von der Mühe, mit der man versucht, das Ausmaß und die Umstände der Veränderungen zu fixieren und zu registrieren. Die Schwierigkeiten, speziell hinsichtlich der Wetterbeständigkeit, liegen in der Vielzahl der Wirkungsgrößen: Wäre es das Licht allein – und Licht ist sicher der erste und wichtigste Faktor –, dann könnte man Prüfbedingungen noch verhältnismäßig leicht festlegen. Nun läßt sich aber schon im Labor das Entstehen von zusätzlicher Wärme kaum vermeiden, geschweige denn in der freien Natur. Niederschläge und Luftfeuchtigkeit können Wasseraufnahme und damit Quellung zur Folge haben. Kommen dann im Wechsel Frost oder Austrocknung hinzu, ist eine Lockerung des Gefüges unter Rißbildung in Betracht zu ziehen. Auch die mechanische Wirkung von Niederschlägen, besonders bei starken Regen- und Hagelfällen oder Schneelasten darf man nicht unterschätzen. Das gleiche gilt für die Wechsellastbeanspruchung durch den Winddruck. Die wechselnden klimatischen und mechanischen Beanspruchungen können eine allgemeine Ermüdung und Sprödigkeit des Materials bewirken. Wasser und Eis setzen in an sich noch feinen Rissen die Lockerung des Gefüges fort.

UV-Strahlen können Oxydation durch Luftsauerstoff aktivieren und beschleunigen. Weichmacher oder niedermolekulare Anteile können sich im Laufe der Zeit verflüchtigen, Stabilisatoren verbraucht werden.

Befinden sich Verunreinigungen wie z. B. Staub oder beizende Abgase in der Luft, sind Erosions- und Korrosionsangriffe zu erwarten. Es ist ein geringer Trost, daß Staub- und Schmutzablagerungen auch als Schutzschicht wirken können, indem sie Licht- und UV-Strahlung absorbieren und eine Wärmeisolation bilden.

Die Umwelteinflüsse sind orts- und zeitbedingt, und je nach Klimazone muß man mit erheblichen Schwankungen der einzelnen Faktoren rechnen.

Es wäre verkehrt anzunehmen, Kunststoffe wären in Bezug auf ihr Verhalten unter den verschiedenen klimatischen Beanspruchungen noch nicht hinreichend erprobt. Nach zum Teil jahrzehntelangen praktischen Erprobungen und aufgrund ausgedehnter Vergleichsprüfungen weiß man heute tatsächlich recht gut, welche Kunststoffe in welcher speziellen Zusammensetzung hinreichende Lebensdauer beim Einsatz im Freien in verschiedenen Klimaten haben und welche für Außengebrauch nicht geeignet sind – und dafür auch gar nicht empfohlen werden. Zusätzlich hat die Industrie gerade in den letzten Jahren noch viel getan, die Lichtechtheit, Wetterbeständigkeit und auch die Alterungsbeständigkeit der Kunststoffe zu sichern.

Ein heikler Punkt in der Witterungsstabilität sind Verarbeitungsfehler, wie thermische Schädigungen des Materials durch eine überhitzte Verformung oder starke eingefrorene Spannungen. Solche Fehler – das zeigt die Erfahrung – setzen die Lichtechtheit und die Wetterbeständigkeit, ja auch ganz allgemein die Alterungsbeständigkeit erheblich herab.

Im übrigen ging es bei der Diskussion der möglichen Angriffsarten und der möglichen Schäden darum, Verständnis für das Problem ihrer Prüfung zu wecken. Welches Kriterium soll denn nun für die Witterungsbeständigkeit eines Kunststoffes maßgebend sein? Soll die sichtbare Veränderung der Farbe oder die rissig gewordene Oberfläche entscheidend sein? Wäre nicht der Abfall der mechanischen Festigkeit unter einen bestimmten Wert wichtiger? Soll dann mit Belastung oder ohne Belastung geprüft werden? Wann wären Maßveränderungen als Kriterium anzusehen? usw. Es genügt, diese Dinge anzudeuten, um klar zu machen, daß die praktische Erfahrung nicht zu ersetzen ist. Der Laboratoriumsprüfung am ehesten zugänglich ist die Lichtechtheit.

13.2. Lichtbeständigkeit und Wetterbeständigkeit

13.2.1. Veränderungen des Kunststoffes

Die Energie der sichtbaren Wellen des Sonnenlichtes ist nicht stark genug, um einen Abbau von Kunsstoffen herbeizuführen. Gefährlich ist die Strahlungsenergie des ultravioletten Wellenbereiches. Dieser kurzwellige Teil der Sonnenstrahlung wird in der Elektronenhülle der Moleküle unter photochemischer Reaktion absorbiert. Die durch „Photolyse" bewirkten Reaktionen sind im Ergebnis ähnlich denen, die rein thermisch ausgelöst werden, aber sie verlaufen qualitativ etwas anders, und eine Erwärmung braucht nicht immer damit verbunden zu sein.

Wellen großer Länge – und damit ist der Infra-Rot-Bereich der Lichtstrahlung angesprochen – erhöhen die Schwingungsenergie der Moleküle; sie verstärken also die Brown'sche Bewegung, und das bedeutet Erwärmung. Sobald die einem Kunststoff zugeführte Energie größer ist als die Bindungsenergie der Moleküle, kommt es zu chemischen Reaktionen und zu irreversiblen Strukturveränderungen.

Weichmacher, Stabilisatoren oder sonstige Zusätze, auch niedermolekulare Anteile können sensibler reagieren als der eigentliche, auspolymerisierte Kunststoff.

Bei allen Lichteinwirkungen spielt Feuchtigkeit eine verstärkende oder abschwächende Rolle, sie muß bei Belichtungsversuchen als Parameter einbezogen werden.

Belichtungsschädigungen und Wärmeschädigungen stehen in engem Zusammenhang. Proben, die vor der Belichtung einer Wärmebeanspruchung unterzogen werden, haben eine geringere Lichtstabilität als nicht beanspruchte Proben, und belichtete Proben haben eine schlechtere Wärmestabilität als unbelichtete.

13.2.2. Lichtstabilisatoren

Jede Art der thermischen Stabilisierung leistet – nach dem Vorgesagten ist das verständlich – einen Beitrag zu erhöhter Licht- und Witterungsbeständigkeit.

Spezielle Lichtstabilisatoren müssen vor allem eine gute Absorption im UV-Bereich besitzen, um die kurzwellige Strahlungsenergie in langwellige Strahlung umzuwandeln, die sich dann zwar als Erwärmung zeigt, aber – solange sie nicht einen bestimmten Betrag übersteigt – unschädlich ist.

Als ein fast idealer Licht-Stabilisator, speziell für Polyolefine, hat sich Ruß erwiesen. Er gewährt schon in Mengen von 1–2% einen zuverlässigen und lang anhaltenden Lichtschutz. Ruß absorbiert in einer relativ dünnen Oberflächenzone die gesamte Strahlung einschließlich der UV-Strahlen, gegen die er selbst stabil ist, und verhindert so die Anregung photolytischer Reaktionen. Sein Einsatz wird nur durch die Schwarzfärbung der mit ihm versehenen Produkte beschränkt.

Das weiße Titandioxyd reflektiert die sichtbare und infrarote Strahlung und absorbiert nur die ultraviolette. Daher tritt hier, im Gegensatz zur Stabilisierung mit Ruß, nur eine unwesentliche Erwärmung ein, aber dank der Ultraviolett-Absorption ist die Schutzwirkung von TiO_2 z. B. in Folien im Vergleich zu unpigmentierten beträchtlich. Allerdings haben nicht alle TiO_2-Typen eine gleich gute Wirkung.

Lichtstabilisatoren – auch Absorber genannt – binden UV-Energie im Innern eines Kunststoffes chemisch oder verwandeln sie in Wärme und machen sie dadurch unschädlich. Es gibt eine ganze Reihe von Lichtstabilisatoren – je nach den verschiedenen Kunststoffen. Am bekanntesten sind Stabilisatoren auf Basis von Blei, Zinn und Barium-Cadmium, die sich vor allem bei PVC bewährt haben; sie werden allerdings primär als thermische Stabilisatoren eingesetzt, sind aber im weiteren Sinn auch ein Schutz gegen UV-Strahlen. Wie sehr die verschiedenen Vorgänge ineinander greifen, sei an einem Beispiel kurz erläutert: Für PVC-Fensterrahmen sind dunkle Farben nicht zu empfehlen, weil sie zu sehr die Wärme speichern. Das hat drei Nachteile: eine Erweichung des Materials, eine höhere Wärmedehnung, und eine chemische Gefährdung der Stabilisierung. An diesem Beispiel zeigt sich auch, daß die Lichtbeständigkeit ein Teil des größeren Komplexes der Wetterbeständigkeit sein kann. Die Laborprüfungen, die im nächsten Kapitel besprochen werden, greifen daher über die Lichtechtheit und Lichtbeständigkeit hinaus. Es werden möglichst alle Einflüsse einer freien Bewitterung nachgeahmt.

13.3. Licht- und Wetterbeständigkeits-Prüfungen

13.3.1. *Labor-Prüfungen*

Die bekannten Methoden und Prüfgeräte, die zur Verwendung im Labor bestimmt sind, sind entweder zur Prüfung der reinen Lichtbeständigkeit oder zur Nachahmung auch der Witterungseinflüsse eingerichtet. Dabei sollen sie eine beschleunigte Alterung hervorrufen, denn um eine praktisch brauchbare Aussage eines Materials zu erhalten, muß die Prüfung eine Zeitraffung gestatten. Dafür ist eine Vielzahl unterschiedlicher Geräte entwickelt worden.

Der zuerst eingeschlagene Weg mit Strahlungsquellen, die nur im UV-Bereich emittieren, führte nicht zum Erfolg. Deshalb besitzen die gebräuchlichsten der heute eingesetzten Belichtungsgeräte Strahler, deren spektrale Energieverteilung weitgehend der des Sonnenlichts angepaßt ist.

Am weitesten verbreitet sind das *Fadeometer* und das *Weatherometer* – beides Geräte der Atlas Electric Devices Co., Chicago – und das *Xenotest-Gerät* der Quarzlampengesellschaft, Hanau (Bild 118 und 119). In der prinzipiellen Arbeitsweise sind alle drei Geräte ähnlich: Die auf einer Trommel bzw. auf einem Karussell befestigten Proben drehen sich um die im Zentrum angebrachte Strahlungsquelle, die aus Kohlebogen oder Xenonhochdruckbrennern besteht. Das Kohlebogenlicht entspricht allerdings nur sehr entfernt dem Sonnenlicht, es sei denn, daß teure Spezial-Kohlen benutzt werden. Die Strahlung des Xenonbrenners ließ sich durch Einsatz entsprechender Filterkombinationen dem Sonnenlicht weitgehend anpassen. Während das Fadeometer der reinen Belichtung dient, können in den beiden anderen Geräten nach Wunsch noch verschiedene Witterungseinflüsse nachgeahmt werden. Sie bestehen in einer Variation der Luftfeuchtigkeit, einer direkten Beregnung der Probenoberfläche, Variation der Temperatur bis zur Einstellung von Minustemperaturen und schließlich – bei den neuesten Weatherometer-Modellen – in

13.3. Licht- und Wetterbeständigkeits-Prüfungen

Veränderungen der Atmosphäre. Außerdem besteht noch die Möglichkeit, den Tag-Nacht-Rhythmus durch eine Blende oder durch einen Wendelauf nachzuahmen, bei dem die Probenhalter nach jeder Umdrehung um 180° gedreht werden.

Die Temperatur im Probenraum und auf der Probenoberfläche ist, wenn keine Zwangstemperierung erfolgt, von der Raumtemperatur bzw. von der Einfärbung der Probe abhängig. Deshalb muß auf gute Konstanz der Temperatur, die meist mit einem sog. „black-panel" am Probenhalter gemessen wird, geachtet werden. Unterschiedliche Strahlungsquellen bedingen unterschiedliche Schädigung, aber auch bei gleichen Lampen sind Streuungen der Intensität nicht zu vermeiden. Dazu kommen Verschmutzung und Alterung der Filtergläser. Schließlich altern auch die Xenonbrenner; sie besitzen nur eine beschränkte Lebensdauer, und selbst innerhalb dieser Betriebszeiten ist nach etwa 1500 Stunden ein Intensitätsabfall um etwa 20–25% zu verzeichnen, der für die verschiedensten Spektralbereiche unterschiedlich ist. Auch die Intensitätsverteilung auf dem Probenträger ist nicht gleichmäßig, da ja keine punktförmigen Strahlungsquellen zur Verfügung stehen, diese vielmehr eine relativ große räumliche Ausdehnung haben.

Trotz all dieser Versuche, den Ablauf der natürlichen Witterungsgegebenheiten möglichst getreu nachzuahmen, liefern die beschleunigenden Prüfverfahren keine völlig exakt mit der Freibewitterung übereinstimmende Ergebnisse und selbst bei Belichtungen im selben Gerät sind die Ergebnisse zu unterschiedlichen Zeiten nicht einheitlich.

Ihr großer Vorteil besteht in ihrem Dauereinsatz und in der Reproduzierbarkeit der Versuche. Mit den geschilderten Geräten kann man in einem Jahr eine Gesamtbelichtung erreichen, die derjenigen von rund 5000 Sonnenstunden entspricht, während bei der natürlichen Bewitterung maximal etwa 1500 Sonnenstunden erreicht werden. 24 Stunden Prüfung im Xenontest bei Wendelauf entspricht demnach etwa einer Belichtung in der Natur von 10 Tagen und 10 Nächten im Jahresdurchschnitt. Will man bei solchen Prüfungen nur die Verfärbung bestimmen, so wird die Lichtmenge vorzugsweise an Hand des Lichtechtheitsmaßstab der Deutschen Echtheits-Kommission (DEK) gemessen, der zwar ursprünglich für Textilien entwickelt wurde, aber auch bei Kunststoffen anwendbar ist. Man nennt ihn auch *Blaumaßstab*, denn er besteht aus acht verschiedenen blauen Typfärbungen auf Wolle, die in ihrer Lichtechtheit so abgestuft sind, daß Typ 1 die schlechteste und Typ 8 die beste Lichtechtheit besitzen. Von diesen acht verschieden eingefärbten Wollstoffproben weiß man genau, welche Menge Licht sie vertragen, ehe sie verblassen. (Kleine Mappen mit Blaumaßstabproben kann man vom Beuth-Vertrieb, Köln und Berlin, sowie von den Normen-Organisationen anderer Länder beziehen.) Die Prüfung geht nun so vor sich, daß jeweils ein Blaumaßstab mit ein oder mehreren Streifen des zu prüfenden Materials von je 20 × 100 mm Fläche in einen Rahmen eingespannt und dann gemeinsam in dem Apparat belichtet werden. Man muß bloß beobachten, wie der Reihe nach die Blauflächen verblassen: erst die Stufe 1, dann 2, 3, usw. – die Zeit spielt dabei eine untergeordnete Rolle. Wenn das zu prüfende Gegenstück *vor* dem Umschlagen einer Blaustufe sich verändert, so hat es nur die darunter liegende Lichtechtheitsstufe. Verblaßt es langsamer, d.h. erst nach dem Umschlag der Vergleichsprobe, dann ist damit festgestellt, daß es die betreffende Stufe erreicht hat. – Allgemeine Farbechtheits-Normen enthält das DIN-Taschenbuch 16 (1966). Die DIN 54004 beschreibt diese Lichtechtheitsmaßstäbe.

Wenn die Unterschiede in den verblichenen Farbnuancen schwach sind, gibt es als Hilfsmittel einen zusätzlichen Graumaßstab, der an verschiedenen Grautönen fünf Grade von

230   13. Sonstige Umwelteinflüsse: Lichtechtheit, Wetterbeständigkeit, Alterungsbeständigkeit

Bild 118   Xenotest-Gerät für Belichtungsprüfungen

Bild 119   Detailansicht der in einem Xenotest-Gerät eingesetzten Proben

13.3. Licht- und Wetterbeständigkeits-Prüfungen

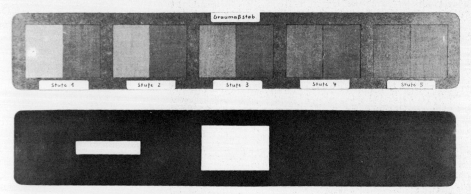

Bild 120   Graumaßstab und Abdeckschablone

Farbdifferenzen exemplarisch darstellt und den Vergleich erleichtern soll (Bild 120). Der Unterschied der Stufe 3 gilt als deutliches Zeichen der Farbveränderung. Bei der Prüfung und Belichtung werden Blaumaßstab und Proben der Länge nach zur Hälfte abgedeckt; wenn die Abdeckung nach der Belichtung entfernt wird, lassen sich nämlich Abweichungen im Ton besser erkennen. – Die Handhabung des Graumaßstabes ist in DIN 54001 beschrieben.

Ein anderer, als „Actinometer" bekannter Blaumaßstab, der sich ebenfalls im Textilsektor bewährt hat, ist zur Prüfung von Kunststoffen nur bedingt brauchbar; er muß nämlich wegen seiner Feuchtigkeitsempfindlichkeit vor direkter Feuchtigkeitseinwirkung geschützt und deshalb mit Glas abgedeckt werden.

Die Lichtechtheit von Kunststoffen liegt nach dem Blaumaßstab, im Labor gemessen, fast durchweg in der Größenordnung der Stufe 6 bis 7; manche Produkte erreichen sogar die höchste Stufe 8. Bei pigmentierten Kunststoffen erfaßt man damit zunächst, ähnlich wie bei der Prüfung gefärbter Textilien, für die das Verfahren ja zuerst entwickelt worden ist, die Lichtechtheit der Pigmente. Kommt es, insbesondere bei unpigmentierten Kunststoffen und bei Prüfungen, die den Bewitterungszyklus einbeziehen, zu stärkeren Verfärbungen, so müssen die Farbvergleiche für Aussagen über Licht- und Witterungs-Beständigkeit ergänzt werden durch exakte Prüfungen des Abfalls bestimmter mechanischer oder elektrischer Eigenschaftswerte oder auch von chemischen Veränderungen in Abhängigkeit von Dauer und Intensität der Beanspruchung. Das sind dann freilich recht aufwendige Untersuchungsprogramme.

13.3.2.   Freie Bewitterung

Von den Ergebnissen der Labortests allein auf das Verhalten in freier Bewitterung zu schließen, ist nicht unbedenklich. Man sollte immer nur relative Vergleiche anstellen zu Materialien, deren Verhalten im Außeneinsatz über möglichst lange Zeiten bekannt ist. Zur zuverlässigen Beurteilung der Licht- und Witterungsbeständigkeit ist es unerläßlich, Versuche in freier Bewitterung durchzuführen und laufend Beobachtungen zu registrieren. Darüber vergehen zwar Jahre, und die Intensität und spektrale Energieverteilung der Globalstrahlung ist standort-bedingten, tages- und jahreszeitlichen sowie atmosphärischen Schwankungen unterworfen. Immerhin wirken die langen Zeiträume ausgleichend.

In DIN 50010–50019 sind die wichtigsten der von Einsatzort zu Einsatzort verschiedenen Klimata festgelegt, aber dabei geht es im wesentlichen darum, einheitliche Grundlagen für die im Labor nachgeahmten Prüfklimata zu erstellen.

Proben für Freibewitterung werden entweder mit einer bestimmten Schrägstellung, die der geographischen Breite der Prüfstation entspricht z. B. unter 45° gen Süden (bzw. auf der südlichen Halbkugel gen Norden) angeordnet. In letzter Zeit wurden auch Versuche eingeleitet, bei denen die Proben ständig so der Sonne nachgeführt werden, daß die Sonnenstrahlung immer senkrecht einfällt.

Eine Auswertung, wie groß die damit erreichte Beschleunigung der Alterung ist, liegt noch nicht vor. Die gleichzeitige Belichtung eines Vergleichsmaßstabes bzw. Actinometers ist auch hier zu empfehlen. Übrigens beeinflussen die Konstruktion und der Standort des Prüfgestelles das Ergebnis. Es ist ein Unterschied, ob die Proben mit der Rückseite auf einer Holz- oder Metall-Unterlage, oder frei angebracht sind; und wenn sie frei angebracht sind, dann macht sich sogar die Beschaffenheit des Untergrundes bemerkbar, der sandig, felsig, unbewachsen oder bewachsen, trocken oder feucht, kalt oder warm sein kann.

Die fortlaufende Kontrolle der mechanischen und elektrischen Eigenschaften des Materials ermöglicht eine sicherere Beurteilung als die Beurteilung der Verlichtungs- und Verwitterungserscheinungen nur an Hand optisch sichtbarer Veränderungen der Farbe und der Oberfläche.

Fast alle Hersteller von Kunststoff-Rohstoffen führen laufend Bewitterungsversuche durch. In den wichtigsten südlichen Klimazonen übernehmen unabhängig arbeitende Institute die Überwachung geeigneter Materialproben. Solche Stationen bestehen z. B. in Südfrankreich, Marrakesch, Florida, Arizona und Singapor (Bild 121). Der laufende Vergleich der hier gewonnenen Ergebnisse mit denen der im Labor durchgeführten Bewitterungsprüfungen hat die Sicherheit von Voraussagen für den praktischen Einsatz sehr erhöht.

Bei Vergleichsversuchen in verschiedenen Klimazonen hat sich gezeigt, daß stärkste Schädigung im tropischen Klima erfolgt, eine einjährige Prüfung dort entspricht ungefähr zwei bis dreijähriger Bewitterung im gemäßigten mitteleuropäischen Klima. Das berechtigt zu dem Schluß, daß ein Material, das sich dort beispielsweise fünf Jahre lang einigermaßen bewährt, im mitteleuropäischen Klima etwa zehn Jahre lang brauchbar ist.

13.3.3. *Tropenfestigkeit*

Wenn die Verwendungsmöglichkeit der Kunststoffe in den Tropen selbst geprüft werden soll, dann wird zuweilen nach ihrer Tropenfestigkeit gefragt. Der Begriff „Tropenfestigkeit" ist ähnlich wie die Witterungsbeständigkeit eine Kombination von Eigenschaften: Sie umfaßt die Forderung nach höherer Lichtbeständigkeit, Wärmebeständigkeit, Feuchtigkeitsbeständigkeit, fragt aber auch, wie die Stoffe auf Schimmelpilze und Termiten reagieren. Richtiger wäre, gar nicht von Tropenfestigkeit zu sprechen, sondern lediglich von einem Verhalten der Kunststoffe bei tropischen Beanspruchungen. Dabei müssen allerdings ein feuchtwarmes und ein trocken-warmes Klima unterschieden werden. Im feuchtwarmen Klima liegt die Temperaturbeanspruchung zwischen +17 und +35 bis +45 °C (wie z. B. in Brasilien); die Luft ist sehr feucht; vor allen Dingen nachts steigt die relative Feuchtigkeit bemerkenswert hoch – bis zu 75 %!. In dem trockenen Tropenklima,

13.3. Licht- und Wetterbeständigkeits-Prüfungen

Bild 121   Bewitterungs-Prüfstation in Singapore (Chem. Werke Hüls)

z. B. in der Sahara ist die Temperaturdifferenz größer, nämlich zwischen +3 und +60 °C, aber die Luft ist ausgesprochen trocken und bleibt auch nachts trocken.
Kunststoffe haben sich in den Tropen relativ gut verhalten. Ihre Licht- und Wärmebeständigkeit ist zwar keineswegs ideal, aber im Vergleich zu gewissen Metallen, die schnell korrodieren, und organischen Werkstoffen, die verfaulen, behalten sie über einen viel längeren Zeitraum ihren Gebrauchswert. Kritisch wird es allerdings fast immer, wenn organische Füllstoffe – also Papier, Holz oder Gewebe – mit verarbeitet sind. Auf alle Fälle muß man die besonderen Beanspruchungen in der Art der Anwendung oder Lagerung berücksichtigen. Man hat schon beobachtet, daß sich in einer eng verpackten Kiste ein heißes und feuchtes „Mikro-Klima" von verheerender Wirkung bildet, wogegen bei freier Belüftung und hinreichendem Schatten keine Schäden entstehen.
Bei feuchter Wärme entwickeln sich Schimmelpilze. Sie sind für den Einsatz der Kunststoffe in den Tropen ein Problem. Wenn sie auch Kunststoffe meist nicht unmittelbar angreifen und zerstören, beeinträchtigen sie die guten Gebrauchseigenschaften der Kunststoffe allein schon durch bloßes Einnisten erheblich.
Termiten, von denen es viele Arten gibt, fressen aller bisherigen Erfahrung nach offenbar keinen Kunststoff, zernagen aber fast jeden, wenn er ihnen im Wege ist.

13.4. Alterung und Lebensdauer von Kunststofferzeugnissen

Über Alterung und Alterungsbeständigkeit von Werkstoffen sind sehr vage Vorstellungen in Umlauf. Die Anfang 1970 herausgekommene DIN 50035 E versucht, zunächst einmal die „Grundbegriffe auf dem Gebiet der Alterung von Materialien" klarzustellen. Danach ist unter Alterung die „Gesamtheit aller im Laufe der Zeit in einem Material irreversibel ablaufenden chemischen und physikalischen Vorgänge" zu verstehen, und zwar vorwiegend im Sinne einer Verschlechterung der Gebrauchseigenschaften. Getrennt von den Alterungsvorgängen, die letztenendes fast immer auf Änderungen im Molekulargefüge hinauslaufen, wird die Frage nach den Alterungsursachen gestellt, die man in „innere" und „äußere" Ursachen unterteilt. Über die Aufzählung erläuternder Beispiele kommt der Norm-Entwurf allerdings nicht hinaus – ein Zeichen dafür, wie kompliziert das Problem ist. So, wie Lebewesen je nach innerer Konstitution und dem „Stress" ihrer äußeren Lebensbedingungen unterschiedlich rasch altern und Angaben über die durchschnittliche Lebensdauer für versicherungsmathematische Berechnungen allenfalls erst aus der statistischen Auswertung umfangreicher Gruppenuntersuchungen gewonnen werden können, ist auch jeder Fall einer Werkstoffanwendung in seinem Ablauf zunächst individuell. Erst aufgrund umfangreicher Erfahrungen und Prüfungen des Werkstoffverhaltens unter gleichartigen Bedingungen kann man gruppenmäßig auswertbare quantitative Langzeit-Aussagen machen.

Wenn man die inneren Ursachen normalen Alterns von Kunststoffen betrachten will, so muß man Produkte, die mit Herstellungsfehlern behaftet sind und eine labile chemische Konstitution oder übermäßige innere Spannungen haben, von vornherein ausscheiden. Herstellungsfehler sind Gründe berechtigter Reklamationen. Ganz auszuschließen sind sie bei keiner Fertigung. In der Anfangszeit der Kunststoffentwicklung mögen solche Fehler, wie bei jedem jungen Werkstoff, häufiger als sonst aufgetreten sein. Heute werden Kunststoffe in allen Phasen der Herstellung und Verarbeitung mit ausgefeilten Methoden geprüft, so daß Herstellungsfehler als normale Erscheinung frühzeitigen Alterns eigentlich ausgeschlossen sein sollten.

Die Lebensdauer ordnungsgemäß hergestellter Kunststoffprodukte, die keinem übermäßigen äußeren Stress unterworfen sind, ist nach ihrer chemischen Konstitution und nach den Erfahrungen der Praxis sehr hoch anzusetzen. Als Museumsstücke kann man gelegentlich Kunststoffartikel sehen, die zum Teil noch aus dem vorigen Jahrhundert stammen und immer noch einwandfrei erscheinen. „Bakelite"-Installationsmaterial aus Baekelands Zeiten, Rohre und Fußbodenbeläge aus den ersten Polymerisationsprodukten der 30er Jahre sind in Einzelfällen heute noch in Benutzung. Von Bauabdichtungen mit verrottungs- und korrosionsfesten Kunststoffen erwartet man mit Recht, daß sie mindestens die gleiche Lebensdauer wie das Bauwerk haben. Bei sorgfältig hergestellten Erzeugnissen für längeren Gebrauch – z.B. solchen mit dem Gütezeichen des Qualitätsverbands Kunststofferzeugnisse (s. S. 57) – ist neben der „Vernutzung" durch äußere Einflüsse, die in einem gesunden Verhältnis zum Preis der Erzeugnisse steht, eine auf „inneren" Ursachen beruhende Alterung praktisch nicht vorhanden. Vielmehr besteht heute eher das gegenteilige Problem, wie man mit den zählebigen Kunststofferzeugnissen fertig wird, wenn sie ausgedient haben und zum Müll geworfen werden.

Wie komplex das Zusammenwirken äußerer Alterungsursachen in Bereichen relativ hoher Beanspruchung sein kann, ist in den vorhergehenden Abschnitten am Beispiel der

13.4. Alterung und Lebensdauer von Kunststofferzeugnissen

Umwelteinflüsse auf Kunststofferzeugnisse, die der Witterung ausgesetzt sind, eingehend dargelegt worden. Die Werkstoff-Ingenieure und -Konstrukteure bekommen solche Anwendungsgebiete in den Griff, indem sie einerseits für bestimmte wesentliche Werkstoffeigenschaften „Schadensgrenzen" festlegen, oberhalb derer nach Abwägung aller Umstände die Gebrauchstauglichkeit des Bauteils bei bestimmungsgemäßer Anwendung nicht beeinträchtigt wird, andererseits nach den Ergebnissen von Langzeitmessungen beispielsweise des statischen oder dynamischen Festigkeitsverhaltens die „Lebensdauer" des Bauteils, d.h. die durchschnittliche Zeit bis zum Abfall der gewählten Werte bis zur Schadensgrenze berechnen. Chemische und thermische Einflüsse, gestaltbedingte Schwächungen des Bauteils und solche durch Verbindungselemente oder Schweißstellen, Kerbwirkungen und dergleichen werden durch die aus der Erfahrung gewonnenen Abminderungsfaktoren berücksichtigt, und ein Sicherheitsbeiwert in der Rechnung gewährleistet, daß die berechnete Lebensdauer auch im ungünstigsten Falle erreicht, praktisch meist weit überschritten wird. In diesem Zusammenhang sei nochmal an die Zeitstandprüfung von Kunststoffrohren erinnert, für die man eine 50jährige Lebensdauer berechnen und normgemäß festlegen konnte.

Für die meisten in der Technik gebrauchten Kunststoffe liegen hinreichend Ergebnisse von Langzeitprüfungen für die Berechnung der Lebensdauer bis zur jeweils zulässigen Schadensgrenze vor. Dabei braucht man nicht zu ermitteln, welche irreversiblen chemischen und physikalischen Vorgänge im einzelnen die Verschlechterung der Gebrauchseigenschaften bei Langzeitbeanspruchung, d.h. die Alterung des Werkstoffs bewirken. Die Erforschung der Ursachen der Alterung ist allerdings eine Voraussetzung und Aufgabe für die Weiterentwicklung von Kunststoffen zu noch höherer dauerhafter Gebrauchstüchtigkeit unter erschwerten Anwendungsbedingungen, die ständig im Gange ist.

14. Schlußwort

Wer sich mit den bei Kunststoffen üblichen Prüfmethoden und Kenngrößen auch nur oberflächlich befaßt, wird sehr bald davon überzeugt sein, daß es sich hier wirklich um eine besondere Werkstoffgruppe handelt, die man nicht ohne weiteres mit anderen herkömmlichen Werkstoffen, insbesondere nicht mit Metallen vergleichen kann. Wenn heutzutage die Kunststoffe trotzdem in vielen Fällen eingesetzt werden, wo man früher einen anderen Werkstoff benutzte, so ist das ein Beweis für ihre Vorzüge – und wären es auch nur Vorzüge einer rationelleren Verarbeitung! Kunststoffe können viele Vorzüge für sich in Anspruch nehmen:

> Kunststoffe haben ein geringes Gewicht;
> sie haben ein gutes Dämpfungsverhalten;
> sie gewährleisten geringe Schwingungsübertragung;
> sie sind ausgezeichnete thermische und elektrische Isolatoren;
> sie bieten hohe Korrosionsbeständigkeit gegenüber Chemikalien;
> sie sind leicht einfärbbar;
> in manchen Anwendungsfällen sind Durchsichtigkeit und Transparenz sehr geschätzt, die zwar nicht alle, aber doch viele Kunststoffe von Natur aus haben;
> außerdem bieten sie viele Möglichkeiten der Verarbeitung und schließlich darf man die günstigen Preise der Kunststoff-Rohstoffe nicht übersehen, die bei den niedrigen Dichten erst recht zu Buch schlagen.

Die Nachteile, die sozusagen auf die Passivseite der Bilanz zu setzen wären, sollen nicht verniedlicht werden:

> Kunststoffe haben keine allzu große Festigkeit und ihr E-Modul ist für konstruktive Anwendungen nicht immer ausreichend;
> die mechanischen Eigenschaften sind temperaturabhängig;
> sie haben eine hohe Wärmedehnung;
> der Einsatzbereich in der Wärme ist beschränkt;
> die Oberflächenhärte dürfte für manche Anwendungen besser sein;
> von chemisch verwandten organischen Verbindungen können sie angequollen oder sogar angelöst werden.

In diesen Punkten sind die Metalle den Kunststoffen überlegen. Und daraus folgt, daß Kunststoffe und Metalle wie dazu geschaffen sind, einander zu ergänzen.
Eine „Einführung in die Materialkunde der Kunststoffe" wäre keine Einführung, wenn sie alle Momente und alle Prüfmethoden behandeln wollte. Sie muß das Wichtigste herausstellen und den Ausblick frei machen für die Aufgaben, die auf diesem großen und interessanten Gebiet bestehen. Die zusätzlichen Prüfungen, die sich für bestimmte Produkte und für bestimmte Anwendungen ergeben, erscheinen vor dem Hintergrund dieser allgemeinen Erläuterungen als weiterer Fortschritt. Auch wird man aus der Einsicht, daß in mancher Hinsicht die Prüfmethoden und ihre Vergleichsmöglichkeiten nicht voll befriedigen, nicht das bisher Geschaffene ablehnen, sondern vielmehr Verständnis bekommen für die Bemühungen, die von den Fachleuten auf diesem Gebiet gemacht werden.

14. Schlußwort

Nirgendwo begegnen sich Wissenschaft und Praxis, Erzeugung und Anwendung in so idealer Weise wie in der Werkstoffkunde.

Die Welt der Kunststoffe eröffnet sich nur demjenigen, der mit einem guten Schuß Begeisterung, mit Fleiß und Ausdauer sie zu durchdringen sucht. Nur wer sich hierzu entschließen kann, wird auch an den großen wirtschaftlichen Erfolgen teilnehmen, die last not least am deutlichsten zugunsten der Kunststoffe sprechen.

P.S. Für Anregungen, Ergänzungen, Berichtigungen – es ist undenkbar, daß bei einer solchen Arbeit sich keine Fehler oder Ungenauigkeiten einschleichen – ist der Verfasser dankbar. Briefe bitte zu richten an den Verlag oder an W. Laeis, 5 Köln 51, Marienburgerstraße 32.

Anhang

Literaturverzeichnis

Literaturhinweise

Zahlreiche Aufsätze in Fachzeitschriften wurden bei dieser Werkstoffkunde der Kunststoffe berücksichtigt; einige davon sind im Text bzw. in Fußnoten erwähnt. Sie alle in einem Literaturverzeichnis anzugeben, würde zu weit führen und brächte dem Leser kaum Gewinn, zumal derartige Veröffentlichungen laufend fortgeführt, zum Teil halt auch überholt werden. Es wird daher auf Quellenangaben verzichtet. Wohl aber dürfte es nützlich sein, die wichtigsten Zeitschriften und Buchveröffentlichungen in folgender Liste aufzuführen. (Weitergehende Angaben macht das „Kunststoff-Taschenbuch" in seiner 18. Ausgabe).

Die im Verzeichnis häufig erscheinenden Verlage sind wie folgt abgekürzt:

Hanser   Carl Hanser Verlag, München
Springer   Springer Verlag, Berlin–Heidelberg–New York
VDI   VDI-Verlag GmbH, Düsseldorf
Zechner   Zechner u. Hüthig Verlag, Speyer.

Allgemeine Kunststoff-Kunde

Fachzeitschriften

Kunststoffe, Hanser, derzeit 61. Jahrgang. – Organ deutscher Kunststoff-Fachverbände, bringt neben Originalaufsätzen und Berichterstattung aus allen Kunststoffbereichen u. a. Vorträge der Kunststofftagungen im Wortlaut, DIN-Normen(-Entwürfe).
Kunststoff-Rundschau, Verlag Brunke Garrels, Hamburg, derzeit 18. Jahrgang. – Fach- und Wirtschaftsblatt für die Kunststoff-Industrie mit Sonderteil „Verstärkte Kunststoffe" und Datensammlung „Lexikartei".
Der Plastverarbeiter, Zechner, derzeit 22. Jahrgang. – Betriebserfahrungen bei der Verarbeitung, Gestaltung und Anwendung von Kunststoffen.
Kunststoff-Berater, Umschau Verlag, Frankfurt, derzeit 16. Jahrgang. – Fachzeitschrift für die Fortschritte in der Anwendung und Verarbeitung synthetischer Stoffe und Fasern, mit Beilage „Kunststoff-Praktikum" über handwerkliche Verfahren.
„Kunststofftechnik" kt international, Krausskopf-Verlag, Mainz, derzeit 9. Jahrgang. – Unabhängige Zeitschrift für die Herstellung, Verarbeitung und Anwendung von Kunststoff und Kautschuk.
Plasticonstruction (Bauen mit Kunststoffen, Plastics in Building, Plastiques et Construction) Hanser, derzeit 1. Jahrgang.

Gesamtdarstellungen in Buchform

Kunststoff-Taschenbuch von Saechtling-Zebrowski, Hanser, 18. Ausgabe 1971 – Gesamtdarstellung und Nachschlagewerk, Tabellen, Verzeichnis aller Markennamen, Verzeichnis der Kunststoff-Normen
Chemie und Technologie der Kunststoffe, AVG Leipzig, 4. Auflage 1963. – Sammelwerk in 4 Einzelbänden, Herausgeber R. Houwink und A. J. Staverman, zahlreiche Mitarbeiter.
G. Schulz, Die Kunststoffe, Hanser, 2. Auflage 1964. – Eine Einführung in ihre Chemie und Technologie.
J. Hausen, Wir bauen eine Neue Welt, Safari Verlag, Berlin 1957.
J. Hausen und *W. Oelkers*, Kunststoffe – kein Geheimnis mehr, Gentner Verlag, Stuttgart 1968.
J. Schurz, Kunststoffpraxis für Jedermann, Francckh'sche Verlagshandlung, Stuttgart 1963.
W. Oelkers, Welcher Kunststoff ist das? Franckh'sche Verlagshandlung, Stuttgart, 2. Auflage 1962.
K. Hamann, *W. Funke* und *K. Nollen*, Chemie der Kunststoffe, Sammlung Göschen Bd. 1173/1173a, 2. Auflage 1967.

J. Becke, Leichtverständliche Einführung in die Kunststoffchemie, Hanser, 2. Auflage 1971.
BASF, Kunststoff-Physik im Gespräch, 2. Auflage 1968.
G. Menges, Werkstoffkunde der Kunststoffe, Sammlung Göschen Bd. 3002, 1970.
C. M. von Meysenbug, Kunststoffkunde für Ingenieure, Hanser, 3. Auflage 1968.
W. Hellerich, Kunststoffe, Eigenschaften und Prüfung, Franckh'sche Verlagshandlung, Stuttgart 1968.
Einführung in die Chemie und Technologie der Kunststoffe von R. Runge; Akademie-Verlag, Berlin.
E. Wandeberg, Kunststoffe – ihre Verwendung in Industrie und Technik, Springer Verlag, Berlin, Göttingen, Heidelberg 1959.
G. F. Kinney, Eigenschaften und Anwendung von Kunststoffen, Berliner Union, Stuttgart 1961.
Morris Kaufmann, Riesenmoleküle, Deutsche Verlags-Anstalt, Stuttgart 1970.
Erich V. Schmid, Ins Innere von Kunststoffen, Kunstharzen und Kautschuken, Verlag Birkhäuser, Basel 1949.
H. Domininghaus, Werkstoffe aus der Retorte, Umschau Verlag, Frankfurt 1969.
H. Domininghaus, Kunststoff-Fibel, Zechner, 2. Auflage 1970.
H. Domininghaus, Kunststoffe I und II, VDI-Taschenbuch T7 und T8, VDI 1969.
R. Biederbeck, Kunststoffe kurz und bündig, Vogel-Verlag, Würzburg, 2. Auflage 1970.
B. Vollmert, Grundriß der makromolekularen Chemie, Springer 1963.
H. Batzer, Einführung in die makromolekulare Chemie, Hüthig, 2. Auflage in Vorbereitung.
D. Braun, *H. Cherdron* und *W. Kern*, Praktikum der makromolekularen organischen Chemie, Hüthig, Heidelberg 1966.
E. Behr, Hochtemperaturbeständige Kunststoffe, Hanser 1969.
K. A. Wolf, Struktur und physikalisches Verhalten der Kunststoffe, Springer 1962.
H. A. Stuart u. a., Die Physik der Hochpolymeren, Handbuch in 4 Bänden, Springer 1953 bis 1957.
H. A. Stuart, Alterung und Korrosion von Kunststoffen, Verlag Chemie, Weinheim 1967.
R. S. Lenk, Rheologie der Kunststoffe, Hanser 1971.
O. Plajer, Praktische Rheologie für Kunststoff-Schmelzen, Zechner 1971.

Einzelne Kunststoffe

Polyolefine, Kunststoff-Handbuch Bd. IV, Hanser 1969 (Herausgeber R. Vieweg u. A. Schley).
H. Hagen und *H. Domininghaus*, Polyäthylen und andere Polyolefine, Brunke Garrels, Hamburg, 2. Auflage 1961.
Polystrol, Kunststoff-Handbuch Bd. V, Hanser 1969 (Herausgeber R. Vieweg und G. Daumiller).
Polyvinylchlorid, Kunststoff-Handbuch, Bd. II in zwei Teilbänden, herausgegeben von K. Krekeler und G. Wick, Hanser 1963.
H. Krainer, Polyvinylchlorid und Mischpolymerisate, Springer 1965.
Rauch-Puntigam, *T. Völker*, Acryl- und Methacrylverbindungen, Springer 1967.
Polyamide, Kunststoff-Handbuch, Bd. VI, herausgegeben von R. Vieweg und A. Müller, Hanser 1965.
Abgewandelte Naturstoffe, Kunststoff-Handbuch, Bd. III, herausgegeben von R. Vieweg und E. Becker, Hanser 1965.
Polyurethane, Kunststoff-Handbuch Bd. VII, hersgegeben von R. Vieweg und A. Höchtlen, Hanser 1966.
Duroplaste, Kunststoff-Handbuch Bd. X, herausgegeben von R. Vieweg und E. Becker, Hanser 1967.
W. Beyer und *H. Schaab*, Glasfaserverstärkte Kunststoffe, Hanser, 4. Auflage 1969.
W. Laue, Glasfaserverstärkte Polyester und andere Duromere, Zechner, 2. Auflage 1969.
'*H. Haferkamp*, Glasfaserverstärkte Kunststoffe, VDI-Taschenbuch T17, VDI 1970.
H. Götze, Schaumkunststoffe, Verlag Straßenbau, Chemie und Technik, Heidelberg 1964.
D. Homann, Kunststoff-Schaumstoffe, Hanser 1966.
H. L. von Cube und *Pohl*, Technologie des schäumbaren Polystyrols, Hüthig, Heidelberg 1965.
H. L. von Cube, Technologie der Polyurethanschäume, Hüthig, Heidelberg 1967.
H. Domininghaus, Kunststoffe und Verfahren für die Herstellung geschäumter Formteile, VDI-Taschenbuch T13, VDI 1969.
E. Neufert, Styropor-Handbuch, Bauverlag GmbH, Wiesbaden 1964

Verarbeitungsverfahren

H. Domininghaus, Fortschrittliche Extrudertechnik, VDI-Taschenbuch T 14, VDI 1970.
H. R. Jacobi, Grundlagen der Extrudertechnik, Hanser 1960.
G. Schenkel, Kunststo-Extrudertechnik, Hanser 1963.
W. Mink, Grundzüge der Extrudertechnik, Zechner 1965.
H. Draeger und *W. Woebcken*, Pressen und Spritzpressen, Hanser, 2. Auflage 1960.
W. Bauer, Technik der Preßmassevererbeitung, Hanser 1964.
M. G. Munns, Spritzgußmaschinen, Krausskopf Verlag, Mainz 1965.
H. Beck, Spritzgießen, Hanser, 2. Auflage 1964.
W. Mink, Grundzüge der Spritztechnik, Zechner 4. Auflage 1971.
BASF, Kunststoffverarbeitung im Gespräch, Spritzguß 1969.
M. E. Laeis, Der Spritzguß thermoplastischer Massen Hanser, 2. Auflage 1959.
K. Stoeckhert, Formenbau für die Kunststoffverarbeitung, 2. Auflage 1969.
A. Thiel, Grundzüge der Vakuumverformung, Zechner 3. Auflage 1967.
W. A. Neitzert, Vakuumformung von thermoplastischen Kunststoff-Folien, Zechner, 2. Auflage 1967.
A. Höger, Warmformen von Kunststoffen, Hanser 1971.
W. Neitzert, Preßluftformung von thermoplastischen Kunststoff-Folien, Zechner 1963.
W. A. Neitzert, Schweißen und Heißsiegeln von Kunststoff-Folien, Zechner 1964.
G. F. Abele, HF-Schweißtechnik, Zechner 1966.
U. Becker, HF-Schweißen von Folien, Hanser 1967.
H. Zickel, Das spanabhebende Bearbeiten der Kunststoffe, 2. Auflage 1963.
G. Kühne, Bedrucken von Kunststoffen, Hanser 1967.
H. Wiegand, Metallische Überzüge auf Kunststoffen, Hanser 1965.
G. Müller, Galvanisieren von Kunststoffen, Leuze-Verlag, Saulgau 1966.
H. Domininghaus, Dekorieren von Kunststoff-Formteilen, VDI-Taschenbuch T 16, VDI 1970.
G. Schreyer, Konstruieren mit Kunststoffen, Hanser 1971.
R. Taprogge, Konstruieren mit Kunststoffen – Eigenschaften, Gestaltung, Festigkeitsrechnungen, VDI-Taschenbuch T 21, VDI 1971.
VDI-Handbuch Kunststofftechnik, (Sammlung von VDI-Richtlinien), VDI.
Salhofer/Thomass, Kunststoff-Verarbeitung kurz und bündig, Vogel-Verlag, Würzburg 1967.

Tafeln, Tabellen, Nachschlagewerke

H. Orth, Der Aufbau der Kunststoffe, Hanser, 3. Auflage 1959.
Hj. Saechtling, Die Herkunft der Kunststoffe, Hanser, 3. Auflage 1963. – 4 Tafeln zum Handgebrauch in Mappe mit Erläuterungen und Register.
B. Carlowitz, Kunststofftabellen, F. Schiffmann Verlag, Bensberg 1963.
B. Carlowitz, Tabellarische Übersicht über die Prüfung von Kunststoffen, Umschau-Verlag, Frankfurt 1968.
K. Stoeckhert, Kunststoff-Lexikon, Hanser 5. Auflage in Vorbereitung.
A. M. Wittfoht, Kunststofftechnisches Wörterbuch, Hanser ab 1961. – 6 Bände Englisch, Französisch, Spanisch, Deutsch und umgekehrt mit fachlichen Erläuterungen.
A. M. Wittfoht, Kleines Kunststoff-Wörterbuch: Maschinen und Verfahren (sechssprachig), Hanser 1963.
A. Schwabe, Bauen mit Kunststoffen (Baustoffe, Bauteile, Handelsnamen, Firmenregister) Vincentz Verlag, Hannover 2. Auflage 1970.
Kunststoff-Verzeichnis, Anwendung im Bauwesen, im Auftrag des Bundesministeriums für Wohnungswesen und Städtebau, Bauverlag Wiesbaden und Berlin, 1. Auflage 1968, 2. Auflage in Vorbereitung.

Normung, Prüfung, Bestimmung von Kunststoffen

DIN-Taschenbuch 18
Materialprüfungen für Kunststoffe, Kautschuk und Gummi 1971
DIN-Taschenbuch 21
Kunststoffnormen (Materialnormen) 1971
Beuth Vertrieb GmbH, Berlin W 15 und Köln
Ein „Normen-Verzeichnis Kunststoffe" mit Angabe der jeweils gültigen Normen wird ebenfalls vom Beuth Vertrieb jedes Jahr neu herausgegeben.

Hj. Saechtling, Kunststoff-Bestimmungstafel, Hanser, 6. Auflage, 1970.
A. Krause und *A. Lange*, Kunststoff-Bestimmungsmöglichkeiten, Hanser, 2. Auflage 1970
Struktur, physikalisches Verhalten und Prüfungen von Kunststoffen
1. *K. A. Wolf* u.a., Struktur und physikalisches Verhalten,
2. *R. Nitsche* u. *P. Nowack*, Praktische Kunststoffprüfung, Springer 1961/1962.
K. Frank, Prüfungsbuch für Kautschuk und Kunststoffe, Berliner Union, Stuttgart 1967.
R. Wallhäusser, Kunststoffprüfung, Hanser 1966.
R. Wallhäusser, Bewertung von Formteilen aus härtbaren Kunststoff-Formmassen, Hanser 1967.
H. J. Ortmann und *H. J. Mair*, Die Prüfung thermoplastischer Kunststoffe, Hanser 1971.

Biologie, Toxikologie, Lebensmittelverkehr

H. H. M. Haldenwanger, Biologische Zerstörung der makromolekularen Werkstoffe, Springer 1970.
R. Lefaux, Chemie und Toxikologie der Kunststoffe, Krausskopf, Mainz 1966.
R. Franck, Kunststoffe im Lebensmittelverkehr. Empfehlungen der Kunststoffkommission des Bundesgesundheitsamtes, Textausgabe als Loseblattsammlung, C. Heymanns, Berlin.

Lehrmittel

Auskünfte über den Bezug von Lehrmitteln, Lehrbildern, Diapositiven, Unterrichtsfilmen u.a. erteilt die Arbeitsgemeinschaft deutsche Kunststoffindustrie (AKI), Frankfurt am Main, Niddastraße 44.
Kunststoff-Schule, H. Pickardt, Wuppertal, 4. Auflage 1967; Lehrmustersammlung in 15 Mappen und 1 Erläuterungsmappe.
A. Henning und *J. Zöhren*, Lehrbildsammlung Kunststofftechnik der AKI.
1. Teil Kunststoffverarbeitung, Hanser, in Neubearbeitung.
2. Teil Eigenschaften und Anwendung von Kunststoffen, Hanser 1965.
Probensammlung der AKI für Schulversuche, H. Pickardt, Wuppertal 1969.
Hj. Saechtling, Grundlagen der Kunststoffkunde, Werkstattblätter 400/401, Hanser, 3. Ausg. 1971.
R. Flügel, Kunststoffe – Chemie, Physik und Technologie. 32 Versuche in Lose-Blatt-Form mit Einführungsbroschüre, Phywe AG, Göttingen 1963.

Stichwortverzeichnis

Abraser (s. Härteprüfungen) 124
Abrieb 123 ff
Absorber (s. UV-Stabilisatoren) 227, 228
Absorptionskonstante K = Lichtdurchlässigkeit 190
Absorptions-Spektroskopie (s. Infrarot-Spektroskopie) 195 ff
Actinometer 231
Alterung, Alterungsbeständigkeit 226, 234 ff
akustisches Verhalten, Akustik 196 ff
American Food and Drug Administration 223
American Society for Testing Materials (ASTM) 54
amorphe Thermoplaste 21, 27, 133 ff, 141 ff
anisotrop, Anisotropie 34, 52, 159, 191
Antistatica, antistatische Ausrüstung 177, 178
ASTM = American Society for Testing Materials 54
ASTM Normen (Zusammenfassung) 250, 251
Asymptote, asymptotisch 110
a-taktisch 19 ff
Ausdehnung, Ausdehnungskoeffizient (s. Wärmedehnung) 157 ff
aushärten, Aushärtung 23, 26

BAM = Bundesanstalt für Materialprüfung 55
Bauakustik 200 ff
Beständigkeitstabellen 213 ff
Bewitterung (s. Wetterbeständigkeit) 225 ff
biaxial gereckte Folien und Fäden 28
Biegefestigkeit 67 ff, 168
Biegeprüfung von Fußbodenbelägen 68
Biologisches Verhalten der Kunststoffe 222 ff
Blaumaßstab 229
Brandgase 156
Brandschacht 154
Brandverhalten der Kunststoffe 151 ff
Brechung von Lichtstrahlen, Doppelbrechung 189 ff
Brechungsindex 190
Brechungszahl 189 ff
Brennbarkeit 151 ff
Brinell-Härte 118 ff
Bruchdehnung 74 ff
Bruchfestigkeit 74 ff, 89, 92, 115
BS = British Standards 54
Bulk Factor 53

Centipoise 37
Charpy, Schlagprüfung nach Charpy 70 ff
chemische Beständigkeit 212 ff
chemisches Verhalten der Kunststoffe 208 ff
Compound 18 ff
Copolymer 16 ff

Dampfdrucklinien 166, 167
Dampfdurchlässigkeit 208 ff
Dämmung (akustisch) 200 ff
Dämmwert (thermisch) 161
Dämpfung (mechanisch) 87, 93, 139 ff
Dämpfung (akustisch) 200 ff
Dauerknickversuch an Folien 113
Dauerschwingfestigkeit 110 ff
Dauerstandfestigkeit 93 ff, 102
Dauertemperaturverhalten 147
Dauerwärmebeständigkeit 147 ff
dB = Dezibel 198
Deformation s. Druckfestigkeit 115 ff (s. Formänderungsverhalten 94 ff, s. auch Verstreckung)
Deformation (s. Druckfestigkeit, Formänderungsverhalten, Verstreckung) 94 ff
Deformationshärte 117
Deformationsmodul 87, 100
Dehngrenze 79
Dehngrenzkurven 100 ff
Dehnsteifigkeit = E-Modul 84, 91
Dehnung, mechanisch 76 ff
–, thermisch 51, 156 ff
DEK = Deutsche Echtheits-Kommission 229
Dekrement der Dämpfung 87, 139 ff
Dichte 61, 62
Diffusion 208 ff
dielektrischer Verlustfaktor 182 ff
Dielektrizitäts-Konstante 182 ff
Dielektrizitätszahl = Dielektrizitäts-Konstante 183 ff
Dilatometer 159
DIN Normen 54 ff (Zusammenfassung 247 ff)
Dipol, Dipolmoment 182 ff
Dissipation Factor 186
DK = Dielektrizitäts-Konstante 182 ff
Doppelbrechung von Lichtstrahlen 191 ff
Dornbiegeversuch an flexiblen Belägen 67
Drehbarkeit des Kohlenstoffatoms 15
Drehungswinkel des Kohlenstoffatoms 15
Druckfestigkeit 115
Druckhärte 115
Druckverformungsrest 118
Durchgangswiderstand 172 ff
Duromere, Duroplaste 21 ff, 99, 138 ff
Dynamische Langzeitprüfungen 108 ff
Dynstat-Gerät, Dynstat-Schlagbiegeprüfung 70 ff
Dynstat-Probe 57

Eindruckhärten (s. Härteprüfungen) 118 ff
Einfriertemperatur, Einfrierbereiche 50, 133 ff, 168, 192

Stichwortverzeichnis

eingefrorene Spannungen 49 ff, 218
Einreißversuche bei Folien 82 ff
Elaste und Elastomere 21 ff, 136 ff
elastisch
– hart elastisch (metallelastisch, rein elastisch, energieelastisch) 94, 141; gummielastisch 95, 136; viskoelastisch, entropieelastisch 95; (s. Formänderungsverhalten 94 ff, 120)
Elastizitäts-Modul 84 ff, 145
elektrische Eigenschaften 170 ff
–, Durchschlagfestigkeit 178 ff
–, Kriechstromfestigkeit 180 ff
elektrischer Isolationswiderstand 172 ff
Elektrizitätsleitung in Kunststoffen 170
elektrostatische Aufladung 176
Elemente 13
E-Modul (s. Elastizitäts-Modul) 84 ff
Entflammbarkeit 153 ff
Entzündlichkeit 153 ff
energieelastisch 95
entropieelastisch 95
Entspannungsmodul = Kriechmodul 100
Erweichungsbereich 134

Fadeometer 228
Federkennlinie 123
Festigkeitsversuche an metallischen Werkstoffen 77
„Feuerhemmend" und ähnliche Begriffe 155 ff
Fließen (Formänderung) 77, 96 ff
Fließbereiche 133 ff
Fließgesetze, Fließverhalten, Fließkunde 34, 37 ff
Fließgrenze 77, 96 ff
Fließkurven 44 ff
Fließmessungen 41 ff, 48 ff
Fließstrukturen (s. auch Orientierungen) 34, 37 ff
Fließweg, Fließzeit 46
Fließwiderstand 39
Flow Test 33, 46 ff
Fluß, „Kalter Fluß" (s. Kriechen) 96 ff, 102
Folien – Dauerknickversuch 113
– Einreiß- und Weiterreißversuch 82 ff
–, gereckte (monoaxial, biaxial) 28, 83
– Kälteempfindlichkeit 168
– Schrumpffolien 50
Formänderungsverhalten (rein elastisch, viskoelastisch, viskos, plastisch) 94 ff, 120
freie Bewitterung 231 ff
Füllfaktor 53
Füllstoffe 29
Fußbodenbeläge
– Biegeprüfung 68
– Eindruckverhalten 120
– Einwirkung glimmender Zigaretten 155

– elektrisch leitende Beläge 177
– elektrostatische Aufladung 177
– Entzündlichkeit 155
– Fußwärme 163
– Trittschall- und -schutzmaße 203 ff
– Verschleißfestigkeit 124
– Wärmeleitzahl 162 ff
Fußwärme 163

Gasdurchlässigkeit 208 ff
Gebrauchstemperaturen 23, 147
Gewichte 61 ff
–, spezifische (s. Dichte) 61 ff
Glanzmessung, Glanzzahl 189
Glaszustand 133
Gleitreibwerte 126
Gloss = Glanz 189
Glühstab 152
Glutbeständigkeit 152, 155
G-Modul (s. Schubmodul) 84 ff, 139 ff
Graderwert = Schmelz-Index 41 ff
Graumaßstab 231
Grenzbiegespannung 67
Grenztemperaturbereiche 148
Grenzviskosität 41
Gütesicherung, Gütesiegel 56, 57
gummielastisch 23, 49, 95, 136 ff
Gummielastizität 95, 136

Härte, Härteprüfungen 114 ff
Hauptvalenzkräfte 27
Heat Distortion Temperature 145 ff
Hochdruckbrenner (s. Xenonbrenner) 228
Hochdruck-Kapillar-Viskosimeter 42 ff
Homopolymer 18 ff
Hooke'scher Bereich 79, 85, 95
Hysteresis, Hysterese-Schleife 79, 112, 123

Index
– Brechungsindex 190
– Schmelz-Index 41 ff
Infrarot-Spektroskopie 195 ff
innere Spannungen 53
Interferenz von Lichtstrahlen 191 ff
Intrinsic Viscosity 41
irreversible Vorgänge 23
ISO = International Organization for Standardisation 55
ISO R 61 Apparent Density of Moulding Material 33, 53
ISO R 75 Determination of Temperature of Deflection under Load (Heat Distortion Temperature) 143, 145
ISO R 171 Bulk Factor 33, 53
ISO R 178 Flexural Properties of Rigid Plastics 67, 70 ff

ISO R 179 Impact Strength 67
ISO R 180 Izod Impact Flexural Test 67, 72
ISO R 296 Melt Flow Rate of Polyethylene 33
ISO R 1133 Melt Flow Rate of Thermoplastics 33
Isochromate 192 ff
isochrone (= gleichzeitige) Spannungs-Dehnungs-Linien 101
Isokline 192 ff
Isolationswiderstand 170 ff
isotaktisch 20
isotrop und anisotrop 34, 191 ff
Izod, Schlagprüfung nach Izod 70

K-Wert 40 ff
Kalorie, Kilokalorie 158
Kalter Fluß (s. „Kriechen") 97 ff, 102
Kältebeständigkeit 168 ff
Kältebruch 168, 169
Kälteempfindlichkeit von Folien 169
Kapillar-Viskosimeter (s. Viskosimeter) 40 ff
Kennfunktionen 59
Kenngrößen der Verarbeitung 33 ff
Kennzahlen 59
Kerbschlagzähigkeit 71 ff, 168, 169
Kleinlebewesen (Mikroben) 223 ff
Klima, verschiedene Klimata 231 ff
–, Prüfklima 58
Knickversuch 113
Knoop-Härte 119
Kohlenstoff 14 ff
–, quaternär 220, 221
Körperschall 201 ff, 220 ff
Korrosion elektrischer Leitungen durch Kunststoffe 188
Korrosion, mikrobielle 223 ff
–, Spannungsrißkorrosion 218 ff
– von Kunststoffen 212 ff
– von Metallen 212
Kraft-Verformungs-Diagramm 77, 118
Kratzfestigkeit 115, 123 ff
Kriechen, Kriechversuch 97 ff, 99, 102
Kriechmodul 87, 100
Kriechnachgiebigkeit 100
Kriechstromfestigkeit 180
Kristallgitter der Metalle 61
kristalline Thermoplaste 27, 28, 135 ff, 195
Kristallitschmelzpunkt 135
Kugeleindruckhärte 118 ff
Kugelpackung der Metallatome 61
Kugeltest auf Spannungsrißanfälligkeit 219 ff
Kurzzeichen der Kunststoffe 12

laminare Strömung 38
Laminate = Schichtpreßstoffe 29
Langzeitverhalten, Langzeitversuche 93 ff

Längenausdehnung (s. Wärmedehnung) 51, 156 ff
Last-Dehnungs-Diagramm 76
Lastspiel, Lastspielzahl 108
Last-Weg-Diagramm 77
Lautstärke 198 ff
Lebensdauer von Kunststofferzeugnissen 213, 234
Lebensmittel, Kunststoffe und Lebensmittel 222 ff
Lebensmittelgesetz 222
Lichtbeständigkeit 225 ff
Lichtbrechung, Lichtzerstreuung etc. 189 ff
Lichtdurchlässigkeit 189 ff
Lichtechtheit 225 ff
Lichtstabilisatoren 227, 228
lineare Strukturen 21 ff, 133 ff
linear polarisiertes Licht 191
Logarithmisches Dekrement (s. Dämpfung) 139 ff
Loss Factor 186

Makromoleküle 13
Martens-Temperatur 144
Maße 63 ff
Maßhaltigkeit 50 ff, 63 ff
Maß-Toleranzen 50 ff, 63 ff
Medizin, Kunststoffe in der Medizin 222
Memory Effect 49 ff
Metalle
– Eindruckhärten 118 ff
– Elektrizitätsleitung in Metallen 171
– Festigkeitsversuche an Metallen 77, 92
– Gewichte 61
– mechanisches Verhalten 92, 97
– Metall-Elastizität 95
– Korrosion der Metalle 208 ff, 212
– Korrosion elektrischer Leitungen 188
– Kristallgitter der Metalle 61
– Kugelpackung der Metallatome 61
– Prüfung metallischer Werkstoffe nach DIN 50118/19 77, 92
– Schmelze, metallische Schmelzen 34
– spezifische Wärme und -Aufnahme 158
– Wärmeleitfähigkeit 161
Mikrobar 198
Mikroben 223 ff
mikrobielle Korrosion 223 ff
mikroskopische Untersuchungen 194 ff
Mischpolymere, Mischpolymerisat 16 ff, 32
Modul, Deformations-Modul 100
– E-Modul = Elastizitäts-Modul 84 ff
– Entspannungsmodul 100
– G-Modul = Schubmodul 87 ff, 139 ff
– Kriechmodul 87, 100
– Relaxationsmodul 87, 100

Stichwortverzeichnis

- Schubmodul 87 ff, 139 ff
- Tangentialmodul 86
- Torsionsmodul 87 ff, 139 ff

Moleküle, Molekülketten 16 ff, 21 ff
Molekülgemisch 20
Molekülgewicht 15, 34 ff
Molekülgewichtsverteilung 34 ff
Mohs-Härte 115
Monofilamente 28
Monomere 13 ff
monomere Reste 20, 171, 222
Müllvernichtung (s. auch Alterung und Lebensdauer) 156, 224

Nachschwindung 50 ff
Nebenvalenzen, Nebenvalenzkräfte 27, 61, 98, 133
NEMA = National Electrical Manufacturers Association 54
Neocardia (Erdpilz) 224
Newton'sches Fließen 38
Nicht-Newton'sches Fließen 38
Normen, Normprüfungen (s. auch Anhang) 54 ff

Oberflächenhärte 123 ff
Oberflächenwiderstand 172 ff
Orientierung 24 ff, 34
Orientierungsgrad 192
Orientierungsrichtung 192
Orientierungs-Spannungen 49, 192
optische Anwendungen 190
optische Eigenschaften 189

Pendelschlagwerke 70 ff
Permeation 208 ff
Pfropfpolymere 16, 19
Phon 199
Photolyse 227
Pigmente 231
plastisch, plastische Verformung 34, 96
Plastomere 21 ff
Plastometer 42
polare und unpolare Stoffe 182 ff
Polarisationsoptik 191 ff
Polarisator, Polariskop 191 ff
polarisiertes Licht 191 ff
Polyblend 18 ff
Polymere 13 ff
Polymerisationsgrad 14, 15, 34 ff
Proportionalitätsgrenze, Proportionalitätsbereich 78 ff, 85, 95
Proportionalitätskonstante = Reibwert 125
Prüfklima 58

Qualitätsverband, Qualitätszeichen 56, 57
Quellschweißung 215

RAL (ursprünglich *R*eichsausschuß für *L*ieferbedingungen) 57
Reaktionsharze 26, 138
Reckung (s. Verstreckung) 28, 34, 63, 83
Reflexion von Lichtstrahlen 189
Reflexion von Schallwellen 200
Reibung, Reibwerte, Reibungskoeffizient 125 ff
Reißfestigkeit 75 ff, 110
Reißlänge 89, 92
Relaxation, Relaxationsmodul 87, 99 ff, 118
Resonanzkonfiguration 221
Retardation, Retardationsversuch 99
Rheologie 34
Riechstoffe als Zusatz zu Kunststoffen 32
Ritzfestigkeit, Ritzprüfungen (s. Härteprüfungen) 114 ff
Rockwell-Härte 118, 119
Röntgen-Strahlen 178, 195, 219
Rohdichte 61, 63
Rohrprüfungen 103 ff
Rohstoff-Kenngrößen 33 ff
Rückdeformation 49
Rückfederung 49
Rückstellung, Rückstellungsverhalten 102 ff

Sauerstoffdurchlässigkeit 210
Schall, Luftschall, Körperschall 198 ff
Schalldämmung, Schalldämpfung 200
Schallschutzmaßnahmen 203 ff
Schergefälle 37 ff
Schichtpreßstoffe 29, 63, 115, 116, 124, 179, 188, 212
Schimmelpilze 223 ff, 233
Schlagbiegeprüfung 70 ff
Schlagzähigkeit 70 ff, 132, 168
Schlagzugprüfung 74 ff
Schließzeiten bei Preßmassen 48
Schmelzbruch 39
Schmelze, Kunststoffschmelze 39 ff
Schmelz-Index 41 ff
Schmelzviskosimeter 42 ff
Schrumpffolien 50
Schrumpfschläuche 50
Schubspannung, Schubkraft 37 ff
Schubmodul 84 ff, 139 ff, 145
Schüttdichte 53
Schweißfaktor 183
Schwellbereich 109
Schwerentflammbarkeit 153
schwerentflammbar machende Zusätze 155
Schwindung 50
Schwindmaße 50 ff
Schwingfestigkeit, Dauerschwingfestigkeit 110 ff
Schwingung = Vibration 98, 133
Schwund = Schwindung 50
Shore-Härten 121 ff

Spaltlast 116
Spannungen 49 ff, 53, 71, 188 ff
–, eingefrorene 49 ff, 53, 71, 188 ff
Spannungsabfall, Spannungsrelaxation 99
Spannungs-Dehnungs-Diagramme 76 ff, 129
Spannungseinflüsse auf die chem. Beständigkeit 218 ff
Spannungsoptik (s. Polariskop) 191
Spannungsrißkorrosion 218 ff
Spektroskop, Infrarot-Spektroskop 195
spezifische Bruchfestigkeit 76, 92
– Dehn-Steifigkeit 91
– Festigkeit = Reißlänge 89
– Wärme 157 ff
spezifischer Widerstand 170 ff
spezifisches Gewicht = Dichte 61, 62
Spiraltest 45
Sprödbruch 105, 108
Stabilisatoren gegen UV-Strahlen bzw. Licht 227, 228
Stabilisatoren gegen Wärmeschäden 135, 227
Statische Langzeitprüfungen 99 ff
Statistische Molekulargewichtsverteilung 20
Stauchhärte 117 ff
Sterische Hinderung 15
Sterische Konfigurationen 20
Stopfdichte 53
Strahlen, elektromagnetische 255
–, energiereiche 219 ff
– Infrarot-Strahlen 195 ff
– Lichtstrahlen (s. Optische Eigenschaften und sonstige Umwelteinflüsse) 225 ff
– UV-Strahlen 226 ff
– Wärmestrahlen (s. Thermisches Verhalten) 128 ff
Streckgrenze 77, 79
Streckung = Orientierung 36; = Verstreckung 20, 98
Strukturen (s. auch Orientierung) 21, 58
Strukturformeln 15 ff, 25 ff
strukturviskos 38 ff
syndiotaktisch 19 ff

Taber-Abraser (s. Härteprüfungen) 124
taktisch, a-taktisch etc., Taktizität 19 ff
Tangens δ (s. Verlustfaktor tan δ) 184
Tangential-Modul 86
Taupunkt, Taupunktdiagramm 165
teilkristallin (s. kristallin) 27, 28, 135
Temperaturbereiche (s. Wärme) 131 ff
Temperaturkurven 145, 166, 167
Termiten 223, 233
thermische Kenngrößen 156 ff
thermische Stabilisatoren 135, 227
Thermoelaste 21 ff, 136, 143
Thermoplaste, allgemein 21 ff, 98

–, amorphe 27, 133
–, kristalline (teilkristalline) 27, 135
Toleranzen, Maßtoleranzen 63 ff
Torsions-Modul = Schubmodul 87 ff, 139 ff
Torsionsschwingungsversuch 87 ff, 139 ff
toxische Wirkungen 156, 222 ff
Tropen, Tropenfestigkeit
Trübungszahl 190
TSM = Trittschallschutzmaße 204
turbulente Strömung 38, 39
typisierte Massen (Preßmassen) 30 ff, 55 ff

Übergangsbereiche (s. auch Schwindung) 131 ff
Überwachungszeichen 55, 56
Ultraschall-Materialprüfungen 206
Ultraschall-Schweißen 207
Ultraviolette Strahlen (s. U.V.-Strahlen) 224
„unbrennbar" 153 ff
unpolar (s. polar) 182
U-V-Strahlen 219, 226
U-V-Stabilisatoren (Absorber) 226 ff

van der Waals'sche Kräfte (Nebenvalenzen) 27, 61, 98
Valenzen, Hauptvalenzen 15, 27, 61
–, Nebenvalenzen 27, 61, 98, 133
VDE = Verein Deutscher Elektrotechniker 63
VDI = Verein Deutscher Ingenieure 54
VDI-Richtlinien, allgemein 54, 63
–, 2001: Gestaltung von Preßteilen 63
–, 2003: Spanende Bearbeitung von Kunststoffen 54
–, 2006: Gestaltung von Spritzgußteilen 63 ff,
–, 2008: Umformen von Halbzeug aus thermoplastischen Kunststoffen 54, 141
–, 2020: Kunststoff-Werkstoffe 54
–, 2021: Temperatur-Zeit – Verhalten von Kunststoffen 93 ff
–, 2058: Beurteilung und Abwehr von Arbeitslärm 198
–, 2475: Prüfung von Spannungsrißkorrosion 219
Verarbeitungsfehler 193, 223, 226, 235
Verarbeitungs-Kenngrößen 33 ff
Verbesserungsmaß VM (akustisch) 205 ff
Verformungen (s. Formänderungsverhalten) 94 ff
Verlustfaktor, elektrisch (tan δ) 172 ff
–, mechanisch (d) 140
vernetzte Strukturen, Vernetzung 21 ff, 98, 137
Vernetzungsgrad 23
Verschleißfestigkeit 123 ff
verstärkende Mittel, verstärkte Kunststoffe 29 ff, 73
Verstreckung 28, 34, 63, 83

verzweigte Strukturen, verzweigte Moleküle 21 ff, 136 ff
Vibration = Schwingung 98, 133
Vicat-Temperatur 146
Vickers-Härte 118, 119
viskose Formänderung 96
Viskosität, allgemein 33, 37 ff, 40 ff
-, reduzierte 41
-, relative 40
-, spezifische 40 ff
Viskosimeter 40
Viskosimeter, Hochdruck-Kapillar-Viskosimeter 42, 43, 46
Viskositätskurven 47
Viskositätsmessungen 40 ff
Viskositätszahl 37, 40 ff
VM = Verbesserungsmaß (akustisch) 205
Volumenkontraktion 50
Vorgeschichte des Materials 58, 59

Wärme, spezifische 157 ff
Wärmealterung 147
Wärmeaufnahme 157 ff
Wärmebeständigkeit (s. auch Wärmeformbeständigkeit) 147
Wärmebewegung der Moleküle 98
Wärmedehnung 51, 66, 156
Wärmedehnzahl 156 ff
Wärmedurchgang 163
Wärmedurchgangslinien 166
Wärmedurchgangswiderstand 163
Wärmedurchlaßwiderstand 161
Wärmedurchschlag (s. Durchschlagfestigkeit) 178
Wärmeformbeständigkeit 143 ff
Wärmeleitfähigkeit 156 ff
Wärmeleitzahl 159 ff
Wärmeschutz 151
Wasseraufnahme von Kunststoffen 211 ff
Wasserdampfdurchlässigkeit 208 ff

Wasserlagerung 211 ff
Weatherometer 228
Wechsel-Biege-oder-Dreh-Beanspruchungen 108 ff
Weichmacher 31 ff, 214, 223 ff
Weiterreißversuche 82 ff
Wellen, elektromagnetische Wellen 255
Wetterbeständigkeit, Wetterechtheit 225 ff
Widerstand, elektrischer Widerstand 172 ff
Wöhler-Kurven 109 ff

Xenonbrenner, Xenon-Hochdruckbrenner 228
Xenotestgerät 228 ff

Yield Point 77, 96

Zeitangaben (s. Tabelle, Anhang) 256
Zeitbruchlinien, Zeitbruchkurven 100 ff
zeitraffende Möglichkeiten der Prüfung (s. auch Kugeleindrücktest 219) 106, 107
Zeitstandsverhalten der Kunststoffe 100 ff
Zeit-Verformungs-Diagramm 100 ff
Zerreißfestigkeit, Weiterreißfestigkeit 82 ff
Zerreißmaschinen 82
Zugfestigkeit, Zugversuch 74 ff
Zugspannung 155
Zusätze
– Antistatica 177, 178
–, feuerhemmende 155
– Füllstoffe 29, 73
– Gleitmittel 32
– Pigmente 231
– Riechstoffe 32
– schwer entflammbar machende Zusätze 155
– Stabilisatoren 32, 135, 227
– Weichmacher 31 ff, 214, 224
Zuschlagstoffe s. Zusätze
Zustandsbereiche 139, 141 ff
Zustandsdiagramme 133 ff

DIN-Normen

Die folgende Aufstellung enthält alle DIN-Normen, die in diesem Buch erwähnt sind, nach Nummern geordnet. Es sind auch diejenigen DIN-Normen mitangeführt, die nicht zu den eigentlichen Kunststoff-Normen gehören. Im übrigen sei noch einmal auf die DIN-Taschenbücher Nr. 16 und Nr. 21 verwiesen.

DIN 1306	Dichte 61
DIN 1602	Festigkeitsversuche an metallischen Werkstoffen 77, 79
DIN 4102	Widerstandsfähigkeit von Baustoffen und Bauteilen gegen Feuer und Wärme 151, 153
DIN 4108	Wärmeschutz im Hochbau
DIN 4109	Schallschutz im Hochbau 196
DIN 5045	siehe DIN 45633

DIN 7708	typisierte Preßmassen 30, 31, 55, 56
DIN 7710	Kunststoff-Formteile, Toleranzen und zulässige Abweichungen 63 ff
DIN 7722	Entwurf. Klassifizierung hochmolekularer Werkstoffe aufgrund ihres mechanisch-thermischen Verhaltens 139 ff, 142, 157
DIN 7724	Klassifizierung und Begriffsbestimmung hochpolymerer Werkstoffe 22, 142
DIN 7728	Kurzzeichen der Kunststoffe 12
DIN 7735	Schichtpreßstoffe 29
DIN 7740	Polyolefin-Formmassen 56
DIN 7741	Polystyrol-Spritzgußmassen 56
DIN 7742	Cellulose-Azetat-Spritzgußmassen 56
DIN 7743	Cellulose-Azeto-Butyrat 56
DIN 7744	Polycarbonat 56
DIN 7745	PMMA 56
DIN 7746–48	Vinylchlorid-Formmassen 56
DIN 8061/62	Rohre aus PVC 63, 103
DIN 8063	Rohrverbindungen aus PVC
DIN 8072–75	Rohre aus PE 63, 103 ff
DIN 16749	Toleranzen von Preßwerkzeugen und Spritzgußwerkzeugen 63 ff
DIN 16911	Polyester Preßmassen 30, 31, 55
DIN 16912	Expoxid Preßmassen 30, 31, 55
DIN 16929	Beständigkeitstabellen für Polyvinylchlorid 205
DIN 16934	Beständigkeitstabellen für Polyäthylen 205
DIN 16940	Stranggepreßte Profile aus PVC weich, zulässige Maßabweichungen 63
DIN 16941	Schläuche aus PVC weich, zulässige Maßabweichungen 63
DIN 16980	Rundstäbe aus Polyamid, Maße 63
DIN 16981	Vierkantstäbe aus Polyamid, Maße 63
DIN 18164	Schaumkunststoffe als Dämmstoffe 196
DIN 40605	und folgende: Halbzeuge aus Schichtpreßstoff 63
DIN 40634	Isolierfolien 63
DIN 45633	Präzisionsschallpegelmesser 199
DIN 50010	und folgende: Klimabeanspruchung 225, 232
DIN 50035	Begriffe auf dem Gebiet der Alterung 225, 234
DIN 50103	Rockwell Härte 114, 118
DIN 50118/19	Prüfung metallischer Werkstoffe (allgemeine Angaben) 93
DIN 50900	Korrosion der Metalle 205
DIN 51222	Pendelschlagwerke 67, 70, 82
DIN 51224	Härteprüfgeräte mit Eindrucktiefen-Meßeinrichtung 44
DIN 51351	Härteprüfung nach Brinell 44
DIN 51562	Viskosimeter nach Ubbelohde 40
DIN 51949	Dornbiegeversuch an flexiblen Belägen 67, 68
DIN 51950	Biegeversuch an Belägen in Plattenform 67, 68
DIN 51955	Prüfung von Fußbodenbelägen. Eindruckversuch zur Ermittlung des Resteindruckes 114
DIN 51960	Entzündlichkeit von Fußbodenbelägen 152, 155
DIN 51961	Zigarettentest an Fußbodenbelägen 152, 155
DIN 51963	Prüfung von Fußbodenbelägen. Verschleißprüfung 114
DIN 52210	Luftschalldämmung 196
DIN 52211	Schalldämmungszahl und Normtrittschallpegel 196
DIN 52612	Bestimmung der Wärmeleitfähigkeit 156, 159 ff
DIN 52614	Wärmeableitung von Fußböden 157, 162, 163
DIN 53122	Bestimmung der Wasserdampfdurchlässigkeit 205
DIN 53356	Prüfung von Kunstleder bzw. Kunststoff-Folien. Weiterreißversuch 83
DIN 53359	Prüfung von Kunstleder bzw. Kunststoff-Folien. Dauer-Knickversuch 93, 113
DIN 53363	Prüfung von Kunstleder bzw. Kunststoff-Folien. Weiterreißversuch mit trapezförmigen Proben 74
DIN 53372	Prüfung von Kunstleder bzw. Kunststoff-Folien. Kältebruchtemperaturen 168

DIN 53374	Prüfung von Kunstleder bzw. Kunststoff-Folien. Hin- und Herbiegeversuch 93
DIN 53380	Prüfung von Kunstleder bzw. Kunststoff-Folien. Bestimmung der Gasdurchlässigkeit 205
DIN 53382	Prüfung von Kunstleder bzw. Kunststoff-Folien. Verhalten bei einseitiger Flammeneinwirkung 152
DIN 53388	Bestimmung der Lichtechtheit 225 ff
DIN 53420	Prüfung von Schaumstoffen. Bestimmung der Rohdichte 61
DIN 53421	Prüfung von Schaumstoffen. Druckversuch 114
DIN 53425	Prüfung von Schaumstoffen. Zeitstand-Druckversuch in der Wärme 93
DIN 53426	Prüfung von Schaumstoffen. Bestimmung des dynamischen Elastizitäts-Moduls und des Verlustfaktors 84
DIN 53428	Prüfung von Schaumstoffen. Bestimmung des Verhaltens gegen Flüssigkeiten, Gase und feste Stoffe 208 ff
DIN 53429	Prüfung von Schaumstoffen. Bestimmung der Wasserdampfdurchlässigkeit 208 ff
DIN 53436/37	Entwurf. Bestimmung der Rauchdichte 156
DIN 53444	Prüfung von Kunststoffen. Zeitstand-Zugversuch 93
DIN 53445	Bestimmung des Schubmoduls im Torsionsschwingungsversuch 84, 87 ff, 139 ff
DIN 53446	Bestimmung der Temperatur-Zeit-Grenzen 143, 147, 148
DIN 53448	Prüfung von Kunststoffen, Schlagzugversuch 74, 82
DIN 53449	Beurteilung der Spannungsrißbeständigkeit von Thermoplasten. Kugeleindrückverfahren 208, 219
DIN 53452	Biegefestigkeit 67 ff
DIN 53453	Schlagzähigkeit und Kerbschlagzähigkeit 57, 67, 70 ff, 72 ff
DIN 53454	Prüfung von Kunststoffen. Druckversuch 114
DIN 53455	Prüfung von Kunststoffen. Zugversuch 57, 74
DIN 53456	Prüfung von Kunststoffen. Härteprüfung durch Eindruckversuch 114
DIN 53457	Prüfung von Kunststoffen. Bestimmung des Elastizitätsmoduls im Zug-, Druck- und Biegeversuch 84 ff
DIN 53458	Prüfung von Kunststoffen. Formbeständigkeit in der Wärme nach Martens 143, 144
DIN 53459	Prüfung von Kunststoffen. Bestimmung der Glutbeständigkeit 151, 152
DIN 53460	Prüfung von Kunststoffen. Bestimmung der Vicat-Erweichungstemperatur von nicht-härtbaren Kunststoffen 46, 143
DIN 53461	Prüfung von Kunststoffen. Bestimmung der Formbeständigkeit in der Wärme nach ISO/R 143, 145
DIN 53462	Prüfgerät für die Bestimmung der Formbeständigkeit in der Wärme nach Martens 143, 144
DIN 53463	Spaltversuch an Schichtpreßstoff-Tafeln 114, 116
DIN 53464	Schwindungseigenschaften von Preßstoffen 33, 50 ff
DIN 53465	Bestimmung der Schließzeit bei härtbaren Preßmassen 33, 48
DIN 53466	Füllfaktor 33, 53
DIN 53467	Stopfdichte 33, 53
DIN 53468	Schüttdichte 33, 53
DIN 53471	Prüfung von Kunststoffen. Bestimmung der Wasseraufnahme nach Lagerung in kochendem Wasser 208, 211
DIN 53472	Prüfung von Kunststoffen. Bestimmung der Wasseraufnahme nach Lagerung in kaltem Wasser 208, 211
DIN 53473	Prüfung von Kunststoffen. Bestimmung der Wasseraufnahme nach Lagerung in feuchter Luft 208, 211
DIN 53475	Prüfung von Kunststoffen. Bestimmung der Wasseraufnahme nach Lagerung in kaltem Wasser nach ISO/R 62 208, 211
DIN 53476	Bestimmung des Verhaltens gegen Flüssigkeiten 208, 212
DIN 53478	Entwurf. Bestimmung des Fließverhaltens härtbarer Formmassen (wurde inzwischen zurückgezogen) 46
DIN 53479	Rohdichte 61
DIN 53480	Bestimmung der Kriechstromfestigkeit 170, 180

DIN 53481	Bestimmung der elektrischen Durchschlagspannung und Durchschlagfestigkeit 170, 178
DIN 53482	Bestimmung der elektrischen Widerstandswerte (spez. Durchgangswiderstand, Oberflächenwiderstand, Widerstand zwischen Stöpseln) 170, 172
DIN 53483	Bestimmung der dielektrischen Eigenschaften (Dielektrizitätskonstante, dielektrischer Verlustfaktor) 170, 182
DIN 53484	Bestimmung der Lichtbogenfestigkeit 170
DIN 53485	Bestimmung des Verhaltens unter Einwirkung von Glimmentladungen 170
DIN 53486	Beurteilung des elektrostatischen Verhaltens. Messung des Oberflächenwiderstandes 170, 182ff
DIN 53489	Beurteilung der elektrolytischen Korrosionswirkung 170, 188
DIN 53490	Bestimmung der Trübung von durchsichtigen Kunststoffschichten 189, 190
DIN 53491	Bestimmung der Brechungszahl und Dispersion 189, 190
DIN 53499	Kochversuch an Preßteilen aus härtbaren Preßmassen 208
DIN 53504	Prüfung von Elastomeren. Zugversuch
DIN 53505	Härteprüfungen nach Shore A, C und D 114, 119ff
DIN 53507	Prüfung von Gummi und Kautschuk. Weiterreißversuch mit der Streifenprobe. 74, 83
DIN 53513	Prüfung von Gummi und Kautschuk. Bestimmung der viskoelastischen Eigenschaften von Gummi 93, 112
DIN 53514	Prüfung von Gummi und Kautschuk. Bestimmung der Deformationshärte 114, 117
DIN 53515	Prüfung von Gummi und Kautschuk. Weiterreißversuch mit der Winkelprobe 74, 83
DIN 53519	Prüfung von Gummi und Kautschuk. Bestimmung der Kugeldruckhärte von Weichgummi 114
DIN 53536	Prüfung von Gummi und Kautschuk. Bestimmung der Gasdurchlässigkeit 208ff
DIN 53545	Prüfung von Gummi und Kautschuk. Bestimmung des Kälteverhaltens 168
DIN 53571	Prüfung von weichelastischen Schaumstoffen. Zugversuch
DIN 53572	Prüfung von weichelastischen Schaumstoffen. Bestimmung des Druckverformungsrestes 114, 118
DIN 53574	Prüfung von weichelastischen Schaumstoffen. Dauerschwingversuch im Eindruck-Schwellbereich 93, 110ff
DIN 53575	Prüfung von weichelastischen Schaumstoffen. Weiterreißversuch 74, 83
DIN 53576	Prüfung von weichelastischen Schaumstoffen. Bestimmung der Härtezahl beim Eindruckversuch 114
DIN 53577	Prüfung von weichelastischen Schaumstoffen. Druckversuch. Bestimmung der Federkennlinie 114, 117
DIN 53726	Bestimmung der Viskositätszahl und des K-Wertes von Polyvinylchloriden 33, 40ff
DIN 53727	Bestimmung der Viskositätszahl von Polyamiden 33, 40ff
DIN 53728	Bestimmung der Viskositätszahl von Celluloseacetat 33, 40ff
DIN 53735	Bestimmung des Schmelz-Index von Thermoplasten 33, 42
DIN 53799	Prüfung von dekorativen Schichtpreßstoff-Tafeln 152
DIN 54001	Graumaßstab 231
DIN 54004	Bestimmung der Lichtechtheit von Färbungen und Drucken mit künstlichem Licht 225, 229

ASTM-Normen

Aufstellung der in diesem Buch erwähnten ASTM-Normen. Die den Nummern regelmäßig angefügte Jahreszahl (ASTM D 1435–58 z. B. bedeutet, daß diese Normen im Jahre 1958 als verbindlich herausgegeben wurde) ist in dieser Aufstellung ebenso wie im Text weggelassen worden. Der Text ist z.T. abgekürzt. Der Zusatz T = Tentative = „Versuchsweise" besagt, daß diese Norm zunächst versuchsweise, also als Entwurf oder Vornorm herausgegeben worden ist. Später wird sie entweder zurückgezogen oder zu einer verbindlichen Norm erklärt. Die nachfolgende Liste beschränkt sich auf diejenigen Normen, die man auch im deutschen Schrifttum öfter antrifft.

ASTM-Normen

ASTM D 84	Surface burning characteristics of building Materials 151
ASTM D 149	Dielectric Breakdown Voltage and Dielectric Strength of Electrical Insulating Materials 170 ff
ASTM D 150	A–C Loss Characteristics and Dielectric Constant of Solid Electrical Insulating Materials 170 ff
ASTM D 256	Impact Strength with Notch 67, 70 ff
ASTM D 257	Electrical Resistance of Insulating Materials 170 ff
ASTM D 495	High-Voltage, Low-Current Resistance of Solid Electrical Insulating Materials 170 ff
ASTM D 523	Test for Specular Gloss 189
ASTM D 542	Index of Refraction of Transparent Plastics 189
ASTM D 543	Resistance of Plastics to Chemical Reagents 208 ff
ASTM D 568	Tentative Method of Test for Flammability of Plastics 0,050 Inch and under in Thickness 151
ASTM D 569	Flow Properties of Thermoplastic Moulding Material 33, 46
ASTM D 635	Test for Flammability of rigid Plastics over 0,050 Inch Thickness 151
ASTM D 638	Tensile Strength
ASTM D 648	Test for Deflection Temperature of Plastics under Load (Heat Distortion Temperature) 143, 145
ASTM D 651	Tensile Strength of molded Electrical Insulating Materials 74
ASTM D 674	Long Time Creep- or Stress-Relaxation Test of Plastics under Tension- or Compression Loads 93
ASTM D 695	Compressive Strength 114
ASTM D 696	Linear Thermal Expansion of Plastics 156, 159
ASTM D 745	Practice for accelerated Weathering of Plastics 225
ASTM D 746	Brittleness Temperature of Plastics by Impact 168
ASTM D 757	Test for Flammability of Plastics, self extinguishing Typ 151, 152
ASTM D 785	Rockwell Hardness 114 ff
ASTM D 790	Flexural Strength 67
ASTM D 792	Specific Gravity of Plastics 61
ASTM D 822	Operating Light- and Water-Exposure Apparatus for testing ... laquer and related Products 225
ASTM D 864	Cubical Thermal Expansion of Plastics 156, 159
ASTM D 882	Tensile Properties of thin Plastic Sheets 74
ASTM D 1003	Luminous Transmittance of Transparent Plastics 189 ff
ASTM D 1055	Test for Latex Foam Rubbers 189 ff
ASTM D 1238	Melt Flow Rate of Thermoplastics 33, 41
ASTM D 1300	Taber Abraser 124
ASTM D 1433	Standard Method of Test for Flammability of flexible thin plastic Sheeting 151
ASTM D 1435	Practice for Outdoor Weathering of Plastics 225
ASTM D 1499	Practice for operating Light- and Water – Exposure Apparatus for Exposure of Plastics 225
ASTM D 1692	Test for Flammability of plastic Foams and Sheeting 151, 152
ASTM D 1693	Test for Environmental Stress Cracking of Plastics 208, 219
ASTM C 177	Thermal Conductivity of Materials 156, 161
ASTM E 41	Definitions of Terms relating to Conditioning 225
ASTM E 42	Operating Light- and Water-Exposure Apparatus for Exposure of Nonmetallic Materials 225

Größenordnung der Zahlen

Große und kleine Zahlen

Um sehr große Zahlen einprägsam zu schreiben, geben Mathematiker und Physiker sie meist als Potenzen von 10 an. Entsprechend werden sehr kleine Zahlen als Potenzen mit Minus-Index geschrieben. Auch haben sich für die wichtigsten Zahlengruppen allgemein gebrauchte Vorsätze eingeführt, die dem Griechischen entlehnt sind:

da	Deka-	$= 10^1$	$=$	10
h	Hekto-	$= 10^2$	$=$	100
k	Kilo-	$= 10^3$	$=$	1000
M	Mega-	$= 10^6$	$=$	1 000 000
G	Giga-	$= 10^9$	$=$	1 000 000 000
T	Tera-	$= 10^{12}$	$=$	1 000 000 000 000
d	Dezi-	$= 10^{-1}$	$=$	0,1
c	Zenti-	$= 10^{-2}$	$=$	0,01
m	Milli-	$= 10^{-3}$	$=$	0,001
µ	Mikro-	$= 10^{-6}$	$=$	0,000 001
n	Nano-	$= 10^{-9}$	$=$	0,000 000 001
p	Piko-	$= 10^{-12}$	$=$	0,000 000 000 001

Achtung! Im amerikanischen Schrifttum versteht man unter einer Billion die Zahl $10^9 = 1\,000\,000\,000$, was in Europa als eine Milliarde bezeichnet wird, wogegen in Europa eine Billion die Zahl 10^{12} nämlich eine Million × einer Million darstellt.

Kleinste Längenmaße

1 Mikron, geschrieben: $\quad 1\,\mu m = \dfrac{1}{1000}$ mm oder 10^{-6} m

1 Millimikron, geschrieben: $1\,m\mu = \dfrac{1}{1000}\,\mu$ oder 10^{-9} m $= 1$ Nanometer

$\qquad\qquad\qquad\qquad\qquad\qquad$ oder 10 Angström

1 Angström, geschrieben: $\quad 1\,\text{Å} = \dfrac{1}{10}\,m\mu$ oder 10^{-10} m

Längenmaße

Zoll-Bruchwerte – Zoll-Dezimalwerte – Millimeter

1 Yard = 3 Fuß = 36 Zoll = 0,9144 m,
1 Fuß = 12 Zoll = 304,8 mm; 1 Zoll = 25,4 mm.

Anhang

Umrechnungstabellen

Gewichtsmaße

Engl. Pfund – Kilogramm,   Unzen – Gramm

1 Ton = 20 Hundredweight (cwt) = 2240 Pfund (lbs) = 1016 kg,
1 Hundredweight = 4 Quarters = 112 Pfund = 50,8 kg,
1 Quarter = 28 Pfund (lbs) = 12,7 kg,
1 Pfund = 16 ounces (oz) = 0,45359 kg,
1 Unze = 16 drams (drs) = 28,35 gr,
1 dram = 1,772 gr,
1 kg = 2,20 lbs = 36,02 oz = 564,3 drs
1 kg oder rund 2 lbs 4 oz.

1 lbs	0,453 kg	12 lbs	5,443 kg	23 lbs	10,432 kg
2 lbs	0,907 kg	13 lbs	5,897 kg	24 lbs	10,886 kg
3 lbs	1,361 kg	14 lbs	6,350 kg	25 lbs	11,340 kg
4 lbs	1,814 kg	15 lbs	6,804 kg	26 lbs	11,793 kg
5 lbs	2,268 kg	16 lbs	7,257 kg	27 lbs	12,247 kg
6 lbs	2,721 kg	17 lbs	7,711 kg	28 lbs	12,701 kg
7 lbs	3,175 kg	18 lbs	8,165 kg	29 lbs	13,154 kg
8 lbs	3,629 kg	19 lbs	8,618 kg	30 lbs	13,608 kg
9 lbs	4,082 kg	20 lbs	9,072 kg	35 lbs	15,876 kg
10 lbs	4,536 kg	21 lbs	9,525 kg	40 lbs	18,144 kg
11 lbs	4,989 kg	22 lbs	9,979 kg		
1 oz	28,35 gr	12 oz	340,1 gr	23 oz	652,0 gr
2 oz	56,70 gr	13 oz	368,5 gr	24 oz	680,3 gr
3 oz	75,05 gr	14 oz	396,8 gr	25 oz	708,7 gr
4 oz	93,40 gr	15 oz	425,2 gr	26 oz	737,0 gr
5 oz	121,75 gr	16 oz	453,5 gr	27 oz	765,4 gr
6 oz	150,10 gr	17 oz	481,9 gr	28 oz	793,7 gr
7 oz	178,45 gr	18 oz	510,2 gr	29 oz	822,1 gr
8 oz	206,80 gr	19 oz	538,6 gr	30 oz	850,4 gr
9 oz	235,15 gr	20 oz	566,9 gr	35 oz	992,2 gr
10 oz	283,5 gr	21 oz	495,3 gr	40 oz	1134,0 gr
11 oz	311,8 gr	22 oz	623,6 gr		

Wärmegrade

Fahrenheit (F) − Celsius (C)
Grade Celsius = $^5/_9$ Grade Fahrenheit − 32
Grade Fahrenheit = $^9/_5$ Grade Celsius + 32
(5° Celsius entsprechen immer 9° F)

C	F	C	F	C	F
−60	−76	55	131	204,4	400
−55	−67	60	140	205	401
−50	−58	65	149	210	410
−45	−49	70	158	215	419
−40	−40	75	167	220	428
−35	−31	80	176	225	437
−30	−22	85	185	230	446
−25	−13	90	194	235	455
−20	−4	93,3	200	240	464
−17,8	0	95	203	245	473
−15	+5	100	212	250	482
−10	+14	105	221	255	491
−5	+23	110	230	260	500
0	+32	115	239	265	509
+1	33,8	120	248	270	518
2	35,6	125	257	275	527
3	37,4	130	266	280	536
4	39,2	135	275	285	545
5	41	140	284	290	554
6	42,8	145	293	295	563
7	44,6	148,8	300	300	572
8	46,4	150	302	305	581
9	48,2	155	311	310	590
10	50	160	320	315	599
15	59	165	329	315,5	600
20	68	170	338	320	608
25	77	175	347	325	617
30	86	180	356	330	626
35	95	185	365	335	635
40	104	190	374	340	644
45	113	195	383	345	653
50	122	200	392	350	662

Anhang

Die elektromagnetische Wellenfamilie

Die Tabelle soll die Zusammenhänge aller elektromagnetischen Wellen zeigen, die als Radiowellen, Wärmestrahlen, sichtbares Licht, als ultraviolette und endlich als harte Strahlen sehr unterschiedliche Wirkungen, insbesondere auf die menschlichen Sinnesorgane haben und deshalb meist als völlig getrennte Gebiete betrachtet werden.

		Wellenlänge	Frequenz = Schwingungen pro sec
	Telegraphie und Funk	100 ⎫	$3000 = 3 \cdot 10^3$
		10 ⎬ km	$30\,000 = 3 \cdot 10^4$
Radiowellen	Langwelle	1 ⎭	$300\,000 = 3 \cdot 10^5$
	Mittelwelle	100 ⎫	$3 \text{ Mill.} = 3 \cdot 10^6$
	Kurzwelle	10 ⎬ m	$30 \text{ Mill.} = 3 \cdot 10^7$
	Ultrakurzwelle	1 ⎭	$300 \text{ Mill.} = 3 \cdot 10^8$
Fernsehen		100 ⎫	$3 \text{ Md.} = 3 \cdot 10^9$
Radarwellen		10 ⎬ mm	$3 \cdot 10^{10}$
		1 ⎭	$3 \cdot 10^{11}$
Wärmestrahlung und		100 ⎫	$3 \cdot 10^{12}$
ultrarotes Licht		10 ⎬ tausendstel mm	$3 \cdot 10^{13}$
		1 ⎭	$3 \cdot 10^{14}$
Sichtbares Licht		100 ⎫	$3 \cdot 10^{15}$
Ultraviolettes Licht		10 ⎬ millionstel mm	$3 \cdot 10^{16}$
Röntgenstrahlen		1 ⎭	$3 \cdot 10^{17}$
		100 ⎫	$3 \cdot 10^{18}$
		10 ⎬ milliardstel mm	$3 \cdot 10^{19}$
Gammastrahlen		1 ⎭	$3 \cdot 10^{20}$
		100 ⎫	$3 \cdot 10^{21}$
		10 ⎬ billionstel mm	$3 \cdot 10^{22}$
		1 ⎭	$3 \cdot 10^{23}$

Zahlenwerte

Langwellen: 3000 m – 600 m
Mittelwellen: 600 m – 200 m
Kurzwellen: 200 m – 10 m
Ultrakurzwellen: 10 m – 1 m
Radarwellen: 1 m – 1 mm
Wärmestrahlung und Ultrarot: einige $1/10$ mm – 780 millionstel mm
Sichtbares Licht: 780 millionstel mm – 390 millionstel mm
Ultraviolett: 390 millionstel mm – 13 millionstel mm
Röntgenstrahlen: 60 millionstel mm – 10 milliardstel mm
Gammastrahlen: 30 milliardstel mm – 460 billionstel mm
Wo sich Bereiche überschneiden, bedeutet dies nur eine verschiedene Erzeugungsart gleichartiger Strahlung. Wellenlänge × Frequenz ergibt immer die Lichtgeschwindigkeit = 300 000 km/s.

Jahre und Stunden

Bei Prüfungen, die sich über längere Zeiträume erstrecken, wird die Zeit oft nicht in Jahren sondern in Potenzzahlen von Stunden angegeben. Nachfolgende Zusammenstellung erleichtert die Übersicht:

1 Monat	=	720 Stunden	$\sim 4 \cdot 10^3$ Stunden
1 Jahr	=	8760 Stunden	$\sim 9 \cdot 10^3$ Stunden
2 Jahre	=	17520 Stunden	$\sim 2 \cdot 10^4$ Stunden
3 Jahre	=	26280 Stunden	$\sim 3 \cdot 10^4$ Stunden
4 Jahre	=	35050 Stunden	$\sim 4 \cdot 10^4$ Stunden
5 Jahre	=	43800 Stunden	$\sim 4 \cdot 10^4$ Stunden
10 Jahre	=	87600 Stunden	$\sim 9 \cdot 10^4$ Stunden
20 Jahre	=	175200 Stunden	$\sim 2 \cdot 10^5$ Stunden
30 Jahre	=	262800 Stunden	$\sim 3 \cdot 10^5$ Stunden

10^3 Stunden = $\sim$ 1 Monat (+ 12 Tage)
10^4 Stunden = $\sim$ 1 Jahr (+ 2 Monate)
10^5 Stunden = $\sim$ 10 Jahre (genau $11^1/_2$)

Neue Maßeinheiten

Die seit 1970 gültigen neuen Maßeinheiten sind in einer Broschüre „Gesetzliche Maßeinheiten" des Verlages Hoppenstedt, Darmstadt, enthalten.

Griechisches Alphabet

A	α	(a)	Alpha	N	ν	(n)	Ny
B	β	(b)	Beta	Ξ	ξ	(x)	Xi
Γ	γ	(g)	Gamma	O	o	(o)	Omikron
Δ	δ	(d)	Delta	Π	π	(p)	Pi
E	ε	(e)	Epsilon	P	ϱ	(rh)	Rho
Z	ζ	(z)	Zeta	Σ	σ	(s)	Sigma
H	η	(e)	Eta	T	τ	(t)	Tau
Θ	ϑ	(th)	Theta	Y	υ	(y)	Ypsilon
I	i	(i)	Jota	Φ	φ	(ph)	Phi
K	κ	(k)	Kappa	X	χ	(oh)	Chi
Λ	λ	(l)	Lambda	Ψ	ψ	(pß)	Psi
M	μ	(m)	My	Ω	ω	(o)	Omega